数据库技术与应用

主　编　袁广林　陈　萍
副主编　秦晓燕　李　光
编　委　肖红菊　王秀珍　王粉梅
　　　　施　宁　黄　路　李从利

中国科学技术大学出版社

内 容 简 介

本书对数据库技术做了详细的介绍，以SQL语言为基础，重点介绍了关系数据库的相关理论与技术。本书以数据库设计过程为主线进行内容编排，以点带面地介绍相关内容；给出一个实际数据库开发案例贯穿全书，在介绍完相关理论知识后，立即结合案例进行实践。章前给出学习目标和任务陈述，章后提供小结与习题，部分章后配有相关实验。本书结构清晰，内容丰富，语言平实，适合作为高等院校计算机专业“数据库技术”课程教材使用，也可供相关技术人员及爱好者参考。

图书在版编目(CIP)数据

数据库技术与应用/袁广林，陈萍主编. —合肥：中国科学技术大学出版社，2021.2
ISBN 978-7-312-05117-3

Ⅰ. 数⋯　Ⅱ. ①袁⋯②陈⋯　Ⅲ. 数据库—程序设计—高等学校—教材　Ⅳ. TP311.13

中国版本图书馆CIP数据核字(2021)第002215号

数据库技术与应用
SHUJUKU JISHU YU YINGYONG

出版　中国科学技术大学出版社
安徽省合肥市金寨路96号，230026
http://press.ustc.edu.cn
https://zgkxjsdxcbs.tmall.com
印刷　安徽国文彩印有限公司
发行　中国科学技术大学出版社
经销　全国新华书店
开本　787 mm×1092 mm　1/16
印张　17.75
字数　450千
版次　2021年2月第1版
印次　2021年2月第1次印刷
定价　45.00元

前　言

数据库技术在军队信息化中具有重要作用，已成为电子军务、指挥自动化、武器装备和部队管理信息化的重要技术支撑，为此，陆军炮兵防空兵学院为计算机专业的学员开设了数据库技术专业背景课程。目前，数据库技术相关教材较多，概括来说，主要有两类：一类是为培养计算机专业型人才编写的，理论性较强；另一类是为培养计算机应用型人才编写的，实践性较强。但是，缺乏兼顾理论和实践并注重军事应用的教材。根据我院人才培养方案对学员在数据库技术知识、能力、素质等方面的要求，我们编写了这本《数据库技术与应用》教材。本书结构清晰，内容丰富，语言平实，实用性强，具有启发性、综合性和军事应用特色，不仅可用作军队院校计算机专业学员的教学用书，还可作为非计算机专业学员的教学参考书。

数据库技术理论性和实践性均较强，为此，本书以数据库设计过程为主线进行内容编排，以点带面地介绍相关数据库知识。为提高学员知识的运用能力，本书给出一个学员比较熟悉的数据库系统开发案例，按照数据库设计步骤将该案例分解为多个子任务，每一章首先给出学习目标和任务陈述，然后阐述完成该任务所需要的理论知识，最后给出任务的解决方案，随着一个个子任务的完成，最终实现该案例的数据库设计，从而培养学员的数据库技术应用能力。

本书由袁广林、陈萍主编，负责教材的整体设计。第 1 章主要由施宁编写，介绍数据库技术的发展、基本概念以及 SQL Server 2008 开发工具；第 2 章主要由王粉梅编写，介绍数据模型的基本概念、数据模型分类以及 E-R 图等；第 3 章主要由秦晓燕编写，介绍关系数据库的基本概念、关系代数、关系规范化理论以及数据库完整性等；第 4 章主要由黄路编写，介绍数据库开发步骤以及主要的数据文档；第 5、6 章由肖红菊负责编写，介绍关系数据库标准语言 SQL，主要包括数据定义、数据查询、数据更新和视图；第 7 章由王秀珍负责编写，主要介绍数据库的管理和维护，包括数据库安全性和数据库恢复技术；第 8 章由李光和李从利编写，通过一个完整的军用数据库系统开发实例，直观地呈现数据库系统开发过程。

由于水平有限，书中存在疏漏和错误之处在所难免，恳请广大读者批评指正。

编　者

2020 年 10 月

目　　录

前言 …………………………………………………………………………（ⅰ）

第1章　绪论 …………………………………………………………………（1）
学习目标 ……………………………………………………………………（1）
任务陈述 ……………………………………………………………………（1）
1.1　数据管理技术的发展 …………………………………………………（2）
1.2　数据库基本概念 ………………………………………………………（9）
1.3　数据库体系结构 ………………………………………………………（13）
1.4　数据库系统的特点 ……………………………………………………（17）
1.5　数据库技术与军队信息化建设 ………………………………………（21）
1.6　任务实践——体验数据库管理系统 …………………………………（22）
本章小结 ……………………………………………………………………（27）
思考与练习 …………………………………………………………………（28）
实验1　认识SQL Server数据库管理系统 ………………………………（28）

第2章　数据模型 …………………………………………………………（29）
学习目标 ……………………………………………………………………（29）
任务陈述 ……………………………………………………………………（29）
2.1　数据模型概述 …………………………………………………………（29）
2.2　概念模型 ………………………………………………………………（32）
2.3　逻辑模型 ………………………………………………………………（40）
2.4　概念模型-逻辑模型转换 ……………………………………………（51）
本章小结 ……………………………………………………………………（56）
思考与练习 …………………………………………………………………（57）

第3章　关系数据库的基本理论 …………………………………………（58）
学习目标 ……………………………………………………………………（58）
任务陈述 ……………………………………………………………………（58）
3.1　关系数据库 ……………………………………………………………（59）
3.2　关系数据库的规范化 …………………………………………………（71）
3.3　关系数据库的完整性 …………………………………………………（85）

本章小结 …… (89)
思考与练习 …… (90)

第4章 数据库设计 …… (93)
学习目标 …… (93)
任务陈述 …… (93)
4.1 数据库设计概述 …… (94)
4.2 需求分析 …… (99)
4.3 概念结构设计 …… (105)
4.4 逻辑结构设计 …… (109)
4.5 物理结构设计 …… (111)
4.6 数据库的实施和维护 …… (112)
本章小结 …… (113)
思考与练习 …… (114)

第5章 数据定义 …… (115)
学习目标 …… (115)
任务陈述 …… (115)
5.1 SQL概述 …… (115)
5.2 学员-课程数据库 …… (121)
5.3 定义数据库 …… (122)
5.4 定义数据表 …… (126)
本章小结 …… (137)
思考与练习 …… (137)
实验2 数据库和基本表的创建与管理 …… (139)

第6章 数据操作 …… (140)
学习目标 …… (140)
任务陈述 …… (140)
6.1 SQL更新语句 …… (141)
6.2 SQL查询语句 …… (148)
6.3 视图的基本概念 …… (176)
本章小结 …… (188)
思考与练习 …… (188)
实验3 数据库操作语言 …… (191)

第7章 数据库安全与恢复 …… (192)
学习目标 …… (192)
任务陈述 …… (192)

7.1　数据库安全性 …… (193)
7.2　数据库恢复 …… (208)
7.3　并发控制 …… (228)
本章小结 …… (242)
思考与练习 …… (242)
实验4　管理与维护数据库 …… (243)

第8章　数据库系统开发实例——军校研究生管理系统 …… (244)
学习目标 …… (244)
任务陈述 …… (244)
8.1　需求分析 …… (244)
8.2　系统概要设计 …… (248)
8.3　数据库设计与实现 …… (253)
8.4　系统详细设计 …… (263)
8.5　系统测试 …… (271)
本章小结 …… (272)
课程设计 …… (273)

参考文献 …… (275)

第1章　绪　　论

学 习 目 标

【知识目标】

★ 初步了解数据管理技术的发展历史。
★ 理解数据库的基本概念。
★ 理解数据库的三级模式、两级独立性,掌握数据库系统的组成和特点。
★ 了解数据库技术与军队信息化建设的关系。

【技能目标】

★ 会安装和配置 SQL Server,初步了解 SQL Server 的开发工具和系统数据库。

任 务 陈 述

随着我军信息化建设的不断推进,某军校准备建立数字化办公平台,对学校的人员和日常管理实行数字化办公。于是训练部准备安排李参谋开发“军校基层连队管理系统”,其核心是使用 SQL Server 数据库管理系统保存学校所有连队、学员、课程等信息。李参谋首先需要学会安装 SQL Server,初步了解 SQL Server 开发工具的使用方法,为下一步建立数据库打好基础。

数据库概念的提出至今不到 50 年的历程,但是已经形成了坚实的理论基础和独特的数据技术,其内涵不断深入,应用广泛,发展飞速。数据库技术推动了军队现代化管理技术的进步,成为军队现代化管理的基石,深刻地影响着部队官兵的生活和工作,改变着军人们的思想观念。军队管理现代化的需求给数据库技术提供了宽广的应用途径,也给数据库技术提出了新的课题。数据库技术、管理技术、信息系统相互渗透,促进了全球数字化、资源一体化和军事信息化的发展。数据库技术成为信息化人才必须掌握的基本技能。

1.1 数据管理技术的发展

在数据处理过程中，通常数据计算比较简单，但对数据管理的要求较高，包括数据的收集、整理、组织、存储、维护、检索、统计、传输等一系列工作。利用计算机对数据进行处理，一般来说分为如下5个基本环节：(1) 原始数据的收集和存储；(2) 数据的规范化及其编码；(3) 数据输入；(4) 数据处理；(5) 数据输出。

1.1.1 数据管理技术的3个发展阶段

计算机的数据处理，首先要把大量的数据存放在存储器中，存储器的容量、存储速率直接影响到数据管理技术的发展。1956年生产的第一台磁盘，其容量仅为5 MB，而现在已达10 TB。磁盘容量的发展情况可参见表1-1。

表1-1 磁盘容量的发展

年份	1956	1965	1971	1978	1981	1985	1995	2006	2014
容量(MB/轴)	5	30	100	600	1200	5000	10000	750000	10^7

使用计算机以后，数据处理的速度和规模都是手工方式或机械方式无法比拟的，随着数据处理量的增长，产生了数据管理技术。数据管理技术的发展，与计算机硬件(主要是外部存储器)、系统软件以及计算机的应用范围有着密切的联系。数据管理技术的发展经历了人工管理、文件系统和数据库系统三个阶段。

1. 人工管理阶段

在20世纪50年代中期以前，很多计算机只有硬件而无软件。当时的计算机主要用于科学计算，数据一般不保存在计算机内。尽管后来有了一些软件，但也没有专用的软件对数据进行管理。例如，早期的BASIC语言将程序与数据放在一起，数据的组织方式完全由编程人员自己设计与安排，此时，一个程序中的数据只能为本程序服务，并且程序和数据放在一起，命名为“文件名.BAS”；如果程序有问题需要修改，则把程序调入内存时，数据也被一同调入，如果想修改数据，程序也必然随之要调入到内存中。由于当时很多程序只能在程序运行时输入数据，并且只能是少量数据，所以限制了数据处理的应用。人工管理阶段程序和数据密不可分，如图1-1所示。

人工管理数据存在以下问题：

(1) 数据不是独立保存的。

(2) 应用程序管理数据。

(3) 数据不能够共享。

(4) 数据不具有独立性。

(5) 数据没有软件系统进行管理,程序员不仅要规定数据的逻辑结构,还要设计数据的物理结构、数据面向的应用。

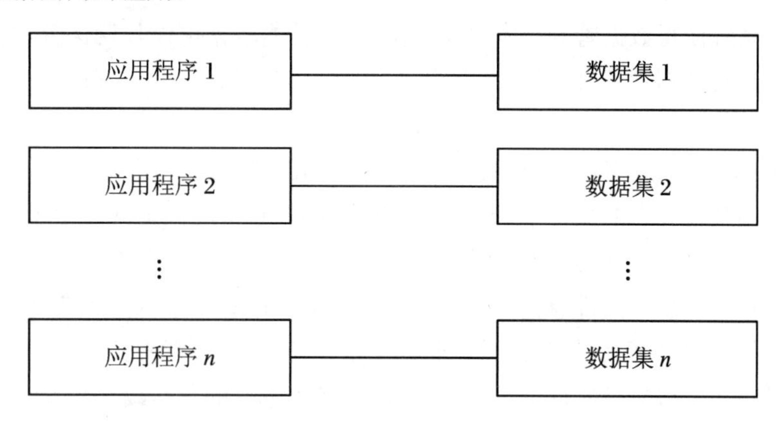

图 1-1　人工管理阶段应用程序与数据之间的对应关系

2. 文件系统阶段

人工管理阶段最明显的缺点就是缺乏数据独立性。20 世纪 50 年代后期至 60 年代中期,随着计算机技术的发展,计算机有了磁盘等直接存储设备,软件方面也有了变化,在操作系统中有了专门的数据管理软件,称为文件系统。数据管理进入文件系统阶段。

在文件系统阶段,程序与数据可以分别独立存放,数据可以组成数据文件,并且可以独立命名,一旦命名之后,程序便可以通过文件名对文件中的数据进行处理。当然,在程序与数据之间需要一个转换,这个转换过程就是由文件管理系统完成的。因此文件系统阶段采用的是"应用程序—操作系统—数据文件"的存取方式,如图 1-2 所示。

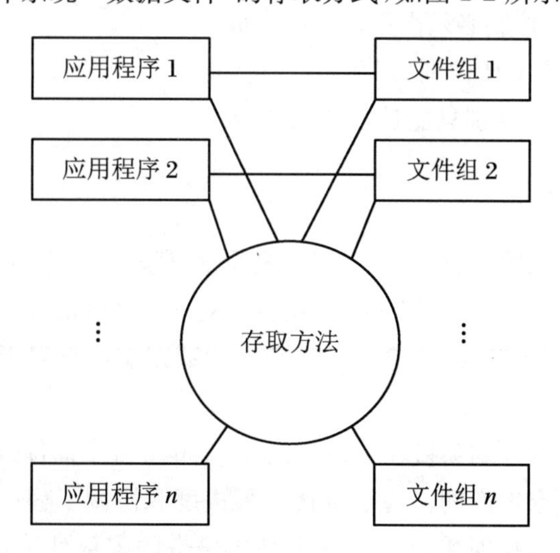

图 1-2　文件系统阶段应用程序与数据之间的对应关系

例如,大学下设有很多个系和处室,一名教员要和多个部门打交道,如干部处、教务处、科研处、校医院等,各部门都要掌握教员的有关信息,需要保存教员的人事、教学、科研和体检文件。这些文件应该怎样组织由用户自行决定，每个用户可以建立、维护和处理一个文件或多个文件。一个应用程序可以与一个或多个数据文件对应，也可以说一个或多个数据文件为某个应用程序服务。

尽管文件系统使得数据管理技术有了重要进展，使得数据可以长期保存，可以用专门的文件系统软件进行数据管理，但是仍然有很多根本性问题没有解决，存在着以下缺点：

(1) 数据冗余度大、共享性差，易产生数据不一致。

在文件系统中，数据文件是用户各自建立的，为用户自己或用户组所有，所以即使是相同的数据也必须放在各自的文件中，导致数据共享性差、冗余度大。同时由于相同数据的重复存储、各自管理，易导致数据的不一致。

例如，人事文件、教学文件、科研文件中都有某教员的编号、姓名、性别、职称等信息，这显然造成了大量的数据冗余；如果该教员职称发生了变化，在人事文件中改变了其相应的职称信息，可是在教学、科研等文件中没有修改，就会产生数据的不一致。

(2) 数据独立性差。

在文件系统中，应用程序与数据之间依赖性很强。数据文件完全是根据具体的应用程序的要求而建立的，文件系统中文件逻辑结构一旦修改，那么应用程序就必须修改。因语言环境的变化要求修改应用程序时，也将引起文件数据结构的改变。因此数据与程序间仍缺乏数据独立性。

例如，在人事文件中插入人员所在单位信息和年龄信息，这将会引起应用程序的变化。

(3) 用户负担重。

文件系统虽然为用户提供了一种简单的、统一的存取文件的方法，但文件的处理、数据的安全性和完整性得不到可靠保证，这些必须由用户程序完成，加重了用户的负担。

例如，对于性别信息，显然只能是“男”或“女”，如果是其他的数据则不能接受，在文件系统中，这样的数据完整性控制必须由用户程序完成：

```
IF NOT(性别 = "男"OR 性别 = "女")
  PRINT"性别不对，性别只能是“男”或者“女”"
ENDIF
```

(4) 数据无结构。

由于数据文件是按位置存放的，所以记录之间没有联系，是无结构的。

除此之外，文件系统一般不支持多个应用程序对同一文件的并发访问，故数据处理的效率较低。同时，使用方式不够灵活，每个已经建立的数据文件只限于一定的应用，且难以对它进行修改和扩充。

例如美国阿波罗登月计划项目，阿波罗飞船由 200 多万个部件组成，且这些部件是由分散在世界各地的若干厂家生产的。为了掌握工程进度和协调工程进展，阿波罗计划的主要合作者 Rockwell 公司，开始时曾研制了一个基于磁带的零部件生产的计算机文件管理系统。该文件管理系统的数据冗余高达 60%以上，且只能以批处理方式进行工作，系统维护也困难。这些问题一度成为实现阿波罗登月计划的障碍。

3. 数据库系统阶段

20 世纪 60 年代中期,数据管理技术处于文件系统阶段,满足不了计算机应用的需求。1963 年,美国 Honeywell 公司的数据存储系统 IDS(Integrated Data Store)投入运行,许多厂商和组织也都投入到新的数据管理技术的研究和开发中。此时,磁盘技术也取得重要进展,大容量和快速存取的磁盘陆续进入市场,成本也不高,这就为数据库技术的产生提供了良好的物质条件。

数据管理技术进入数据库阶段的标志是 20 世纪 60 年代末发生的三件大事:IMS 系统、DBTG 报告和 E. F. Codd 的文章。

(1) 1968 年,美国 IBM 公司推出了世界上第一个商品化的数据库管理系统 IMS(Information Management System),它是一个典型的层次数据库系统,为阿波罗飞船于 1969 年顺利登月提供了重要保证。在 20 世纪 70 年代,IMS 在商业、金融系统得到了广泛的应用。

(2) 1969 年,美国数据系统语言委员会(Conference on Data System Language,CODASYL)下属的数据库任务组(Data Base Task Group,DBTG)发表了 DBTG 报告。DBTG 报告给出了网状数据库系统的方案,于 1971 年正式通过,为建立网状数据库提供了完整的系统设计和语言规范。根据 DBTG 报告实现了不少网状数据库系统,如 IDMS、IMAGE 等。20 世纪 70 年代,网状数据库系统在商业、金融系统得到了广泛的应用。

(3) 1970 年,美国 IBM 公司 San Jose 研究所的研究员 E. F. Codd 在美国计算机协会会刊"*Communication of the ACM*"上发表了题为"*A Relational Model of Data for Shared Data Banks*"(大型共享数据库数据的关系模型)的著名论文,后来 E. F. Codd 相继又发表了多篇关于关系模型的论文,定义了关系数据库的基本概念,引进了规范化理论,为关系数据库奠定了坚实的理论基础。E. F. Codd 作为关系数据库的创始人和奠基人,在 1981 年 11 月 ACM(美国计算机协会)洛杉矶年会上,由于他对数据库管理系统的理论与实践做出的奠基性、持续性和开拓性的贡献,荣获了计算机科学的最高荣誉——图灵奖。

关系数据库的语言属于过程性语言,在当时条件下效率极低,因此在 20 世纪 70 年代还处于试验阶段。但随着硬件性能的改善和系统性能的提高,20 世纪 80 年代关系数据库产品逐步投入市场,并逐步取代层次、网状数据库产品,成为主流产品。目前成功的关系数据库产品有 DB2、Sybase、Oracle、SQL Server 和 Informix 等。

数据管理三个阶段的特点及其比较如表 1-2 所示。

表 1-2　数据管理三个阶段的比较

		人工管理阶段	文件系统阶段	数据库系统阶段
背景	应用背景	科学计算	科学计算	大规模数据管理
	硬件背景	无直接存取存储设备	硬盘、磁鼓	大容量磁盘、磁盘阵列
	软件背景	没有操作系统	有文件系统	有数据库管理系统
	处理方式	批处理	联机实时处理、批处理	联机实时处理、分布处理、批处理

续表

		人工管理阶段	文件系统阶段	数据库系统阶段
特点	数据的管理者	用户(程序员)	文件系统	数据库管理系统
	数据面向的对象	某一应用程序	某一应用	现实世界(一个部门、企业、跨国组织等)
	数据的共享程度	无共享,冗余度极大	共享性差,冗余度大	共享性高,冗余度小
	数据的独立性	不独立,完全依赖于程序	独立性差	具有高度的物理独立性和一定的逻辑独立性
	数据的结构化	无结构	记录内有结构,整体无结构	整体结构化,用数据模型描述
	数据控制能力	应用程序自己控制	应用程序自己控制	由数据库管理系统提供数据完全性、完整性、并发控制和恢复能力

20世纪90年代以后,数据库技术有了突飞猛进的发展,数据库从单一模式发展成为多种模式复合的异构体数据库,提出了数据仓库、数据挖掘等新的概念,并且现在已经进入大数据(Big Data)时代,其应用领域不断扩展。

1.1.2 数据库技术及其应用

数据库技术(Database Technology)是应数据管理任务的需要而产生的。

数据的处理是对各种数据进行收集、存储、加工和传播的一系列活动的总和。数据管理则是指对数据进行分类、组织、编码、存储、检索和维护,它是数据处理的中心问题。

人们借助计算机进行数据处理是近30年的事。研制计算机的初衷是利用它进行复杂的科学计算,随着计算机技术的发展,其应用远远地超出了这个范围。在应用需求的推动下,在计算机硬件、软件发展的基础上,数据管理技术经历了人工管理、文件系统和数据库系统三个阶段。

下面通过几个数据库系统的典型实例介绍数据库技术的应用。

1. 学校教学管理系统

学校教学管理系统是使用数据库技术建立的综合集成应用系统,主要涉及学生、教师、教室、课程、排课等信息的管理。该系统包括如下数据:

学生信息:姓名、学号、性别、班级、年龄、宿舍、电话、E-mail地址等。

教师信息:姓名、工作证号、性别、年龄、学历、教研室、住址、电话、E-mail地址等。

教室信息:教室号、位置、座位、类型等。

课程信息:课程名称、指定教材、学时、学分等。

排课信息:课程名称、教室、班级、教师姓名等。

除了上面的信息之外，还包括学生选课、考试成绩等信息以及相关的操作。比如，典型的查询操作包括提供教室安排、学生成绩统计、教师工作量统计等；典型的更新操作包括记录学生选课、登记考试成绩、自动排课等。这种系统的关键在于保证正确存储和处理大量的教务数据，为学校各部门的工作安排及时提供数据支持，减少不必要的错误发生。实现上述功能的学校教学管理系统的核心技术正是数据库技术。

2. 图书管理系统

图书管理系统也是数据库技术应用的一个典型领域。在该系统中，主要的数据如下：

图书信息：书号、书名、作者姓名、出版日期、类型、页数、价格、出版社名称等。

读者信息：姓名、借书证号、性别、出生日期、学历、住址、电话等。

借阅信息：借书证号、书名、借书日期、还书日期等。

图书管理系统中典型的查询操作包括查找某种类型的图书、浏览指定出版社出版的图书、检索指定作者的图书等；典型的更新操作包括登记新书信息、读者信息等。一个动辄存储几百万种图书的图书馆，如果没有管理图书的信息系统，那么查询一本书所花费的时间是可想而知的。这种管理大量图书信息的管理系统的技术基础也是数据库技术。

3. 航空售票系统

航空售票系统可能是最早使用数据库技术的应用领域。在这个系统中，管理着很多数据，这些数据主要包括：

座位预定信息：座位分配、座位确认、餐饮选择等。

航班信息：航班号、飞机型号、机组号、起飞地、目的地、起飞时间、到达时间、飞行状态等。

机票信息：票价、折扣、是否有票等。

这种系统应该能够实现如下功能：

查询功能：在某一段时间内从某个指定的城市到另一个指定的城市的航班是否还有可以选择的座位；是否有其他飞机型号；是否有其他飞机票售票点；票价是否打折等。

更新功能：对该系统的主要更新操作包括为乘客登记航班、分配座位、选择餐饮等。

在现实生活中，任何时候都可能会有多个航空售票代理商访问这些机票数据，因此需要避免出现由于多个代理商同时访问而导致卖出同一个座位的情况。还需要自动统计出经常乘坐某一航班乘客的信息，为这些常客提供特殊的优惠服务。要实现这些功能，其核心技术就是数据库技术。如果没有使用数据库技术，那么就会因为数据量庞大而更新缓慢，使航空部门无法提供及时、准确、有竞争力的服务。

1.1.3 数据库新技术

数据库技术与其他学科融合，是数据库技术发展的一个显著特征，随之也涌现出各种新型的数据库系统。

1. 支持面向对象的数据库技术成为下一代数据库技术的主导力量

在数据库技术飞速发展的今天,关系数据库技术的发展成熟度,可以说是没有哪种数据库技术可以与之相比的。但是,关系数据库技术自身内部有不可解决的局限性,比如说,只能对比较简单的模型进行建模,数据的类型也有限,程序设计的结构受到制约等,这些都是制约关系型数据库进一步发展的因素。有一些数据库研究者认为,面向对象数据库技术要比关系型数据库技术更加完备,更加符合人们认识世界的规律。原因是面向对象数据库的开发起源于程序设计语言,通过对现实世界实体对象的描述,以其作为基本元素,来阐述客观世界,符合人们认识世界的基本规律。同时,面向对象数据库技术,具有关系型数据库不具备的技术,因此,1999 年发布的 SQL 标准,增加了 SQL/Object Language Binding,提供了面向对象的功能标准。对象关系数据库系统(Object Relational DataBase System,ORDBS)就是关系数据库与面向对象数据库的结合。

另一方面,由于面向对象数据库是较为先进的数据库技术,同时也是新兴的数据库技术,所以相应的技术设施还不够完善,没有统一的数据模型和形式化理论,缺乏对数据的逻辑性处理基础,因而尚不能独当一面,妥善处理数据管理中的相应问题。而数据库技术与人工智能技术相结合,出现了演绎数据库,恰恰具有面向对象数据库所没有的技术能力——对数据进行严格的逻辑关系处理,弥补了面向对象数据库的缺点。因此有学者认为,应将面向对象数据库和演绎数据库两者结合在一起,组成新的数据库技术,以满足今天的发展需要。

2. 数据库技术发展的新方向——非结构化数据库

随着计算机信息系统的快速发展,要求研发更加完善的符合实际需要的数据库技术。关系数据库模型过于简单,想要对复杂数据形式进行快速表达非常难以实现,同时又由于其支持的数据类型有限,因此研究人员设计出了非结构化数据库技术。这种数据库技术是适应因特网应用需求的新型数据库技术,原因在于其突破了关系数据库结构定义不易改变、数据定长的限制,围绕支持重复字段,实现了数据可以任意变长的突破,具备处理连续信息和非结构信息的优越功能,是关系数据库无法比拟的。但很多学者还是认为,它不能取代关系数据库技术,只适合作为它的辅助,形成结构化和非结构化共存的数据库。

3. 数据挖掘、知识发现与数据仓库是未来数据库技术的发展目标

数据库技术是计算机信息系统发展的配套软件系统,为了满足计算机技术快速发展的需要,数据库技术就要不断更新,不断研发新技术。在数据库技术中,数据挖掘技术逐渐成为数据库技术的核心。数据挖掘是指通过系统分析从大量数据中提取出隐藏于其中的规律,并利用这些规律预测未来或指导未来工作的科学,是近年来数据应用领域中相当热门的议题之一。如今数据挖掘技术迅猛发展,它结合了机器学习、统计分析学、数据库技术等相关技术,被广泛应用于互联网、金融、电子商务、管理、军事决策等领域。数据仓库的作用是从外部数据源、历史业务数据中,提取有用的数据,进行编排后,为数据的处理分析做准备。有学者认为,数据挖掘技术和数据仓库是数据库技术发展的目标,通过对数据仓库数据的分

析研究，发现数据中的潜在规则，为决策提供支持。

在计算机信息系统发展过程中，数据库技术逐渐成为使其顺利运行的重要系统软件。数据库技术的发展过程中，出现了新、旧技术的更新和各类技术间的互相借鉴、融合和发展，这也是未来数据管理领域的发展趋势。虽然我国是计算机应用大国，但是由于我国对相关技术的研发较晚，相应技术核心掌握得还不够成熟。在信息技术飞快发展的背景下，我们要努力学习和掌握数据库技术，顺应信息时代的发展，更好地为国家和军队信息化做出贡献。

1.2 数据库基本概念

在系统地介绍数据库之前，这里首先介绍数据库最常用的一些术语和基本概念。其中数据、数据库、数据库管理系统和数据库系统是与数据库技术密切相关的4个基本概念。

1.2.1 数据

数据(Data)是数据库中存储的基本对象。在大多数人的头脑中数据就是数字。其实数字只是最简单的一种数据，这是对数据的一种传统和狭义的理解。广义上讲，数据的种类很多，包括数字、文字、图形、图像、声音等。

为了了解世界、交流信息，人们需要描述某些事物。在日常生活中人们可以直接用自然语言(如汉语)描述；在计算机中，为了储存和处理这些事物，就要抽象出对这些事物感兴趣的特征，组成一个记录来描述。例如，学生档案中，人们最感兴趣的可能是学生的姓名、性别、年龄、出生年月、籍贯、所在系别、入学时间，那么可以用如下方式描述：

(黎明，男，199505，安徽省合肥市，二旅201营，2013)

这就是描述一个学生特征的记录，这个学生信息所构成的记录就是数据，这个数据中包括文字、数字等类型的数据。

概括起来，可以对数据做如下定义：描述事物的符号称为数据。描述事物的符号可以是数字，也可以是文字、图形、图像、声音、语言等，数据有多种表现形式，它们都可以经过数字化后存入计算机。

1.2.2 数据库

数据库(Database，简称DB)，顾名思义，就是存放数据的仓库。只不过这个数据的仓库是在计算机存储设备上，数据是按一定的格式存放的。

人们经常需要从现实世界中的一个事物中收集并抽取出一系列有用的数据，然后再将其保存起来，供进一步加工处理。在科学技术飞速发展的今天，人们的视野越来越广，数据量急剧增加。过去人们把数据存放在文件柜里，现在人们借助计算机和数据库技术科学地保存和管理大量的复杂数据，以便能方便而充分地利用这些宝贵的信息资源。

所以，数据库是指长期存储在计算机内的有组织的、可共享的数据集合。数据库中的数据按一定的数据模型组织、描述和存储，具有较小的冗余度、较高的数据独立性和易扩展性，并可为各种用户共享。

1.2.3 数据库管理系统

了解了数据和数据库的概念，下一个问题就是如何科学地组织和存储数据，如何高效地获取和维护数据。完成这个任务的是一个系统软件——数据库管理系统（Database Management System，简称 DBMS）。

数据库管理系统是位于用户与操作系统之间的一层数据管理软件。数据库管理系统和操作系统一样是计算机的基础软件，也是一个大型复杂的软件系统。它的主要功能包括以下几个方面：

1. 数据定义功能

DBMS 提供数据定义语言（Data Definition Language，DDL），用户通过它可以方便地对数据库中的数据对象进行定义。

2. 数据组织、存储和管理

数据组织和存储的基本目标是提高存储空间利用率和方便存取，提供多种访问方法（如索引查找、顺序查找等）来提高存取效率。

DBMS 要分类组织、存储和管理各种数据，包括数据字典、用户数据、数据的存取路径等。要确定以何种文件结构和存取方式在存储器上组织这些数据，如何实现数据之间的联系。

3. 数据操纵功能

DBMS 还提供数据操纵语言（Data Manipulation Language，DML），用户可以使用 DML 操纵数据，实现对数据库的基本操作，如查询、插入、删除和修改等。

4. 数据库的事务管理和运行管理

数据库在建立、运用和维护时由数据库管理系统统一管理、统一控制，以保证数据的安全性、完整性、多用户对数据的并发使用及发生故障后的系统恢复。

5. 数据库的建立和维护功能

包括数据库初始数据的输入、转换功能，数据库的转储、恢复功能，数据库的重组织功能和性能监视、分析功能等。这些功能通常是由一些实用程序或管理工具完成的。

6. 其他功能

包括 DBMS 与网络中其他软件系统的通信功能,一个 DBMS 与另一个 DBMS 或文件系统的数据转换功能,异构数据库之间的互访和互操作功能等。

数据库管理系统是数据库系统的一个重要组成部分。

1.2.4 数据库系统

数据库系统(Database System, DBS)是指在计算机系统中引入数据库后的系统,一般由数据库、数据库管理系统(及其开发工具)、应用系统、数据库管理员构成。应当指出的是,数据库的建立、使用和维护工作只靠一个 DBMS 远远不够,还需要有专门的人员来完成相关操作,这些人被称为数据库管理员(Database Administrator,DBA)。

在一般不引起混淆的情况下常常把数据库系统简称为数据库。一个完整的数据库系统可以用图 1-3 表示。

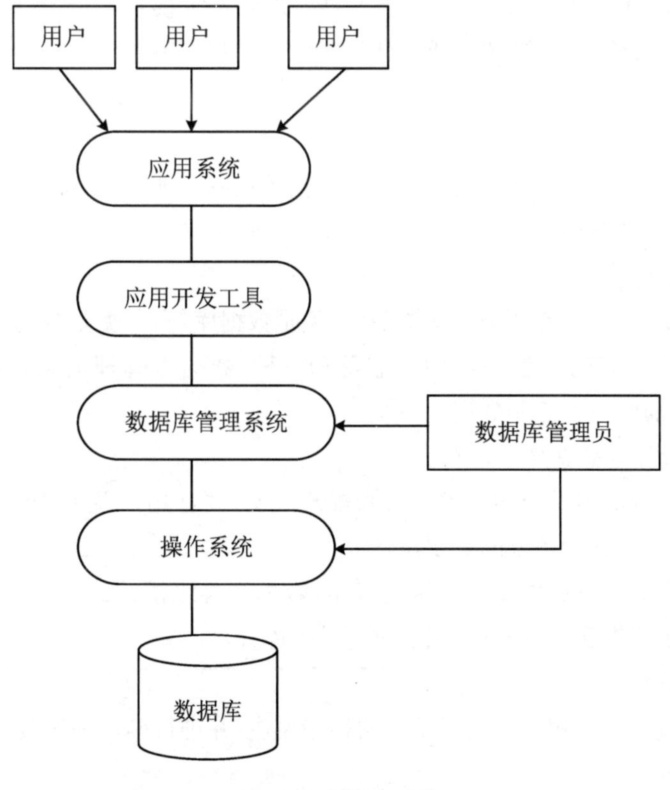

图 1-3 数据库系统

1. 硬件平台及数据库

由于数据库系统数据量通常都很大,加之 DBMS 丰富的功能使得其自身的规模也很大,因此整个数据库系统对硬件资源的要求很高。

数据库系统中的硬件平台包括以下两类：

(1) 计算机。它是系统中硬件的基础平台，可以是微型机、小型机、中型机、大型机以至巨型机。

(2) 网络。过去数据库系统一般建立在单机上，近年来则较多地建立在网络上，包括局域网、广域网及因特网，其结构形成以客户/服务器(C/S)方式与浏览器/服务器(B/S)方式为主，并逐步走向三层结构体系。

2. 软件

数据库系统中的软件平台包括四类：

(1) 支持DBMS运行的操作系统。它是系统的基础软件平台，目前常用的操作系统有Windows与UNIX(包括Linux)两种。

(2) DBMS。DBMS是为数据库的建立、使用和维护配置的系统软件。

(3) 数据库系统开发工具。为开发数据库应用提供的工具，包括过程性程序设计语言，如C、C++等，也包括可视化开发工具VB、PB、Delphi等，还包括近期与因特网有关的ASP.net、JSP、PHP、HTML、XML等，以及一些专用开发工具。

(4) 为特定应用环境开发的数据库应用系统。

3. 人员

开发、管理和使用数据库系统的人员主要包括数据库管理员、系统分析员和数据库设计人员、应用程序员和最终用户。

(1) *数据库管理员*

在数据库系统环境下，有两类共享资源，一类是数据库，另一类是数据库管理系统软件，这两类资源都需要有专门的管理机构来监督和管理，数据库管理员则是这个机构的一个(组)人员，负责全面管理和控制数据库系统。

(2) *系统分析员和数据库设计人员*

系统分析员负责应用系统的需求分析和规范说明，要和用户及DBA结合，确定系统的软硬件配置，并参与数据库系统的概要设计。

数据库设计人员负责数据库中数据的确定、数据库各级模式的设计。数据库设计人员必须参加用户需求调查和系统分析，然后进行数据库设计。

(3) *应用程序员*

应用程序员负责设计和编写应用系统的程序模块，并进行调试和安装。

(4) *用户*

这里的用户是指最终用户。最终用户通过应用系统的用户接口使用数据库，常用的接口方式有浏览器、菜单驱动、表格操作、图形显示、报表书写等。

数据库管理系统在整个计算机系统中的地位如图1-4所示。

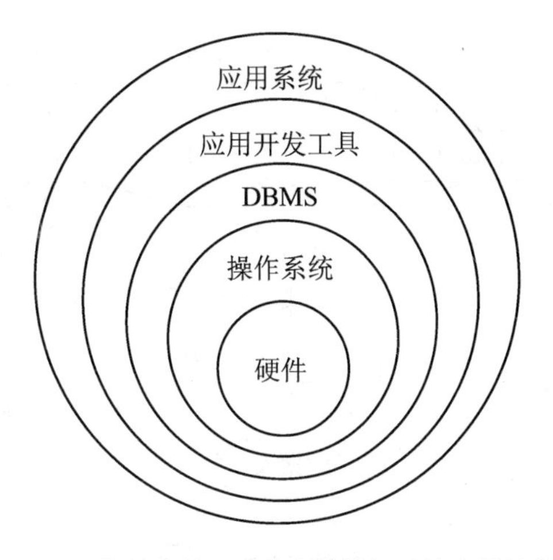

图1-4 数据库管理系统在计算机系统中的地位

1.3 数据库体系结构

数据库体系结构是数据库的一个总的框架。虽然目前市场上流行的数据库系统软件产品品种多样,支持不同的数据模型,使用不同的数据库语言和应用系统开发工具,建立在不同的操作系统之上,但绝大多数数据库系统在总的体系结构上都具有三级结构的特征,即外部级(External,最接近用户,是单个用户所能看到的数据特性)、概念级(Conceptual,涉及所有用户的数据定义)和内部级(Internal,最接近物理存储设备,涉及物理数据存储的结构),这个三级结构称为数据库的体系结构,有时也称为"三级模式结构"或"数据抽象的三个级别"。

1.3.1 三级模式结构

模式是对数据库中全体数据的逻辑结构和特征的描述。数据模式是数据库的框架,反映的是数据库中数据的结构及其相互关系。数据库的三级模式分别是外模式、概念模式和内模式,其结构如图1-5所示。

1. 概念模式

概念模式(Conceptual Schema)简称模式,又称数据库模式、逻辑模式。它是对数据库中全部数据的整体逻辑结构和特征的描述,由若干个概念记录类型组成,还包含记录间的联系、数据的完整性和安全性等要求。概念模式以某一种数据模型为基础,综合考虑了所有用户的需求,并将这些需求有机地集成为一个逻辑整体。概念模式可以被看作是现实世界中一个组织或部门中的实体及其联系的抽象模型在具体数据库系统中的实现。

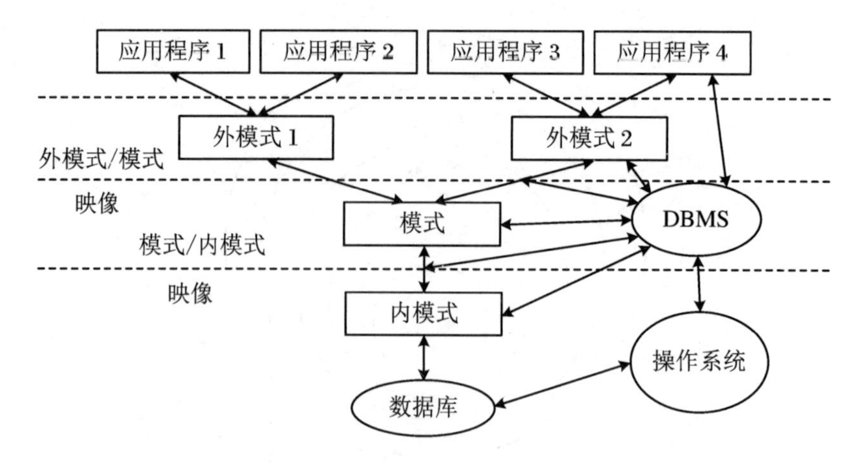

图1-5 数据库的三级模式结构

一个数据库只有一个概念模式,它是数据库系统三级模式结构的中间层,既不涉及数据的物理存储细节和硬件环境,也与具体的应用程序及程序设计语言无关。概念模式由DBMS提供的数据定义语言(DDL)来定义和描述。定义概念模式时不仅要定义数据的逻辑结构,例如数据记录由哪些字段构成以及各字段的名称、类型、取值范围等,而且要定义数据之间的联系,以及定义与数据有关的安全性、完整性要求等内容。因此,概念模式是数据库中全体数据的逻辑描述,而不是数据库本身,它是装配数据的一个结构框架。

2. 外模式

外模式(External Schema)简称子模式,又称用户模式,是用户观念下局部数据结构的逻辑描述,是对数据库用户(包括应用程序员和最终用户)能够看见和使用的局部数据的逻辑结构和特征的描述,是用户与数据库系统之间的接口。

一个数据库可以有多个外模式,外模式表示了用户所理解的实体、实体属性和实体间的联系。在一个外模式中包含了相应用户的数据记录型、字段型、数据集的描述等。数据库中的某个用户一般只会使用概念模式中的一部分记录类型,有时甚至只需要某一记录类型中的若干个字段而非整个记录类型。所以,外部模式是概念模式的一个逻辑子集。

外模式由DBMS提供的DDL来定义和描述。由于不同用户需求相差很大,看待数据的方式与所使用的数据内容各不相同,对数据的保密性要求也有差异,因此不同用户的外模式也不相同。

设置外模式的优点有:

(1) 方便用户使用,简化用户接口。用户无需了解数据的存储结构,只需按照外模式的规定编写应用程序或在终端上键入操作命令,便可实现用户所需的操作。

(2) 可保证数据的独立性。通过模式间的映像保证数据库数据的独立性。

(3) 有利于数据共享。由于可从同一概念模式产生出不同的外模式,因而减少了数据的冗余度,有利于为多种应用服务,并有利于数据安全和保密。用户通过程序只能操作其外模式范围内的数据,从而使程序错误传播的范围缩小,保证了其他数据的安全性。由于一个用户对其外模式之外的数据是透明的,故保密性好。

3. 内模式

内模式(Internal Schema)也称存储模式，是对数据库中数据的物理结构和存储方式的描述，是数据在数据库内部的表示形式和组织方式。一个数据库只有一个内模式。在内模式中规定了数据项、记录、键、索引和存取路径等所有数据的物理组织以及优化性能、响应时间和存储空间需求等信息。它还规定了记录的位置、块的大小和溢出区等。此外，数据是否加密、是否压缩存储等内容也可以在内模式中加以说明。因此，内模式是 DBMS 管理的最底层，它是在物理存储设备上存储数据时的物理抽象。内模式由 DBMS 提供的 DDL 来定义和描述。

综上所述，分层抽象的数据库结构可归纳为如下几点：

(1) 对一个数据库的整体逻辑结构和特征的描述(即数据库的概念结构)是独立于数据库其他层次结构(即内模式的描述)的。当定义数据库的层次结构时，应首先定义全局逻辑结构，而全局逻辑结构是根据整体数据规划时得到的概念结构，结合选用的数据模型定义的。

(2) 一个数据库的内模式依赖于概念模式，它具体地将概念模式中所定义的数据结构及其联系进行适当的组织，并给出具体存储策略，以最优的方式提高时空效率。内模式独立于外模式，也独立于具体的存储设备。

(3) 用户逻辑结构即外模式是在全局逻辑结构描述的基础上定义的。它独立于内模式和存储设备。

(4) 特定的应用程序是在外模式描述的逻辑结构上编写的，它依赖于特定的外模式。原则上每个应用程序使用一个外模式，但不同的应用程序也可以共用一个外模式。由于应用程序只依赖于外模式，所以也独立于内模式和存储设备，并且概念模式的改变不会导致相对应外模式的变化，应用程序也独立于概念模式。

1.3.2　两级映像

数据库系统的三级模式是对数据进行的三个级别的抽象，使用户能逻辑地、抽象地处理数据，而不必关心数据在机器中的具体表示方式和存储方式。而三级结构之间往往差别很大，为了实现这三个抽象级别之间的联系和转换，DBMS 在三级结构之间提供了两个层次的映像(Mapping)：外模式/概念模式映像，概念模式/内模式映像。所谓映像，实际是一种对应规则，它指出了映像双方是如何进行转换的。

1. 外模式/概念模式映像

外模式/概念模式映像定义了各个外模式与概念模式之间的映像关系。对应于同一个概念模式可以有多个外模式，对于每一个外模式，数据库系统都有一个外模式/概念模式映像，它定义了该外模式与概念模式之间的对应关系。外模式/概念模式映像定义通常在各个外模式中加以描述。

2. 概念模式/内模式映像

概念模式/内模式映像定义了数据库全局逻辑结构与存储结构之间的对应关系。由于这两级的数据结构可能不一致,即记录类型、字段类型的命名和组成可能不一样,因此需要这个映像说明概念记录和内部记录之间的对应性。概念模式/内模式映像一般是在内模式中加以描述的。

1.3.3 两级数据独立性

由于数据库系统采用三级模式结构,因此具有数据独立性。数据独立性分成物理数据独立性和逻辑数据独立性两个级别。

1. 物理数据独立性

如果数据库的内模式要修改,即数据库的物理结构有所变化,那么只要对概念模式/内模式映像做相应的修改即可,概念模式尽可能保持不变,也就是对内模式的修改尽量不影响概念模式,当然对于外模式和应用程序的影响更小。这样,称数据库达到了物理数据独立性(简称物理独立性)。

概念模式到内模式的映像提供了数据的物理独立性,即当数据的物理结构发生变化时,如存储设备改变、数据存储位置或存储组织方式改变等,不影响数据的逻辑结构。例如,为了提高应用程序的存取效率,数据库管理员和数据库设计人员依据各应用程序对数据的存取要求,可以对数据的物理组织进行一定形式或程度的优化,而不需要重新定义概念模式与外模式,也不需要修改应用程序。

2. 逻辑数据独立性

如果数据库的概念模式要修改,譬如增加记录类型或增加数据项,那么只要对外模式/概念模式映像做相应的修改即可,外模式和应用程序尽可能保持不变。这样,称数据库达到了逻辑数据独立性(简称逻辑独立性)。

外模式到概念模式的映像提供了数据的逻辑独立性,即当数据的整体逻辑结构发生变化时,如为原有记录增加新的数据项、在概念模式中增加新的数据类型、在原有记录类型中增加新的联系等,不影响外模式。例如,在教务管理信息系统中,随着需求的变化,需要增加双学位课程的选修与授予学位信息,增加学员毕业去向信息等。根据这些新需求需要对概念模式做部分修改或扩充,然而由于逻辑数据独立性的保证,仅需对外模式/概念模式映像做某些调整,从而保证外模式尽量不发生变化,也不必重新编写应用程序。

总之,数据库三级模式体系结构是数据管理的结构框架,依照这些数据框架组织的数据才是数据库的内容。在设计数据库时,主要是定义数据库的各级模式;而在用户使用数据库时,关心的才是数据库的内容。数据库的模式通常是相对稳定的,而数据库的数据则是经常变化的,特别是一些工业过程的实时数据库,其数据的变化是连续不断的。

1.3.4 三级模式结构和两级映像功能的意义

1. 三级模式结构实现了数据使用的非过程化

数据库的三级模式结构是对数据的三个抽象级别，它把数据的具体组织留给 DBMS，用户只需抽象处理数据，不必关心数据在机器中的存储和表示，从而实现了数据使用的非过程化，大大减轻了各种用户使用数据库的负担。

2. 两级映像功能实现三级模式间的转换

可以通过两级映像简化三级模式之间的联系与转换，使得概念模式与外模式虽然并不"物理"存在，但也能通过映射而获得其功能意义上的"实体"。

3. 两级映像功能保证系统的数据独立性

数据库系统有着许多优点，其中最重要的就是数据的独立性，数据独立性的实质是将数据模型与其实现分离开来。

如果数据库物理结构发生改变，而用户的应用程序可以保持不变，就说系统提供了物理独立性，概念模式/内模式映像是实现物理独立性的关键；如果数据库逻辑结构改变(在概念层或逻辑概念层的改变)，而用户的应用程序能保持不变，就说系统提供了逻辑独立性，外模式/概念模式映像是实现逻辑独立性的关键。

1.4 数据库系统的特点

下面通过一个简单的例子——军校教员管理信息系统来比较文件系统和数据库系统的差异，进而阐述数据库系统的特点。

1. 采用文件系统实现军校教员管理信息系统

在军校中，通常每个部门都会开发自己所需的应用程序，拥有自己的数据文件，这种采用多个文件来存储和管理数据的方式就是文件管理方式，从数据管理技术发展的阶段来看，该阶段是文件管理阶段。采用文件系统实现军校教员管理信息系统的数据处理方式如图 1-6 所示。

在文件管理阶段，每个应用程序都需要有自己的数据文件和应用程序。例如，政治部进行人事管理等需要教员信息，训练部进行排课时需要教员信息，科研部统计科研成果时需要教员信息，院务部安排福利时也需要教员信息。存储教员信息的文件之间是独立的，信息不能共享，需要多次重复存储。随着数据量的剧增，文件管理阶段存在的许多问题越来越突出，包括数据冗余、数据不一致、数据联系弱、数据安全性差和缺乏灵活性等问题。

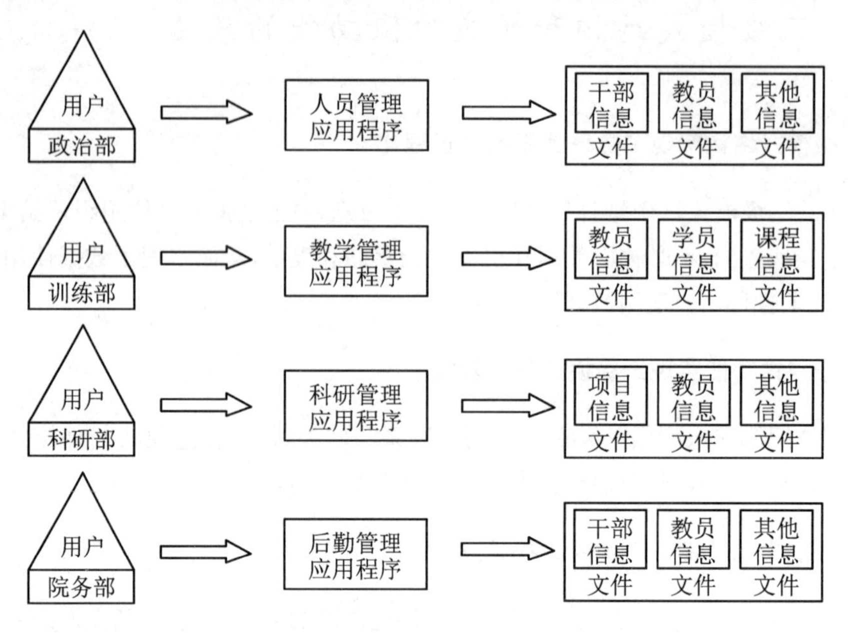

图 1-6　文件管理阶段的数据处理方式

2. 采用数据库系统实现军校教员管理信息系统

典型的现代数据库系统处理数据的方式如图 1-7 所示。在该数据管理方式中，许多应用程序可以在数据库管理系统的控制下共享数据库中的数据。

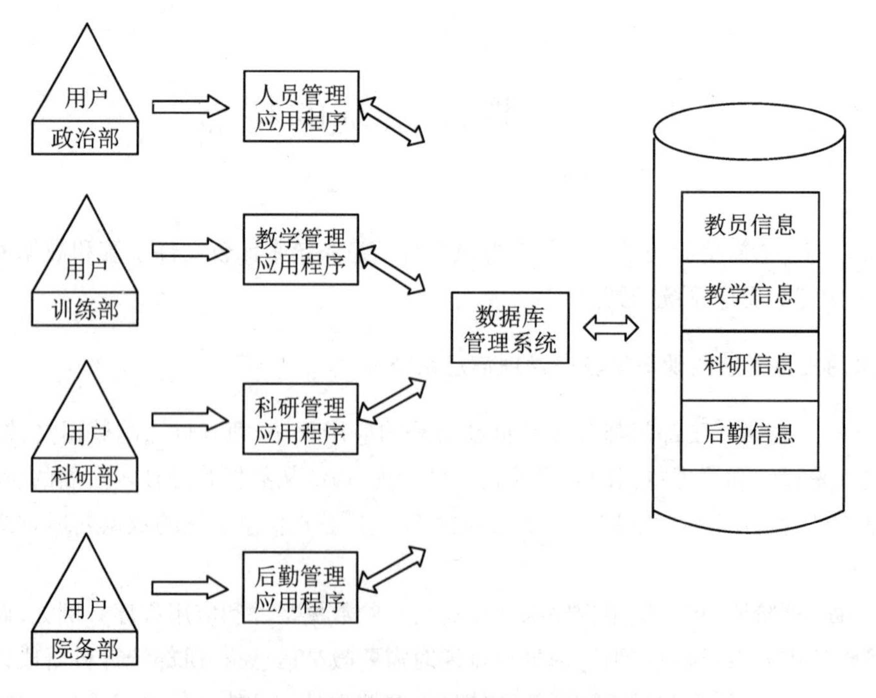

图 1-7　数据库管理阶段的数据处理方式

在数据库管理系统中，可以使用关系数据库标准语言 SQL（Structured Query Language）来建立企业信息数据库，实现数据库中数据的插入、删除以及查询等功能。数据库系统提供了功能强大的操作，如查询操作只需要写一条语句就可实现，程序员的开发效率大大提高。

3. 数据库系统的特点

与人工管理和文件系统相比，数据库系统的特点主要体现在以下几个方面。

（1）数据结构化

数据库系统实现了整体数据的结构化，这是数据库的主要特征之一，也是数据库系统与文件系统的本质区别。

在文件系统中，文件中的记录内部具有结构，但是记录的结构和记录之间的联系被固化在程序中，需要由程序员加以维护。这种工作模式既加重了程序员的负担，又不利于结构的变动。

所谓“整体”结构化是指数据库中的数据不再是仅仅针对某一个应用，而是面向整个组织或企业；不仅数据内部是结构化的，而且整体也是结构化的，数据之间是具有联系的。也就是说，不仅要考虑某个应用的数据结构，还要考虑整个组织的数据结构，这就要求在描述数据时不仅要描述数据本身，还要描述数据之间的联系。在数据库系统中，记录的结构和记录之间的联系由数据库管理系统维护，从而减轻了程序员的工作量，提高了工作效率。

在数据库系统中，不仅数据是整体结构化的，而且存取数据的方式也很灵活，可以存取数据库中的某一个或一组数据项、一个记录或一组记录；而在文件系统中，数据的存取单位是记录，不能存取数据项。

（2）数据的共享性高、冗余度低且易扩充

数据库系统从整体角度看待和描述数据，数据不再仅面向某个应用，而是面向整个系统，因此数据可以被多个用户、多个应用共享使用。数据共享可以大大减少数据冗余，节约存储空间。数据共享还能够避免数据之间的不相容与不一致。

所谓数据的不一致性是指同一数据不同副本的值不一样。采用人工管理或文件系统管理时，由于数据被重复存储，当不同的应用使用和修改不同的副本时，就很容易造成数据的不一致。数据库中的数据共享减少了由于数据冗余造成的不一致现象。

由于数据面向整个系统，是有结构的数据，不仅可以被多个应用共享使用，而且容易增加新的应用，这就使得数据库系统弹性大，易于扩充，可以适应各种用户的要求。可以选取整体数据的各种子集用于不同的应用系统，当应用需求改变或增加时，只要重新选取不同的子集或加上一部分数据便可以满足新的需求。

（3）数据独立性高

数据独立性是借助数据库管理数据的一个显著优点，它已成为数据库领域中的一个常用术语和重要概念，包括数据的物理独立性和逻辑独立性。

物理独立性是指用户的应用程序与数据库中数据的物理存储是相互独立的。也就是说，数据在数据库中怎样存储是由数据库管理系统管理的，用户程序不需要了解，应用程序要处理的只是数据的逻辑结构，这样当数据的物理存储改变时应用程序可以不用改变。

逻辑独立性是指用户的应用程序与数据库的逻辑结构是相互独立的。也就是说，数据的逻辑结构改变时，用户程序也可以不变。

数据独立性是由数据库管理系统提供的两级映像功能来保证的，其具体实现将在后面的内容中进行讨论。

数据与程序的独立把数据的定义从程序中分离出去，加上存取数据的方法又由数据库管理系统负责提供，从而简化了应用程序的编制，大大减少了应用程序的维护和修改。

(4) 数据由数据库管理系统统一管理和控制

数据库的数据共享显然会带来一定的安全隐患，同时数据库的共享是并发的共享，即多个用户可以同时存取数据库中的数据，甚至可以同时存取数据库中的同一数据，这又会带来不同用户间相互干扰的隐患。另外，数据库中数据的正确与一致也必须得到保障。为此，数据库管理系统提供了以下几方面的数据控制功能。

① 数据的安全性保护。

数据的安全性保护是指保护数据以防止不合法使用造成数据泄密和破坏。每个用户只能按规定对某些数据以某些方式进行使用和处理。

② 数据的完整性检查。

数据的完整性是指数据的正确性、有效性和相容性。完整性检查将数据控制在有效的范围内，并保证数据之间满足一定的关系。

③ 并发控制。

当多个用户的并发进程同时存取、修改数据库时，可能会发生相互干扰而得到错误的结果或使得数据库的完整性遭到破坏，因此必须对多用户的并发操作加以控制和协调。

④ 数据库恢复。

计算机系统的硬件故障、软件故障，操作员的失误以及故意破坏也会影响数据库中数据的正确性，甚至造成数据库部分或全部数据的丢失。数据库管理系统必须具有将数据库从错误状态恢复到某一已知正确状态(亦称为完整状态或一致状态)的功能，这就是数据库的恢复功能。

从文件系统发展到数据库系统是数据管理技术的一个重大变革，它将过去文件系统中的“以程序设计为核心，数据服从程序设计”的数据管理模式改变为“以数据库设计为核心，应用程序设计退居次位”的数据管理模式，如图 1-8 所示。

综上所述，数据库是长期存储在计算机内有组织、大量、共享的数据集合。它可以被各种用户共享使用，具有最小冗余度和较高的数据独立性。数据库管理系统在数据库建立、运行和维护时对数据库进行统一控制，以保证数据的完整性和安全性，并在多用户同时使用数据库时进行并发控制，在发生故障后对数据库进行恢复。

数据库系统的出现使信息系统从以加工数据的程序为中心转向以共享的数据库为中心的新阶段，这样既便于数据的集中管理，又能简化应用程序的研制和维护，提高了数据的利用率和相容性，提高了决策的可靠性。

目前，数据库已经成为现代信息系统的重要组成部分，具有数百 G、数百 T 甚至数百 P

字节的数据库已经广泛存在于科学技术、工业、农业、商业、服务业和政府部门的信息系统中。

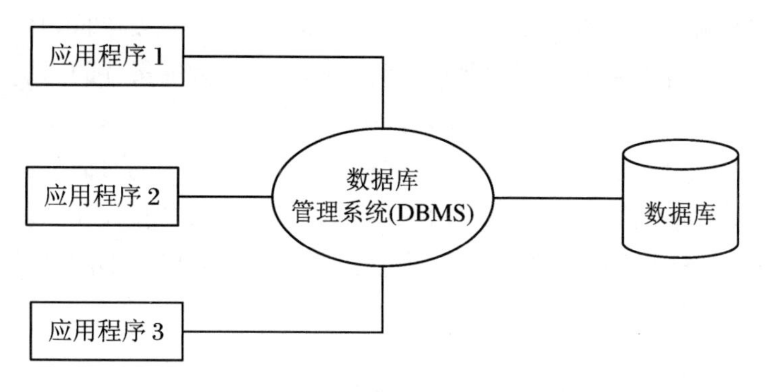

图 1-8 数据库阶段的数据管理模式

1.5 数据库技术与军队信息化建设

随着我军信息化建设的不断推进，数据库技术作为信息化建设的基础技术，在军队信息化建设中发挥着越来越重要的作用。

军队信息化建设主要包括以下几个方面：

1. 实现信息化办公

信息化办公，是将部队所有军事、后勤、装备乃至政治工作实施网络化、电子化的一种办公形式，又称“电子军务”或“无纸化办公”。同传统的纸张化办公相比，“电子军务”无论在信息传输速度、文件管理及标准化处理方面都具有明显的优势，而这些优势正是未来信息作战对部队信息交换的基本要求。信息化办公是军队信息化建设的必经阶段，20 世纪 90 年代以来，美军之所以能够迅速推进军队的信息化进程，就是因为其依靠全国的“信息高速公路”工程，基本实现了军队办公信息化，为军队信息化奠定了扎实的技术和智力基础，同时营造了信息化建设的良好环境。

2. 完成自动化指挥系统的综合集成

自动化指挥系统即“C^3I”的国内称谓，如今 C^3I 已发展到 C^4ISR（指挥、控制、通信、情报、计算机、监视、侦察）。美军空袭阿富汗行动之后，又提出在未来要将武器系统与指挥控制系统联合一体化，即 C^4KISR（在 C^4ISR 基础上增加 Killing，指杀伤性武器系统）。而我军 C^3I 整体建设尚未完成，各单位研制开发了众多的指挥系统或指挥训练模拟系统，但离全军标准化、通用化、实用化还差得很远。为此，必须从顶层设计入手，搞好各军兵种的指挥系统综合集成建设。对各军兵种自身的业务软件和系统，要通过科学的设计，提高开放性、灵活性，增强系统的兼容能力。

3. 完成兵器装备的数字化改造与研制

作战兵器与保障装备的数字化，是实现军队整体信息化的重要阶段，是衡量信息化成功与否的基本标志。兵器装备的数字化受国家科技和经济实力等条件的影响制约，需要经历较长的过程。未来，实现了数字化的兵器装备特别是主战装备应具备以下几个共同特点：一是数字通信；二是精确定位；三是信息实时处理；四是“自行动”能力，即兵器、装备的“机器人化”。未来机器人化的兵器装备，如“C^4KISR”系统，其操作手的“按按钮”“扣扳机”权限将被收归作战指挥系统，操作手将变成维护手，个别兵器装备可能根本不需要操作手，从而彻底实现作战一体化。

4. 普及信息化管理

信息化管理涉及部队的方方面面，大体而言包括行政管理、训练管理、后勤装备管理等。信息化的行政管理要求实现基于网络技术的人员精确管理(即任何时刻都能精确定位部队、人员位置)、电子值班、视频会议等。信息化训练管理表现为训练资源的网络化、一体化，训练器材的模拟化，训练评估的智能化等。信息化后勤装备管理包括物资信息化存贮、物流自动化、器材动态管理等。同时具备上述功能的综合信息化管理系统，能够对所有人员、装备、部队行动等进行动态管理，部队首长或值班员只需在经过授权的计算机上输入任何人员、装备或单位的名称，即能掌握其位置、状态，也可浏览、分析所有管理对象的信息，实现真正的实时、精确化管理。

军队信息化建设加强了数据库技术在军队中的应用，同时也要求当代军人要具有较高的信息素质，具有一定的数据库技术知识对于当代军人更好地服务于本职工作具有重要的意义。

1.6 任务实践——体验数据库管理系统

当前数据库的主流产品均是关系数据库的扩充形式，其规模大致分为大型、中型、小型、桌面式等四种，下面分别介绍这四种类型数据库的代表性产品。

1. 大型数据库产品

大型数据库代表性产品有 Oracle 与 DB2。

(1) Oracle

目前较新的版本是 Oracle V9i，它在全球的销售量很大，除具有关系数据库的基本功能外，还具有一定的面向对象功能，它支持 Web 功能，能存储大对象数据(如图像、视频及音频等)，在它的扩充部分中还有数据仓库的功能。该产品在我国主要用于公安、金融以及大型企业中。

有关此产品的详细介绍可参阅Oracle公司网站:http://www.oracle.com。

(2) DB2

DB2是IBM公司的产品,它的前身是关系数据库管理系统的第一代产品SYSTEM-R。它是一种关系扩充型产品,主要适用于IBM的大型机,通用性强并有较好的并行存储与并行计算能力。该产品在我国主要用于金融、气象等大型企事业部门。

有关此产品的详细介绍可参阅IBM公司网站:http://www.ibm.com。

2. 中型数据库产品

中型数据库产品的代表是Sybase公司的产品,其主打产品有两种:Sybase Adaptive Server Enterprise及Sybase Adaptive Server Anywhere。它是一种关系扩充型产品,在我国销售较好,主要用户有铁路部门、水利部门及政府系统等。

有关此类产品的详细介绍可参阅Sybase公司的网站:http://www.sybase.com。

3. 小型数据库产品

小型数据库产品的代表是微软公司的SQL Server,它是一种关系模型产品,并有一定的扩充功能,如Web功能、数据仓库功能以及大对象数据类型的表示能力。该产品适合小型机环境并与微软公司的软件环境协调一致(如Windows操作系统、ODBC、OLEDB以及ASP、C#、VB、VC等开发工具),在我国使用广泛,主要用于中小型企业及小机构。

4. 桌面式数据库产品

桌面式数据库产品的代表是微软公司的Access,该产品是关系模型产品,但能适应Web环境。该产品以数据库为核心,有多种开发工具相配套。它是微软公司Office系列产品中的一个,适用于微型机环境并与微软公司软件环境协调一致,在我国同样使用广泛,主要用于小型企事业单位中的简单应用。

有关上面两种微软公司产品的详细介绍可参阅微软公司网站:http://www.microsoft.com。

微软公司的SQL Server在数据库市场占有一定的份额,尤其在中小型应用中具有相当的优势,因此掌握SQL Server数据库技术非常必要。本书主要以SQL Server 2008为例,介绍相关数据库技术。

1.6.1 SQL Server 2008简介

SQL Server是由Microsoft公司开发和推广的关系型数据库管理系统,它最初是由Microsoft、Server和Ashton Tate 3家公司共同开发的,并于1988年推出了第一个OS/2版本。近年来SQL Server不断更新版本,先后发布了SQL Server 6.5、SQL Server 7.0、SQL Server 2000、SQL Server 2005、SQL Server 2008等,目前的最新版本是SQL Server 2012。SQL Server 2000以前的版本已被淘汰,目前应用较多的版本是SQL Server 2000、SQL

Server 2005 和 SQL Sever 2008。

SQL Server 2008 是一个全面的数据库平台，使用集成的商业智能(Business Intelligence，BI)工具提供了企业级的数据管理，数据库引擎为关系型数据和结构化数据。SQL Server 2008 的 SQL 存储功能使用户可以构建和管理高可用和高性能的数据库应用程序。SQL Server 2008 在 SQL Server 2005 的基础上，新增了对非结构化数据(geography 和 geometry)和文件流(File Stream)的支持，并增强了数据库的安全性、可靠性及报表服务等方面的功能。

SQL Server 2008 结合了分析、报表、集成和通知功能，可以构建和部署经济有效的商业智能(BI)解决方案，将数据应用推向业务的各个领域。另外，SQL Server 2008 还与 Microsoft Visual Studio、Microsoft Office System 以及新的开发工具包 Business Intelligence Development Studio 紧密集成，使 SQL Server 2008 与众不同。无论是开发人员、数据库管理员、信息工作者，还是决策者，SQL Server 2008 都可以为其提供创新的解决方案。

SQL Server 2008 提供了企业版(Enterprise Edition)、标准版(Standard Edition)、工作组版 (Workgroup Edition)、开发版(Developer Edition)、嵌入版(Compact Edition)、个人版(Express Edition)、Web 版等版本，另外还有试用版(Enterprise Evaluation)，试用版的功能与企业版相同，提供 180 天的试用期。用户可根据实际应用的需要和软硬件环境选择相应的版本。

1.6.2 SQL Server 2008 管理和开发工具简介

SQL Server 2008 提供了一整套的管理工具和实用程序，使用这些工具和程序，可以实现对系统快速、高效的管理。为了让初学者能够对 SQL Server 2008 的管理和开发工具有个整体了解，本节将对 SQL Server 2008 的管理和开发工具进行简要介绍。

1. SQL Server Management Studio

SQL Server Management Studio(简称 SSMS)是 SQL Server 2008 中最常用、最重要的管理和开发工具，是一个访问、配置、管理和开发的集成环境。Microsoft 公司将 SQL Server 2008 的管理平台和 Visual Studio 集成开发平台统一起来，并将 SQL Server 早期版本中包含的企业管理器、查询分析器和分析管理器的功能集成到 SSMS 单一环境中，为不同层次的开发人员和管理人员提供 SQL Server 访问能力。

2. SQL Server 配置管理器

SQL Server 配置管理器(Configuration Manager)集成了服务管理器、服务器网络实用工具和客户端网络实用工具，用来管理 SQL Server 2008 提供的服务、服务器和客户端的通信协议以及客户端的连接和客户端别名。

3. Reporting Services 配置管理器

Reporting Services 配置管理器用于配置和管理 SQL Server 2008 的报表服务器。

4. SQL Server 错误和使用情况报告

SQL Server 的错误和使用情况报告用于收集 SQL Server 2008 有关功能的使用情况和错误信息,并将运行情况及错误运行报告发送给 Microsoft 公司。

5. SQL Server Profiler

SQL Server Profiler 又被称为 SQL Server 事件探查器,用于监听 SQL Server 中的事件,捕获数据库服务器在运行过程中发生的事件,并将事件数据保存在文件或表中供用户分析。对每一种事件,可以获得客户端信息、连接信息、T-SQL 调用及存储过程调用等相关信息。

6. 数据库引擎优化顾问

数据库引擎优化顾问是一个性能优化工具,数据库管理员可以通过该工具完成对数据库的性能优化。数据库引擎优化顾问启动后先对数据库的访问情况进行评估,找出导致数据库性能降低的原因,然后给出数据库优化的建议。

7. SQL Server Business Intelligence Development Studio

SQL Server Business Intelligence Development Studio 是 Microsoft Visual Studio 的外接工具,是用于开发数据库 Analysis Services、Integration Services 和 Reporting Services 项目在内的商业解决方案的主要环境。Business Intelligence Development Studio 为每个项目类型都提供了用于创建商业智能方案所需对象的模板,以及用于处理这些对象的各种设计器、工具和向导。

1.6.3 SQL Server 2008 系统数据库简介

SQL Server 的系统数据库用于存储和管理系统对象的信息。熟悉 SQL Server 系统数据库的组织结构和存储管理,是进一步学习 SQL Server 2008 的基础。本节主要介绍 SQL Server 系统数据库文件的分类、管理、存储等功能。

1. 数据库文件的分类

SQL Server 的数据库文件分为 3 类,即主数据文件、辅助数据文件和事务日志文件,各类文件的功能如下:

(1) 主数据文件

主数据文件(Primary File)是数据库的起点,包含数据库的启动信息,并指向数据库中的其他文件,同时也用来存放用户数据。每个数据库有且只有一个主数据文件,其默认扩展名为 mdf。

（2）辅助数据文件

辅助数据文件（Secondary File）专用于保存数据，扩展数据库的存储空间。如果一个数据库只有主数据文件，那么该数据库的最大容量受整个磁盘空间的限制，引入辅助数据文件后，就不受磁盘空间的限制了。在创建数据库时，用户可以根据实际需要设置多个辅助数据文件，也可以不设置辅助数据文件。辅助数据文件的默认扩展名为 ndf。

（3）事务日志文件

事务日志文件（Transaction Log File）用于存储恢复数据库的日志信息。凡是对数据库进行的插入、修改和删除操作都会记录在事务日志文件中，当数据库被破坏时，可以利用事务日志文件恢复数据库的记录。每个数据库至少有一个事务日志文件，其默认扩展名为 ldf。

2. 数据库文件组

为了进一步规范数据文件的存储管理，SQL Server 2008 提供了创建文件组功能，可以将辅助数据文件分类保存在不同的文件组下。数据库文件组分为主文件组和用户自定义文件组，日志文件不属于任何文件组。每类文件组保存的文件如下：

（1）主文件组

主文件组包含主数据文件和没有明确指派给其他文件组的辅助数据文件，每个数据库只有一个主文件组，主文件组是默认文件组。

（2）用户自定义文件组

用户自定义文件组仅包含辅助数据文件，用户可以根据实际需要创建一个或多个该类文件组，也可以不创建。

3. 系统数据库

SQL Server 的系统数据库有 master、model、msdb、tempdb 及 mssqlsystem resource。系统数据库中各数据库的功能分别如下：

（1）master 数据库

master 数据库存储 SQL Server 的所有系统信息，例如数据库实例的名称、存储位置、连接服务器、系统配置等初始化信息。如果 master 数据库被破坏，系统将无法启动。因此，用户尽量不要修改 master 数据库中的数据，也不要在 master 数据库中创建对象。

（2）model 数据库

model 数据库是 SQL Server 中所有用户数据库和临时数据库（tempdb）的模板数据库。当用户创建一个数据库时，model 数据库的内容会自动复制到该数据库中，但是每个表及其他数据库对象的内容反映的是新建数据库的信息。

（3）msdb 数据库

msdb 数据库用于存储作业、报警以及操作员信息。SQL Server 代理服务通过这些信息调度作业和监视数据库系统的错误，并将作业或报警信息传递给操作员。

（4）tempdb 数据库

tempdb 数据库保存所有的临时表和临时存储过程，以及其他的临时对象。在执行数据查询时，如果需要创建中间数据交换表来完成，那么中间表就创建在 tempdb 数据库中。SQL Server 每次启动时都重新创建 tempdb 数据库。

（5）mssqlsystem resource 数据库

mssqlsystem resource 数据库是一个隐藏的只读数据库，存储系统数据库的可执行对象，包括 SQL Server 系统的存储过程、函数等。

4. 数据存储

在 SQL Server 中，页是数据库存储的基本单位，它是一块大小为 8 KB 的连续磁盘空间。数据文件的页按顺序编号，每页的开始部分是长度为 96 B 的页首，用于存储文件的特性信息，如页的类型、页的可用容量、拥有页的对象 ID 等。页根据功能划分为数据页、索引页、文本页、图像页等。在 SQL Server 中，行不能跨页，但是行的部分可以移出行所在的页，因为行实际可能非常大。页的单个行中的最大数据量和开销是 8060 个字节。但是，这不包括用 Text/Image 页类型存储的数据。包含 varchar、nvarchar、varbinary 或 sql_variant 列的表不受此限制约束。当表中的所有固定列和可变列的行的总大小超过限制的 8060 字节时，SQL Server 将在最大长度的表中的所有固定列和可变列的行的总大小超过限制的 8060 字节时，从最大长度的列开始，动态地将一个或多个可变长度列移动到 ROW_OVERFLOW_DATA 分配单元中的页。每当插入或更新操作将行的总大小增大到超过限制的 8060 字节时，将会执行此操作。将列移动到 ROW_OVERFLOW_DATA 分配单元中的页后，将在 IN_ROW_DATA 分配单元中的原始页上维护 24 字节的指针。如果后续操作减小了行的大小，SQL Server 会动态地将列移回到原始数据页。

本章小结

本章概述了数据库的基本概念，并通过对数据管理技术发展情况的回顾，介绍了数据库技术产生和发展的背景，阐明了数据库系统的优点。

关系数据库是目前使用最广泛的数据库系统，它与非关系数据库系统的区别是：关系数据库只有“表”这一种数据结构；而非关系数据库还有其他数据结构，以及对这些数据结构的操作。

数据库系统三级模式和两层映像的系统结构保证了数据库系统能够提供较高的逻辑独立性和物理独立性。

本章还介绍了数据库系统的组成，使读者了解数据库系统不仅是一个计算机系统，而且是一个人-机系统，人（特别是数据库系统管理员）的作用尤为重要。

接着介绍了数据库技术与军队信息化建设的关系。

最后简要介绍了 SQL Sever 的相关情况。

思考与练习

1. 试述数据、数据库、数据库系统、数据库管理系统的概念。

2. 使用数据库系统有什么好处?

3. 试述文件系统与数据库系统的区别和联系。

4. 试举出适合采用文件系统而不是数据库系统的应用实例,再举出适合采用数据库系统的例子。

5. 试述数据库系统的特点。

6. 数据库管理系统的主要功能有哪些?

7. 试述关系数据库的特点。

8. 试述数据库系统三级模式结构,这种结构的优点是什么?

9. 定义并解释以下术语:模式、外模式、内模式。

10. 什么叫数据与程序的物理独立性?什么叫数据与程序的逻辑独立性?为什么数据库系统具有数据与程序的独立性?

11. 试述数据库系统的组成。

12. 数据库管理员、系统分析员、数据库设计人员、应用程序员的职责分别是什么?

13. 请结合身边实例,谈一谈数据库技术在军事领域的应用。

实验1 认识SQL Server数据库管理系统

1. 实验目的

(1) 通过对SQL Server 2008数据库管理系统的安装使用,初步了解SQL Server的工作环境和系统架构。

(2) 熟悉SQL Server 2008的安装。

(3) 搭建今后实验的平台。

2. 实验内容

(1) 根据安装文件的说明安装SQL Server 2008数据库管理系统。在安装过程中记录安装的选择。

(2) 学会启动和停止数据库服务。

(3) 了解SQL Server 2008的管理和开发工具,如了解如何通过SQL Server Management Studio和各类配置管理器对数据和数据库服务器进行管理和使用,学会运用控制管理器和企业管理器进行操作,为今后的实验做准备。

第2章　数据模型

学习目标

【知识目标】

★ 理解数据模型的分类及组成。

★ 掌握信息化现实世界的方法，理解实体关系图（E-R图）。

★ 掌握关系模型的概念，并与其他模型进行对比。

★ 掌握概念模型到逻辑模型的转化过程。

【技能目标】

★ 会将现实世界的事物和特性抽象为信息世界的实体与属性。

★ 会用E-R图描述实体、属性以及实体间的联系。

★ 会将E-R图转换为关系数据模型，并了解实体内部之间的相互关系。

任务陈述

对于军校基层连队的管理，一般是靠营、连、排各级主官来实现人工管理，人工处理业务手续繁琐，效率不高，又容易出现错误和偏差，因此连队计划开发网上基层管理系统。首先，要分析军校基层连队的需求，将现实世界的要求和数据信息化，建立概念模型，然后将概念模型转化成逻辑模型，最后将逻辑模型映射到物理模型。本书主要以关系数据模型为例完成任务实践。

2.1　数据模型概述

模型这个概念，人们并不陌生，它是现实世界特征的模拟和抽象。数据模型也是一种模型，它能实现对现实世界数据特征的抽象。现有的数据库系统均是基于某种数据模型的。因此，了解数据模型的基本概念是学习数据库的基础。

数据模型应满足3方面的要求：一是能比较真实地模拟现实世界；二是容易为人所理解；三是便于在计算机上实现。为了把现实世界中的具体事物抽象、组织为某一DBMS支持的数据模型，人们常常首先将现实世界抽象为信息世界，然后将信息世界转换（或数据化）到机器世界。也就是说，首先把现实世界中的客观对象抽象为某一种信息结构，这种信息结构并不依赖于具体的计算机系统，不是某一个DBMS支持的数据模型，而是概念级的模型；然后再把概念模型转换为计算机上某一DBMS支持的数据模型。无论是概念模型还是数据模型，都要能反过来较好地刻画与反映现实世界，要与现实世界保持一致。这一过程如图2-1所示。

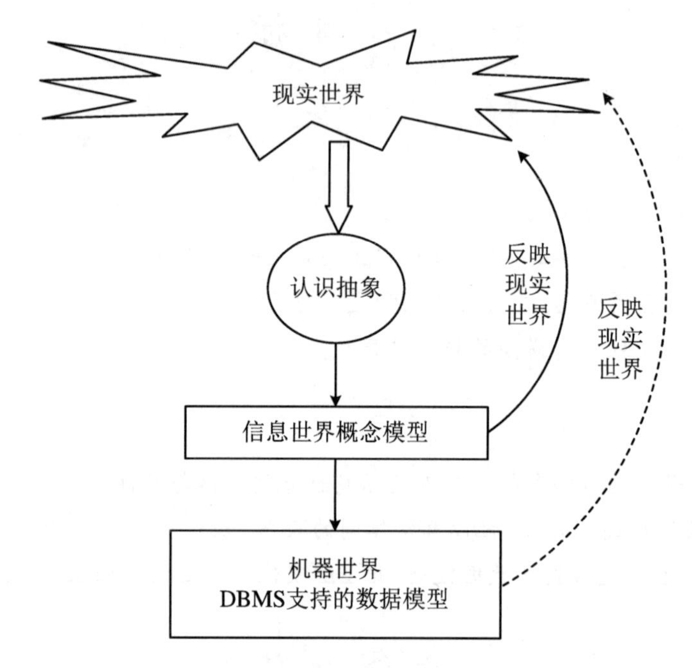

图2-1 现实世界客观对象的抽象过程

2.1.1 数据模型的组成

数据模型是模型的一种，是现实世界数据特征的抽象，它描述了系统的3个方面：静态特性、动态特性和完整性约束条件。因此数据模型一般由数据结构、数据操作和数据完整性约束3部分组成，是严格定义的一组概念的集合。

1. 数据结构

数据结构用于描述系统的静态特性，是所研究对象类型的集合。数据模型按其数据结构分为层次模型、网状模型、关系模型和面向对象模型。其所研究的对象是数据库的组成部分，它们包括两类：一类是与数据类型、内容、性质有关的对象，例如网状模型中的数据项、记录，关系模型中的域、属性、实体关系等；另一类是与数据之间联系有关的对象，例如网状模型中的系型、关系模型中反映联系的关系等。

2. 数据操作

数据操作用于描述系统的动态特性，是指对数据库中各种对象及对象的实例允许执行的操作的集合，包括对象的创建、修改和删除，对象实例的检索和更新(例如插入、删除和修改)两大类操作及其他有关的操作等。数据模型必须定义这些操作的确切含义、操作符号、操作规则(如优先级)以及实现操作的语言等。

3. 数据完整性约束

数据的完整性约束是一组完整性约束规则的集合。完整性约束规则是给定的数据模型中数据及其联系所应具有的制约和依存规则，用以限定符合数据模型的数据库状态以及状态的变化，以保证数据的正确、有效、相容。

数据模型应该反映和规定本数据模型必须遵守的基本的通用的完整性约束条件。例如，在关系模型中，任何关系必须满足实体完整性和参照完整性两个条件。

此外，数据模型还应该提供自定义完整性约束条件的机制，以反映具体应用所涉及的数据必须遵守的特定的语义约束条件。例如，在学校的数据库中规定大学生入学年龄不得超过 40 岁，硕士研究生入学不得超过 45 岁，学生累计成绩不得有 3 门以上不及格等，这些应用系统关于数据的特殊约束要求，用户应能在数据模型中自己定义(即所谓自定义完整性)。

数据模型的三要素紧密依赖相互作用形成一个整体，如此才能全面正确地抽样、描述、反映现实世界数据的特征。

2.1.2 数据模型的分类

数据模型根据不同的应用目的，可以分为两类，它们分别属于不同的层次。

第一类模型是概念模型，也称为信息模型，它是按用户的观点来对数据和信息进行建模的，主要用于数据库设计。

概念模型，作为从现实世界到机器(或数据)世界转换的中间模型，它不考虑数据的操作，而只是用比较有效的、自然的方式来描述现实世界的数据及其联系。

最著名、最实用的概念模型设计方法是陈品山(P. S. Chen)于 1976 年提出的“实体-联系模型”(Entity-Relationship Approach)，简称 E-R 模型。

陈品山 中国台湾人，1968 年自台湾大学电机系毕业，1973 年获得哈佛大学计算机科学博士学位，IEEE、ACM、AAAS 院士(Fellow)，1976 年提出了“实体-联系模型”(Entity-Relationship Approach)，简称 E-R 模型。陈品山博士是世界上 16 位软件先驱者之一，成就斐然。

另一类模型包含逻辑模型和物理模型，逻辑模型又包括层次模型、网状模型、关系模型、面向对象模型等，它是按计算机系统对数据进行建模，主要用于在 DBMS 中实现对数据的存储、操纵、控制等。

数据模型是数据库系统的核心和基础，各种机器上实现的 DBMS 软件都是基于某种数据模型的，本书后续内容将主要围绕数据模型展开。

按照数据抽象的三个层次数据模型可如下分类：

1. 概念模型

概念层次的数据模型称为概念数据模型，简称概念模型。概念模型离机器最远，从机器的立场看是抽象级别的最高层，目的是按用户的观点或认识来对现实世界进行建模。概念模型一般应具有以下能力：

(1) 具有对现实世界的抽象与表达能力。能对现实世界本质的、实际的内容进行抽象，而忽略现实世界中非本质的和与研究主题无关的内容。

(2) 完整、精确的语义表达力，能够模拟现实世界中本质的、与研究主题有关的各种情况。

(3) 易于理解和修改。

(4) 易于向 DBMS 所支持的数据模型转换，现实世界抽象成信息世界的目的，是为了用计算机处理现实世界中的信息。

2. 逻辑模型

逻辑层是数据抽象的中间层，描述数据库数据的整体逻辑结构。这一层的数据抽象称为逻辑数据模型(简称数据模型)。它是用户通过数据库管理系统看到的现实世界，是数据的系统表示，即数据的计算机实现形式。因此它既要考虑用户容易理解，又要考虑便于 DBMS 实现。不同的 DBMS 提供不同的逻辑数据结构，传统的数据模型有层次模型、网状模型、关系模型，非传统的数据模型有面向对象数据模型(O-O 模型)。

3. 物理模型

物理层是数据抽象的最低层，用来描述数据的物理存储结构和存储方法。例如一个数据库中的数据和索引是存放在不同的数据段上还是相同的数据段上；数据的物理记录格式是变长的还是定长的；数据是压缩的还是非压缩的；索引结构是 B+树还是 HASH 结构等。这一层的数据抽象称为物理数据模型，它不但由 DBMS 的设计决定，而且与操作系统、计算机硬件密切相关。

2.2 概念模型

概念模型是现实世界到机器世界的一个中间层次。现实世界的事物反映到人的头脑中来，人们把这些事物抽象为一种既不依赖于具体的计算机系统又不为某一 DBMS 支持的概念模型，然后再把概念模型转换为计算机上某一 DBMS 支持的数据模型。概念模型针对于抽象的信息世界，为此先来看看信息世界中的一些基本概念。

2.2.1 信息世界中的基本概念

信息世界是现实世界在人们头脑中的反映。信息世界中主要涉及的概念如下：

1. 实体

实体是客观存在并可以相互区别的事物。实体可以是具体的人、事、物、概念等，例如，一个学生、一位老师、一门课程、一个部门；也可以是抽象的概念或联系，把它们亦看作为实体，例如，学生的选课、老师的授课等都是实体(或称联系型实体)。

2. 属性

属性是指实体所具有的某一特性。例如教师实体可以由教师号、姓名、年龄、职称等属性组成。

3. 码

码是指能唯一标识实体的属性集。例如教师号在教师实体中就是码。

4. 域

域是指属性的取值范围，是具有相同数据类型的数据集合。例如，教师号的域为 6 位数字组成的数字编号集合，姓名的域为所有可以作为姓名的字符串的集合，年龄的域为 15～30 的整数等。

5. 实体型

具有相同属性的实体必然具有共同的特征和性质，用实体名及其属性名集合组成的形式表示，称为实体型。例如，“教师(教师号，姓名，年龄，职称)”就是一个教师实体型。

6. 实体集

实体集是指同型实体的集合。实体集用实体型来定义，每个实体是实体型的实例或值。例如全体教师就是一个实体集，即教师实体集 = {“张三”，“李四”，…}。

7. 联系

在现实世界中，事物内部以及事物之间是有关联的。在信息世界，联系是指实体型与实体型之间(或同型实体集之间)、实体集内实体与实体之间以及组成实体的各属性间的关系。

2.2.2 实体间的联系

两个实体型之间的联系方式有以下 3 种：

1. 一对一联系

如果实体集 A 中的每一个实体，至多有一个实体集 B 中的实体与之相对应；反之，实体集 B 中的每一个实体，也至多有一个实体集 A 中的实体与之相对应，则称实体型 A 与实体型 B 具有一对一联系，记作 1∶1。

例如，在学校里，一个系只有一个系主任，而一个系主任只在某一个系中任职，则系型与系主任型之间(或说系与系主任之间)具有一对一联系。

2. 一对多联系

如果实体集 A 中的每一个实体，实体集 B 中有 $n(n \geqslant 0)$ 个实体与之相对应；反之，实体集 B 中的每一个实体，实体集 A 中至多只有一个实体与之相对应，则称实体型 A 与实体型 B 具有一对多联系，记作 $1:n$。

例如，一个系中有若干名教师，而每个教师只在一个系中任教，则系与教师之间具有一对多联系。

3. 多对多联系

如果实体集 A 中的每一个实体，实体集 B 中有 $n(n \geqslant 0)$ 个实体与之相对应；反之，实体集 B 中的每一个实体，实体集 A 中有 $m(m \geqslant 0)$ 个实体与之相对应，则称实体型 A 与实体型 B 具有多对多的联系，记作 $m:n$。

例如，一门课程同时有若干个教师讲授，而一个教师可以同时讲授多门课程，则课程与教师之间具有多对多联系。

其实，3 个联系之间有着一定的关系，一对一联系是一对多联系的特例，即一对多可以用多个一对一来表示，而一对多联系又是多对多联系的特例，即多对多联系可以通过多个一对多联系来表示。

两个实体型之间的 3 类联系可以用图 2-2 来示意说明。

多个实体型之间也有类似于两个实体型之间的 3 种联系类型。例如，对于教师、课程、参考书 3 个实体型，如果一门课程可以有若干个教师讲授，使用若干本参考书，而每个教师只讲授一门课程，每一本参考书只供一门课程使用，则课程、教师、参考书三者间的联系是一对多的，如图 2-3(a)所示。

又如，有 3 个实体型，分别为项目、零件、供应商，满足的条件是：每个项目可以使用多个供应商供应的多种零件，每种零件可由不同供应商供应于不同项目，一个供应商可以给多个项目供应多种零件，如此，这 3 个实体型间的联系是多对多的，如图 2-3(b)所示。

要注意的是 3 个实体型之间的多对多联系与 3 个实体型两两之间的多对多联系(共有 3

个)的语义及 E-R 图是不同的。

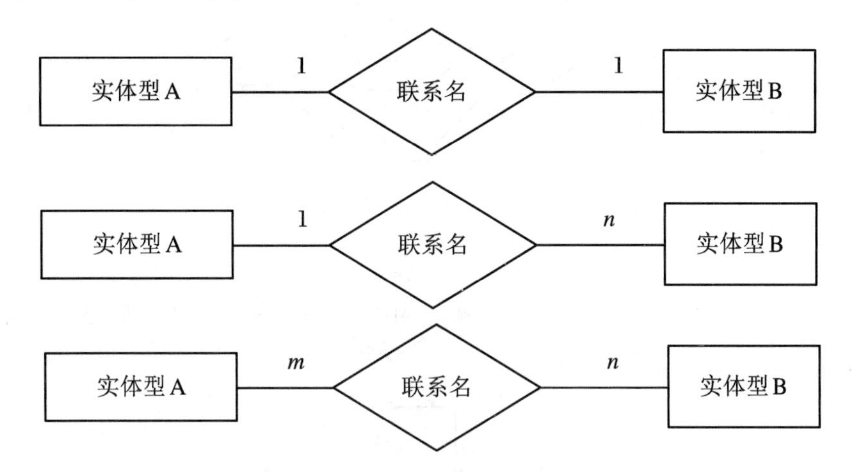

图 2-2 两个实体型之间的 3 类联系示意图

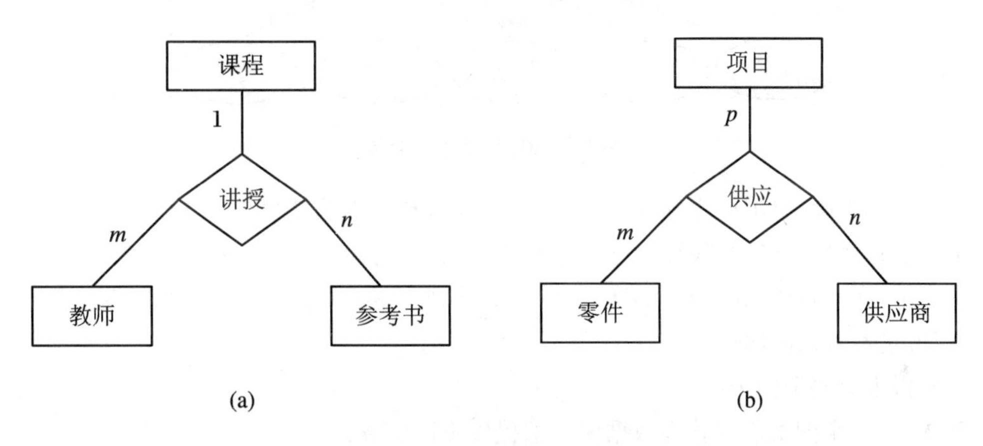

图 2-3 多个实体型之间的联系

2.2.3 实体联系的表示方法

概念模型的表示方法很多，最常用的是实体-联系方法。该方法用 E-R 图来描述现实世界的概念模型。E-R 图提供了表示实体型、属性和联系的方法。

E-R 图是体现实体型、属性和联系之间关系的一种图形表示方法，其基本画法如下：

实体型——用矩形表示，矩形框内写明实体名。

属性——用椭圆形表示，椭圆形框内写明属性名，并用无向边将其与相应的实体连接起来。

联系——用菱形表示，菱形框内写明联系名，并用无向边将其分别与有关实体连接起来，同时无向边旁标上联系的类型($1:1$、$1:n$ 或 $m:n$)。联系也有属性，它的表示方法和实体的属性表示方法一样，用椭圆形表示，椭圆形框内写明属性名，并用无向边将其与相应的联系连接起来。

如图 2-4 所示是一个用 E-R 图表示的班级、学生的概念模型，班级实体型与学生实体型之间很显然是一对多联系。

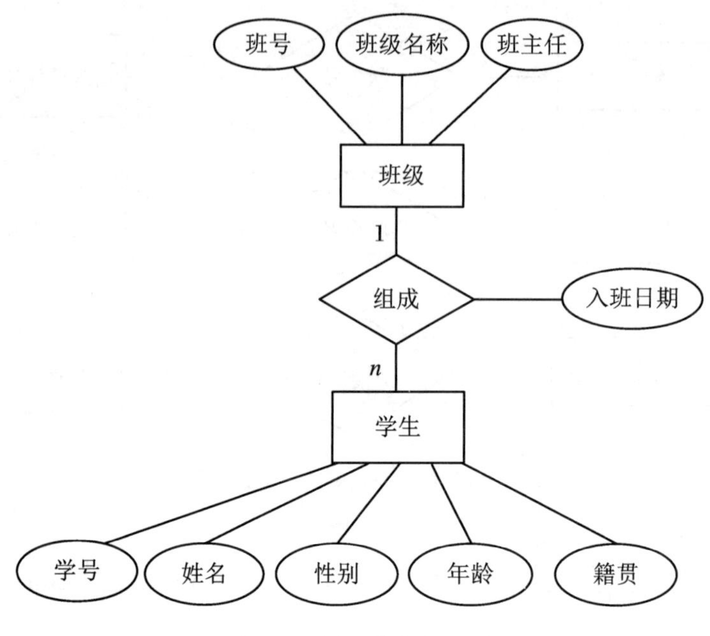

图 2-4 班级-学生 E-R 图

在这个例子中，要求很明确，根据要求很容易分析出有班级和学生两个实体，分别用矩形框来表示；班级和学生之间要通过一种方式来维系，这就是联系，将之命名为“组成”，用菱形框来表示，在实际数据库中它的建立、管理和实体一样；联系也有自己的属性，图中的“入班日期”就是本联系的属性。

下面再来看两个例子：

例 2-1 一个图书借阅管理数据库要求提供下述服务：

(1) 可随时查询书库中现有书籍的品种、数量与存放位置。所有书籍均可由书号唯一标识。

(2) 可随时查询书籍借还情况，包括借阅者单位、姓名、借书证号、借书日期和还书日期。这里约定：任何人都可借多种书，任何一种书都可为多个人所借，借书证号具有唯一性。

(3) 当需要时，可通过数据库中保存的出版社的电报编号、电话、邮编及地址等信息增购有关书籍。我们约定，一个出版社可出版多种书籍，同一本书仅由一个出版社出版，出版社名具有唯一性。

根据以上情况和假设，构造满足需求的 E-R 图。

根据条件分析，该需求可抽象出三个实体：借阅者、图书、出版社，这三个实体间存在“借阅”和“出版”两种联系，具体的 E-R 图如图 2-5 所示。

例 2-2 一个炮兵团装备管理系统数据库要求提供下述服务：

(1) 可随时查询军备库中现有装备的型号、数量、参数、状态等数据信息。各类装备均可由装备编号唯一标识。

(2) 可随时查询装备责任人以及存放库室，包括责任人单位、姓名、军龄、职位。每类装备可以由多个负责人管理，但是每个负责人只能管理指定的一种装备。

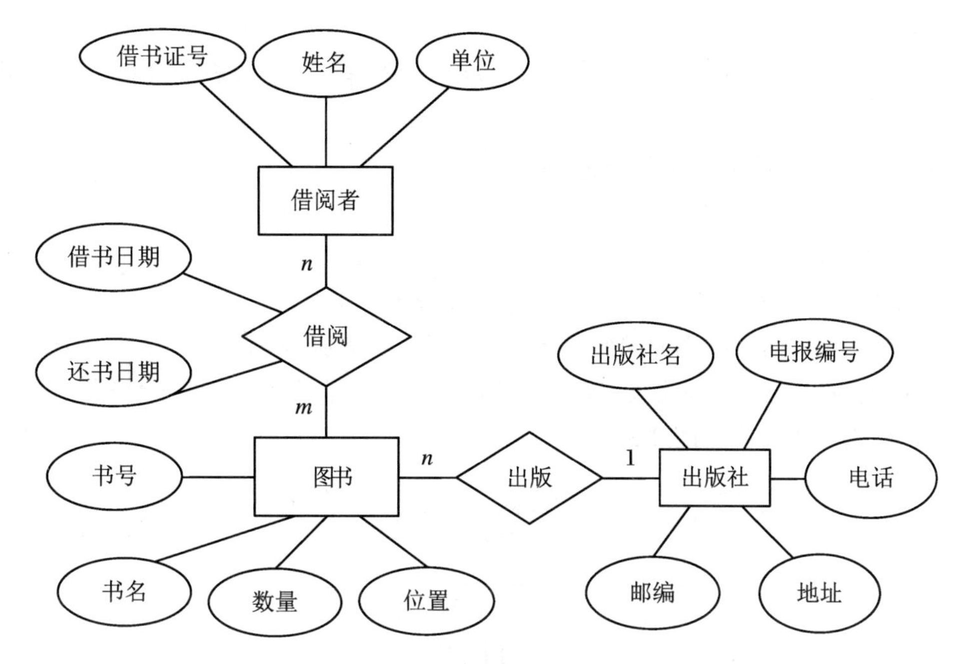

图 2-5　图书管理 E-R 图

(3) 装备可以分放在不同的库室中,每个库室还有一个备件存放处,备件的属性包括编号、名称、类别、数量。一个备件只属于一个库室,每个库室可以存放多个备件。

根据以上情况和假设,构造满足需求的 E-R 图。

根据条件分析,该需求可抽象出四个实体:装备、责任人、库室、备件,这四个实体之间存在"管理""属于""保障"三种联系,具体的 E-R 图如图 2-6 所示。

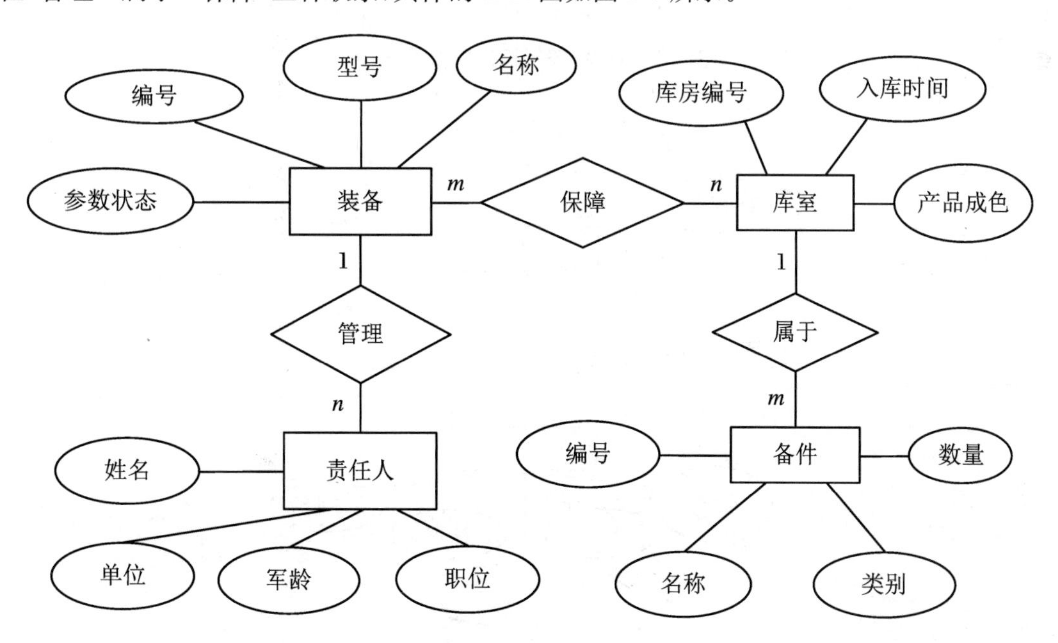

图 2-6　炮兵团装备管理 E-R 图

2.2.4 任务实践——“军校基层连队管理系统”的概念模型

军校基层连队学员管理系统的部分要求如下：

一个系下设若干个连队，一个连队只从属于一个系。

一个连队有若干名学员，一名学员只从属于一个连队。

一名学员可选修多门课程，一门课程可供多名学员选取。

部系机构对学习成绩优异或表现好的学员给予立功奖励，对有错误的学员给予处分。

根据以上约定，可以得到连队-部系机构局部 E-R 图、学员选课局部 E-R 图和学员奖罚局部 E-R 图，分别如图 2-7、图 2-8、图 2-9 所示。

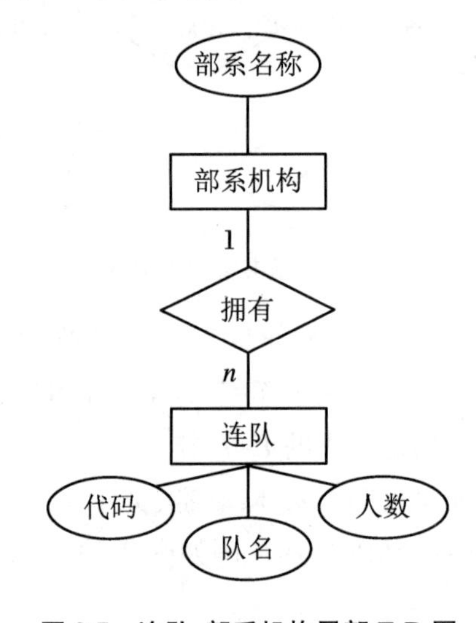

图 2-7 连队-部系机构局部 E-R 图

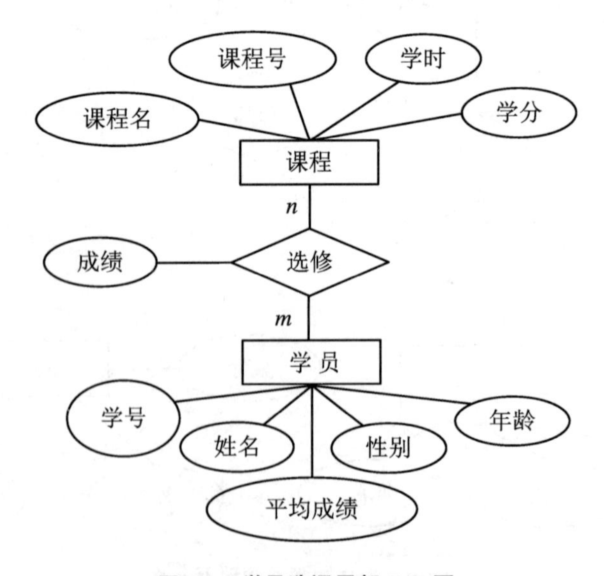

图 2-8 学员选课局部 E-R 图

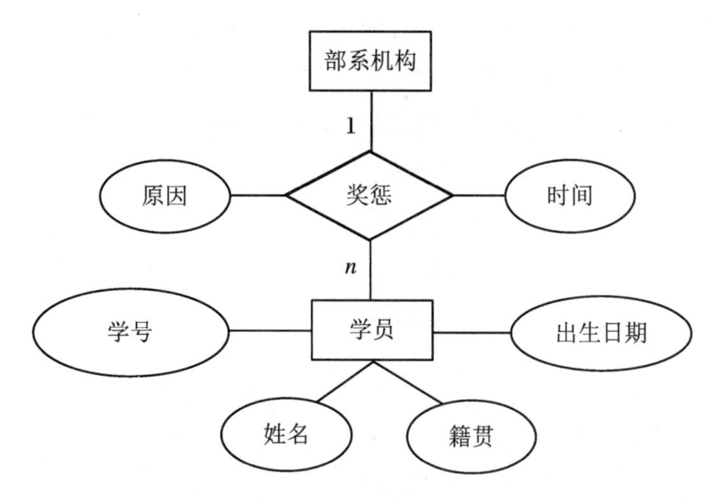

图 2-9 学员奖罚局部 E－R 图

各个局部视图(即局部 E-R 图)建立好后,还需要对它们进行合并,集成为一个整体的概念数据结构(即全局 E-R 图),也就是视图的集成。首先将图 2-7 和图 2-8 合并,结果如图 2-10 所示,为连队学员和课程关系的组合。

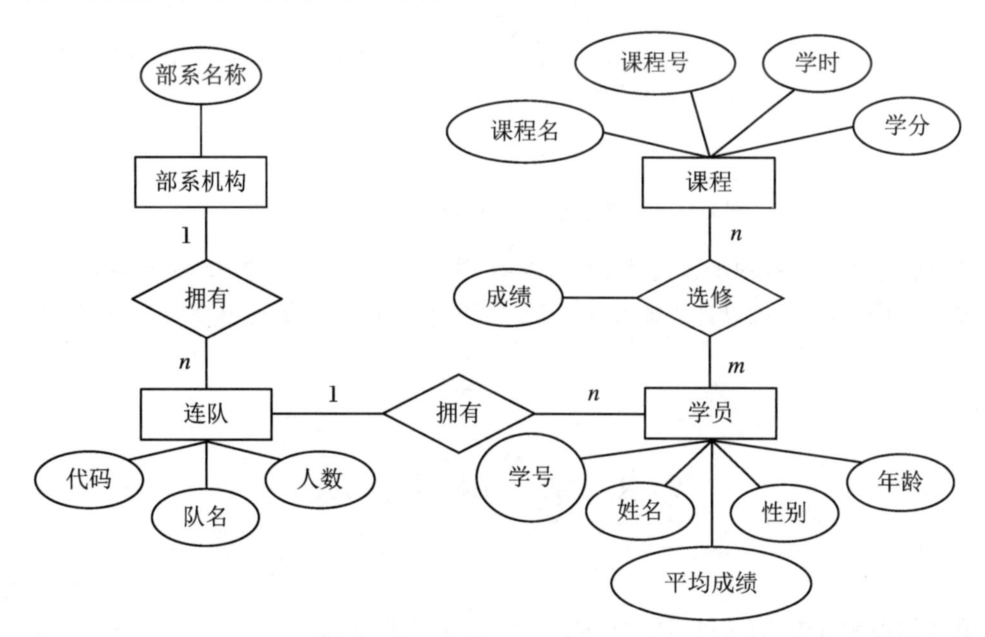

图 2-10 连队学员选课合成 E-R 图

由图 2-7 和图 2-8 形成初步 E-R 图后，发现“学员”实体中的属性“平均成绩”可由“选修”联系中的属性“成绩”经过计算得到，所以“平均成绩”属于冗余数据，可以删去。之后再将图 2-9 和图 2-10 进行合成，经过一定的调整，最终得到基本的 E-R 模型如图 2-11 所示。

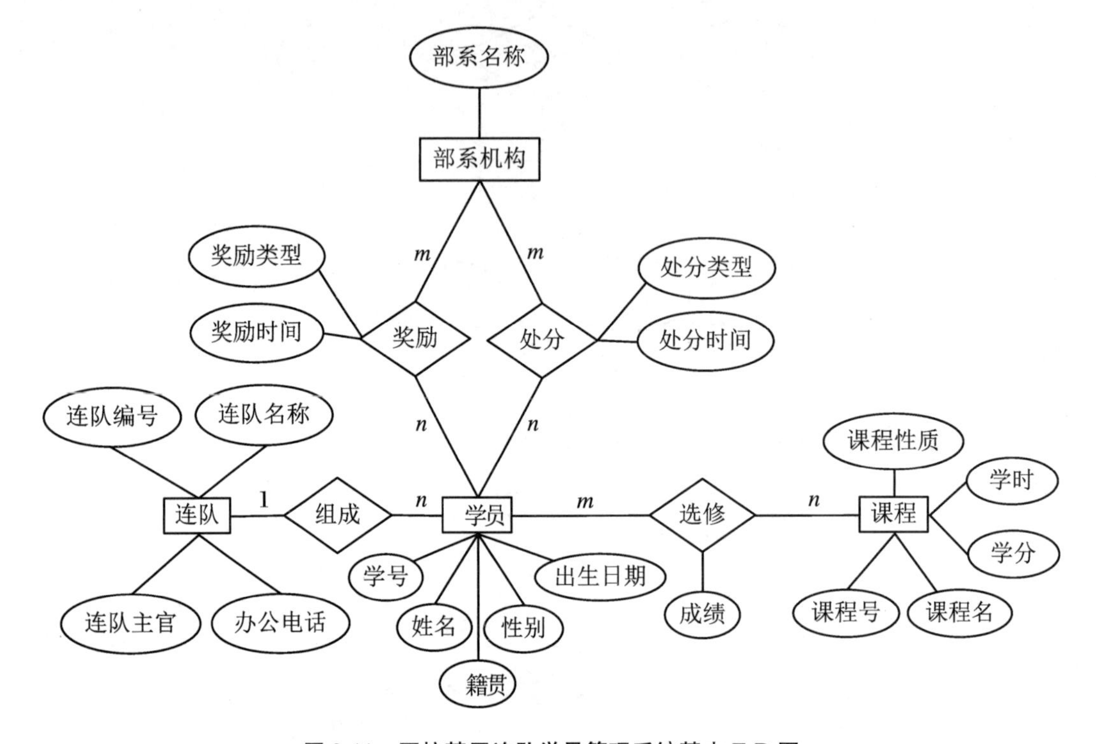

图 2-11 军校基层连队学员管理系统基本 E-R 图

概念模型中最关键的步骤就是设计好 E-R 图，E-R 图为后来的逻辑模型转换为数据表提供基本数据信息，好的设计才能方便、高效地创建数据表，为概念模型向逻辑模型转化奠定良好的基础。

2.3 逻辑模型

在数据库领域中，有 4 种常用的逻辑模型：层次模型、网状模型、关系模型和面向对象模型。下面分节介绍各种模型的特点。

2.3.1 层次模型

现实世界中有一些实体之间的联系呈现出一种很自然的层次关系，如家庭关系、行政关系等。层次模型是数据库系统中最早出现的数据模型，它用树形结构表示各类实体以及实体间的联系。层次模型数据库系统的典型代表是 IBM 公司的 IMS（Information Management System）数据库管理系统，这是一个曾经广泛使用的数据库管理系统。

1. 层次模型的数据结构

在数据库中，满足以下两个条件的基本层次联系的集合称为层次模型：

(1) 有且仅有一个节点无双亲，这个节点称为“根节点”。

(2) 其他节点有且仅有一个双亲。

所谓基本层次联系是指两个记录类型以及它们之间的一对多的联系。

如前所述，数据结构描述的要素有实体型及实体型之间的联系，在层次模型中，每个节点表示一个实体型，记录之间的联系用节点之间的连线表示，这种联系是父子之间的一对多的联系，这就使得层次模型数据库系统只能处理一对多的实体联系。

每个记录类型可包含若干个字段。这里，记录类型描述的是实体，字段描述的是实体的属性。各个记录类型及其字段都必须命名，并且名称要求唯一。每个记录类型可以定义一个排序字段，也称为码字段，如果定义该排序字段的值是唯一的，则它能唯一地标识一个记录值。

一个层次模型在理论上可以包含任意有限个记录型和字段，但任何实际的系统都会因为存储容量或实现复杂度而限制层次模型中包含的记录型的个数和字段的个数。

若用图来表示，层次模型是一棵倒立的树。节点层次(Level)从根开始定义，根为第一层，根的子女称为第二层，根称为其子女的双亲，同一双亲的子女称为兄弟。

图2-12给出了一个层次模型的示例。其中，R1为根节点；R2和R3为兄弟节点，是R1的子女节点；R4和R5为兄弟节点，是R2的子女节点；R3、R4和R5为叶节点。

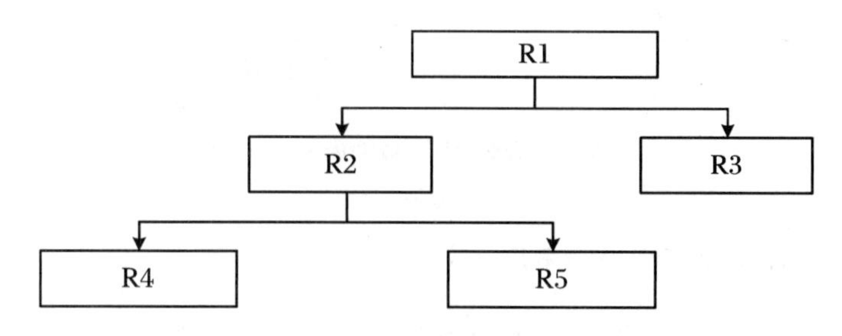

图2-12 一个层次模型的示例

层次模型对具有一对多联系的层次关系的描述非常自然、直观、容易理解，这是层次数据库的突出优点。

层次模型的一个基本特点是，任何一个给定的记录值只有按其路径查看时，才能显现出它的全部意义，没有一个子女记录值能够脱离其双亲记录值而独立存在。

图2-13是图2-12的具体化，为一个教师-学生层次数据库。该层次数据库有4个记录型。记录型“系”是根节点，由“系编号”“系名”“办公地”3个字段组成。它有两个子女节点，即“教研室”和“学生”。记录型“教研室”是“系”的子女节点，同时又是“教师”的双亲节点，它由“教研室编号”“教研室名”两个字段组成。记录型“学生”由“学号”“姓名”“成绩”3个字段组成。记录型“教师”由“教师号”“姓名”“研究方向”3个字段组成。“学生”与“教师”是叶节点，它们没有子女节点。“系”到“教研室”、“教研室”到“教师”、“系”到“学生”均是一对多的

联系。图 2-14 是图 2-13 数据库模型的一个值。

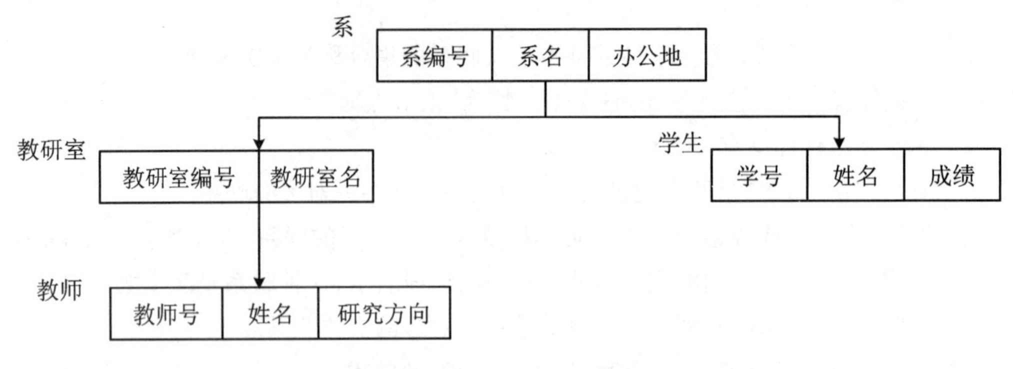

图 2-13 教师-学生数据库模型

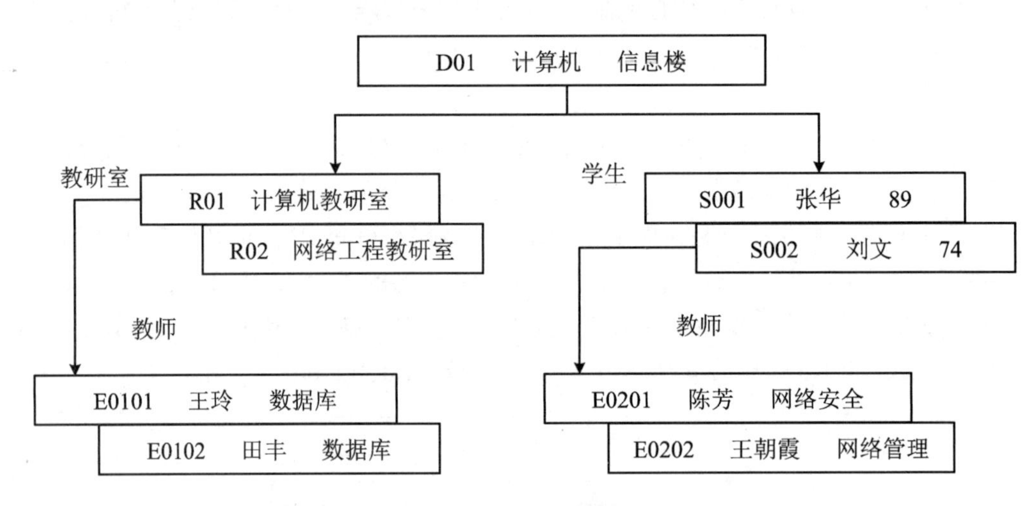

图 2-14 教师-学生数据库的一个值

2. 多对多联系在层次模型中的表示

前面的层次模型只能直接表示一对多的联系，那么另一种常见联系——多对多联系，它能否在层次模型中表示呢？答案是肯定的，但是用层次模型表示多对多联系，必须首先将其分解为多个一对多联系。

3. 层次模型的数据操作与约束条件

层次模型的数据操作有查询、插入、删除和修改。进行插入、修改、删除操作时要满足层次模型的完整性约束条件。

进行插入操作时，如果没有相应的双亲节点值，就不能插入子女节点值。例如在图 2-12 所示的层次数据库中，若新调入一名教师，但尚未分配到某个教研室，这时就不能将新教师插入到数据库中。

进行删除操作时，如果删除的是双亲节点，则相应的子女节点也被同时删除。例如在图 2-14 所示的层次数据库中，若删除计算机教研室，则该教研室所有教师的记录数据将全部丢失。

进行修改操作时,应修改所有相应记录,以保证数据的一致性。

4. 层次模型的存储结构

层次数据库中不仅要存储数据本身,还要存储数据之间的层次联系。层次模型数据的存储常常是和数据之间联系的存储结合在一起的,常用的实现方法为邻接法。

邻接法是指按照层次树前序的顺序(即数据结构中树的先根遍历顺序)把所有记录值依次邻接存放,即通过物理空间的位置相邻来体现层次顺序。例如对于图 2-15(a)所示的数据库,按邻接法存放图 2-15(b)中以记录 A1 为首的层次记录实例集,结果如图 2-16 所示。

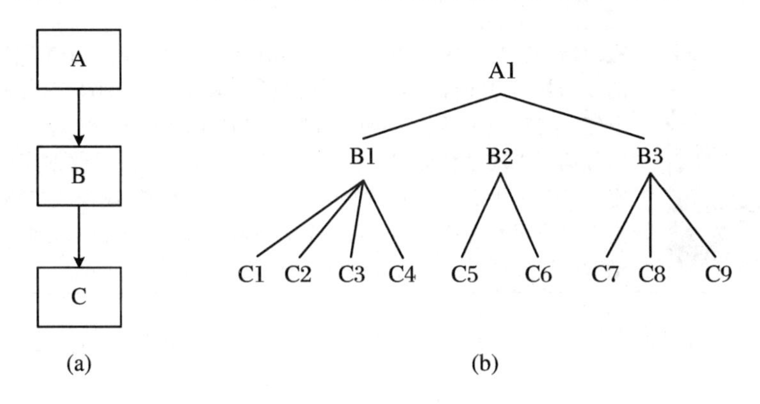

图 2-15 层次数据库及其实例

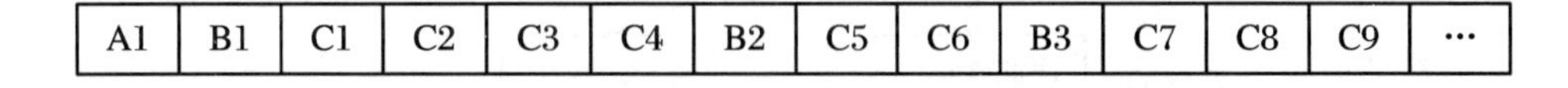

A1	B1	C1	C2	C3	C4	B2	C5	C6	B3	C7	C8	C9	…

图 2-16 邻接法存储结构

5. 层次模型的优缺点

层次模型的主要优点有:

(1) 层次模型比较简单。

(2) 对于实体间联系是固定的且预先定义好的应用系统,采用层次模型来实现,其性能较优。

(3) 层次模型提供了良好的完整性支持。

层次模型的缺点主要有:

(1) 现实世界中有很多联系是非层次性的,如多对多联系的一个节点具有多个双亲,层次模型表示这类联系的方法很笨拙,只能通过引入冗余数据或创建非自然的数据组织来解决。

(2) 对插入和删除操作的限制太多,影响太大。

(3) 查询子女节点必须通过双亲节点,缺乏快速定位机制。

(4) 由于结构严密,层次模型的操作命令趋于程序化。

2.3.2 网状模型

在现实世界中，事物之间的联系更多的是非层次的，用层次模型很难直接表示，网状模型则可以克服这一弊病。

网状数据模型的典型代表是 DBTG 系统，也称 CODASYL 系统，它是 20 世纪 70 年代美国数据系统语言研究会（Conference on Data Systems Language，CODASYL）下属的数据库任务组（Data Base Task Group，DBTG）提出的一个系统方案。查尔斯·巴赫曼（Charles W. Bachman）主持开发了最早的网状数据库管理系统 IDS。

查尔斯·巴赫曼（Charles W. Bachman） 1924 年出生于美国堪萨斯州的曼哈顿，二战时，在美国陆军任职防空高炮师。1960 年，任职于通用电气，主持开发了最早的网状数据库管理系统 IDS，这标志了第一代网状数据库管理系统的诞生。巴赫曼积极推动与促成数据库标准的制定，于 1971 年推出了第一个正式报告——DBTG 报告，这是数据库历史上具有里程碑意义的文献。1973 年，因“数据库技术方面的杰出贡献”，图灵奖授予了巴赫曼这位“网状数据库之父”。

若用图表示，网状模型是一个网络。图 2-17 给出了一个简单的网状模型。

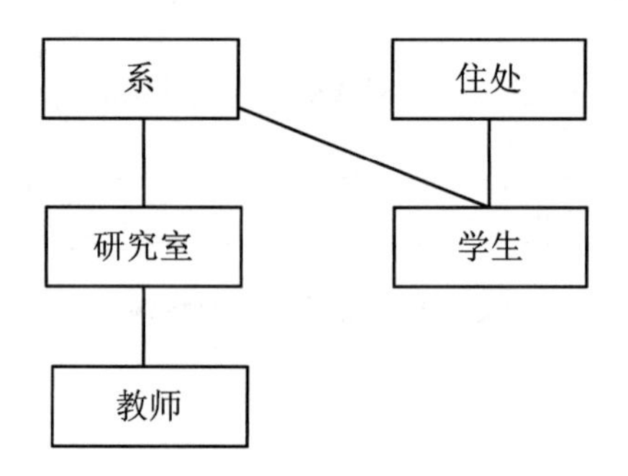

图 2-17 简单的网状模型

1．网状模型的数据结构

在数据库中，把满足以下两个条件的基本层次联系的集合称为网状模型：

（1）允许一个以上的节点无双亲。

（2）一个节点可以有多于一个的双亲。

网状模型是一种比层次模型更具有普遍性的结构，它去掉了层次模型的两个限制，允许多个节点没有双亲节点，允许一个节点有多个双亲节点，此外它还允许两个节点之间有多种联系，因此网状模型可以更直接地去描述现实世界。而层次模型实际上是网状模型的一个特例。

与层次模型一样，网状模型中的每个节点表示一个记录类型，每个记录类型可包含若干个字段，节点间的连线表示记录类型之间的一对多的父子联系。

从定义可看出，层次模型中子女节点与双亲节点的联系类型是唯一的，而在网状模型中这种联系类型可以不唯一。

下面以教师授课为例，看看网状数据库模型是怎样组织数据的。

按照常规语义，一个教师可以讲授若干门课程，一门课程可以由多个教师讲授，因此教师与课程之间是多对多联系。这里引进一个教师授课的连接记录，它由两个数据项组成，即教师号、课程号，表示某个教师讲授一门课程。

这样，教师授课数据库包含3个记录：教师、课程和授课。

每个教师可以讲授多门课程，显然对教师记录中的一个值，授课记录中可以有多个值与之联系，而授课记录中的一个值，只能与教师记录中的一个值联系。教师与授课之间的联系是一对多的联系，联系名取为T-TC。同样，课程与授课之间的联系也是一对多的联系，联系名取为C-TC。图2-18为教师授课数据库的网状数据库模式。

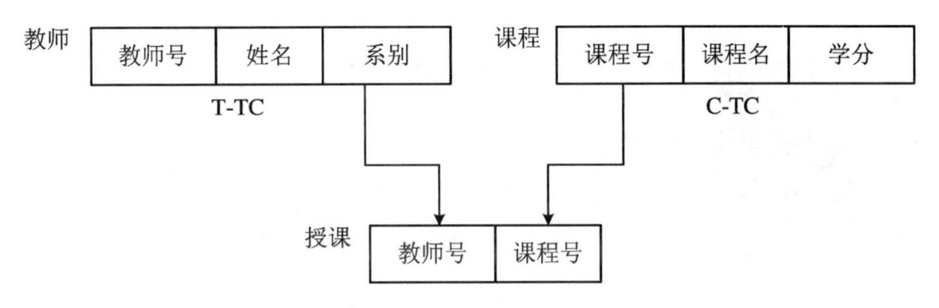

图2-18 教师授课的网状数据库模式

2. 网状模型的数据操作与完整性约束

网状模型一般来说没有层次模型那样严格的约束条件，但具体的网状数据库系统对数据操作还是加了一些限制，提供了一定的完整性约束。

DBTG在模式DDL中提供了定义DBTG数据库完整性的若干概念和语句，主要如下：

(1) 支持记录码的概念。码即唯一标识记录的数据项的集合。例如，学生记录的学号就是码，因此数据库中不允许学生记录中学号出现重复值。

(2) 保证一个联系中双亲记录和子女记录之间是一对多的联系。

(3) 支持双亲记录和子女记录之间的某些约束条件。例如，有些子女记录要求双亲记录存在才能插入，双亲记录删除时也连同删除。

3. 网状模型的优缺点

网状模型的优点主要有：

(1) 能够更加直接地描述现实世界，如一个节点可以有多个双亲。

(2) 具有良好的性能，存取效率较高。

网状模型的缺点主要有：

(1) 结构比较复杂，而且随着应用环境的扩大，数据库的结构变得越来越复杂，不利于最终用户掌握。

(2) 其 DDL、DML 语言复杂,用户不容易使用。

(3) 由于记录之间的联系是通过存取路径实现的,应用程序在访问数据时必须选择适当的存取路径,因此用户必须了解系统结构的细节,加重了编写程序的负担。

2.3.3 关系模型

关系模型是目前最重要的一种数据模型。美国 IBM 公司的研究员埃德加·科德(E. F. Codd)于 1970 年发表了题为"大型共享数据库的关系模型"的论文,文中首次提出了数据库系统的关系模型。20 世纪 80 年代以来,计算机厂商新推出的数据库管理系统(DBMS)几乎都支持关系模型,非关系系统的产品也大都加上了关系接口。数据库领域当前的研究工作都是以关系方法为基础的。本书的重点也将放在关系数据模型上。

埃德加·科德(E. F. Codd) 1923 年出生于英格兰中部的波特兰,二战时服役于英国皇家空军。1970 年,任 IBM 圣约瑟研究实验室的高级研究员,发表《大型共享数据库的关系模型》一文,首次明确而清晰地为数据库系统提出了一种崭新的模型,即关系模型。为表彰这位"关系数据库之父"所做的贡献,1981 年,埃德加·科德被授予图灵奖。ACM 在 1983 年把他的这篇论文列为 25 年以来最具里程碑意义的论文之一。

关系模型作为数据模型中最重要的一种模型,也具有数据模型的 3 个组成要素。

1. 关系模型的数据结构

关系模型与层次模型、网状模型不同,关系模型由一组关系组成,实体型和联系均用关系表示,关系的逻辑结构是一张二维表,它由行和列组成,每一行称为一个元组,每一列称为一个属性(或字段)。下面以表 2-1 所示的教师登记表为例,介绍关系模型中的相关术语。

表 2-1 教师登记表

教师号	姓名	年龄	职称
001	肖正	28	讲师
002	赵珊	40	教授
003	张昆	34	副教授
…	…	…	…

关系:一个关系对应一张二维表。如表 2-1 所示的教师登记表。

元组:二维表中的一行称为一个元组。如(001,肖正,28,讲师)。

属性:二维表中的一列称为一个属性,属性的名字称为属性名。如表 2-1 所示的表有 4 列,对应 4 个属性(教师号、姓名、年龄、职称)。

主码:如果二维表中的某个属性或是属性组可以唯一地确定一个元组,则称其为主码,也称为关系键。如表2-1中的教师号可以唯一地确定一个教师，所以是本关系的主码。

域：属性的取值范围称为域。如人的年龄一般在1～120岁，大学生年龄属性的域是14～38，性别的域是男和女。

分量：是指元组中的一个属性值。例如，教师号对应的值001、002、003都是分量。

关系模式：表现为关系名和属性的集合，是对关系的具体描述。一般表示为：

关系名(属性1，属性2，…，属性 n)

例如表2-1所示的关系可描述为：

教师(教师号，姓名，年龄，职称)

在关系模型中，实体以及实体间的联系都是用关系来表示的。例如教师、课程、教师与课程之间的多对多联系(授课)可以用以下关系模式表示：

教师(教师号，姓名，年龄，职称)

课程(课程号，课程名，学分)

授课(教师号，课程号)

关系模型要求关系必须是规范化的，即要求关系必须满足一定的规范条件，这些规范条件中最基本的一条就是：关系的每一个分量必须是一个不可分的数据项，也就是说，不允许表中还有子表或子列。表2-2中，出产日期是可分的数据项，可以分为年、月、日3个子列，因此表2-2不符合关系模型的要求，必须对其进行规范化后才能称其为关系。规范方法为：要么把出产日期看成整体作为1列；要么把出产日期分为分开的出产年份、出产月份、出产日3列。

表2-2 表中有表的示例

产品号	产品名	型号	出产日期		
			年	月	日
023456	风扇	A134	2004	05	12
…	…	…	…	…	…

2. 关系模型的数据操作与完整性约束条件

关系模型的操作主要包括查询、插入、删除和修改4类。这些操作必须满足关系的完整性约束条件，即保证实体完整性、参照完整性和用户自定义完整性。

在非关系模型中，操作对象都是单个记录，而关系模型中的数据操作是集合操作，操作对象和操作结果都是关系，即若干元组的集合。另一方面，关系模型把数据的存取路径向用户隐蔽起来，用户只要指出“干什么”，不必详细说明“怎么干”，从而大大地提高了数据的独立性。

3. 关系模型的存储结构

在关系数据模型中，实体及实体间的联系都用关系即二维表来表示。在数据库的物理组织中，表以文件形式存储，每一个表通常对应一种文件结构，也有多个表对应一种文件结构的。

4. 关系模型的优缺点

关系模型具有下列优点:

(1) 关系模型与非关系模型不同,它有较强的数学理论基础。

(2) 数据结构简单清晰,用户易懂易用,不仅用关系描述实体,而且用关系描述实体间的联系。

(3) 关系模型的存取路径对用户透明,从而具有更高的数据独立性、更好的安全保密性,也简化了程序员的工作和数据库开发设计工作。

关系模型具有查询效率不如非关系模型高的缺点。为了提高性能,必须对用户的查询进行优化,增加了开发数据库管理系统的负担。如今,基于强大的查询优化功能,关系模型查询效率低的缺点已不复存在。

2.3.4 面向对象模型*

计算机应用对数据模型的要求是多种多样、层出不穷的,与其根据不同的新需要提出各种新的数据模型,还不如设计一种可扩展的数据模型,由用户根据需要自己定义新的数据类型及相应的约束和操作。面向对象数据模型(Object-Oriented Data Model, O-O Data Model)就是一种可扩展的数据模型。以面向对象数据模型为基础的 DBMS 称为 O-O DBMS 或对象数据库管理系统(ODBMS)。面向对象数据模型提出于 20 世纪 70 年代末 80 年代初,它吸收了语义数据模型和知识表示模型的一些基本概念,同时又借鉴了面向对象程序设计语言和抽象数据类型的一些思想。面向对象数据模型及其数据库系统依然在不断发展成熟中,其相关的概念与术语目前仍未统一。

虽然关系模型比层次模型、网状模型简单灵活,但它还是不能很好地表达许多现实世界中存在的复杂数据结构,譬如 CAD 数据、图形数据、嵌套递归的数据等,这些具有复杂结构的数据就需要用面向对象模型这样的新模型来表达。

面向对象模型中,基本的概念是对象、类及其实例、类的层次结构和继承、对象的标识等。

1. 对象

对象(Object)是现实世界中实体的模型化,与记录概念相仿,但远比记录复杂。每个对象有一个唯一的标识符,把状态(State)和行为(Behavior)封装(Encapsulate)在一起。其中,对象的状态是该对象属性值的集合,对象的行为是在对象状态上操作的方法集。

在面向对象模型中,所有现实世界中的实体都可模拟成对象,小到一个整数、一串字符,大到一架飞机、一个公司的全面管理,都可以看成对象。

一个对象包含若干属性,用以描述对象的状态、组成和特征。属性甚至也可以是一个对象,它又可能包含其他对象作为其属性。这种递归引用对象的过程可以继续下去,从而组成各种复杂的对象，而且同样可以被多个对象所引用。由对象组成对象的过程称为聚集。

对象的方法定义包含两个部分：一是方法的接口，说明方法的名称、参数和结果的类型等，一般称之为调用说明；二是方法的实现部分，它是用程序设计语言编写的一个程序过程，以实现方法的功能。

对象中还可附有完整性约束检查的规则或程序。

对象是封装的，外界与对象的通信一般只能借助于消息（Message）。消息传送给对象，调用对象的相应方法，进行相应的操作，再以消息的形式返回操作的结果。外界只能通过消息请求对象完成一定的操作，是 O-O 数据模型的主要特征之一。封装能带来两个好处：一是把方法的调用接口与方法的实现（即过程）分开，过程及其所用数据结构的修改，可以不影响接口，因而有利于数据的独立性；二是对象封装以后，成为一个自含的单元，对象只接受对象中所定义的操作，其他程序不能直接访问对象中的属性，从而可以避免许多不希望的副作用，有利于提高程序的可靠性。

2. 类和实例

一个数据库一般包含大量的对象，如果每个对象都附上属性和方法的定义说明，则会有大量的重复。为了解决这个问题，同时为了概念上的清晰，常常把类似的对象归并为在类（Class）中统一说明，而不必在类的每个实例（Instance）中重复。消息传送到对象后，可以在其所属的类中找到相应的方法和属性说明。同一类中的对象的属性虽然是一样的，但这些属性所取的值会因各个实例而不同。因此，属性又称为实例变量。有些变量的值在整个类中是共同的，这些变量称为类变量。例如，在定义“桌子”这个类时，假设桌腿数都是 4，则桌腿数就是类变量。类变量没有必要在各个实例中重复，可以在类中统一给出它的值。

将类的定义和实例分开，有利于组织有效的访问机制。一个类的实例可以簇集存放。每个类设有一个实例化机制，实例化机制提供有效的访问实例路径，例如索引。消息送到实例机制后，通过其存放路径找到所需的实例，通过类的定义查到属性及方法说明，以实现方法的功能。

3. 对象的标识

在 O-O 数据模型中，每个对象都有一个在系统内唯一的、不变的标识符，称为对象标识符（Object Identifier，OID）。OID 一般由系统产生，用户不得修改。两个对象即使属性值和方法都一样，若 OID 不同，则仍被认为是两个相等而不同的对象。相等与同一是两个不同的概念，例如在逻辑图中，一种型号的芯片可以用在多个地方，这些芯片是相等的，但不是同一个芯片，它们仍被视为不同的对象。在这一点上，O-O 数据模型与关系数据模型不同。在关系数据模型中，如果两个元组的属性值完全相同，则被认为是同一元组；而在 O-O 数据模型中，对象的标识符是区别对象的唯一标志，而与对象的属性值无关。前者称为按值识别，后者称为按标识符识别。在原则上，对象标识符不应依赖于它的值。一个对象的属性值修改了，只要其标识符不变，则仍认为是同一对象。因此，OID 可以看成对象的替身。

面向对象数据模型已经用作 O-O DBMS 的数据模型。由于语义丰富，表达比较自然，它也适合作为数据库概念设计的数据模型(即概念模型)。随着面向对象程序设计的广泛应用和数据库新应用的不断涌现,面向对象数据模型有望在计算机科学技术领域中得到普遍的认可。

上述4种数据模型的比较如表2-3所示。

表2-3 数据模型的比较

比较项	层次模型	网状模型	关系模型	面向对象模型
创始	1968年IBM公司的IMS系统	1969年CODASYL的DBTG报告(1971年通过)	1970年由E. F. Codd提出	20世纪80年代
典型产品	IMS	IDS/Ⅱ、IMAGE/3000、IDMS等	Oracle、Sybase、DB2、SQL Server	ONTOSDB
盛行时期	20世纪70年代	20世纪70年代到80年代中期	20世纪80年代至今	20世纪90年代至今
数据结构	复杂(树形结构),要加树形限制	复杂(有向图结构),结构上无需严格限制	简单(二维表),无需严格限制	复杂(嵌套,递归),无需严格限制
数据联系	通过指针连接记录型,联系单一	通过指针连接记录型,联系多样,较复杂	通过联系表(含外码),联系多样	通过对象标识
查询语言	过程式,一次一记录,查询方式单一(双亲到子女)	过程式,一次一记录,查询方式多样	非过程式,一次一集合,查询方式多样	面向对象语言
实现难易	在计算机中实现较方便	在计算机中实现较困难	在计算机中实现较方便	在计算机中实现有一定难度
数学理论基础	树(研究不规范、不透彻)	无向图(研究不规范、不透彻)	关系理论(关系代数、关系演算,研究深入、透彻)	连通有向图(研究还不透彻)

现实世界、信息世界和机器世界的术语对照如表2-4所示。

表2-4 现实世界、信息世界、机器世界/关系数据库间术语对照表

现实世界	信息世界	机器世界/关系数据库
事物	实体	记录/元组(或行)
若干同类事物	实体集	记录集(即文件)/元组集(即关系)
若干特征刻画的事物	实体型	记录型/二维表框架(即关系模式)
事物的特征	属性	字段(或数据项)/属性(或列)
事物之间的关联	实体型(或实体)之间的联系	记录型之间的联系/联系表(外码)

续表

现实世界	信息世界	机器世界/关系数据库
事物某特征的所有可能值(范围)	域	字段类型/域
事物某特征的一个具体值	一个属性值	字段值/分量
可区分同类事物的特征或若干特征	码	关键字段/关系键(或主码)

2.4 概念模型-逻辑模型转换

概念模型适用于信息世界的建模,是现实世界到信息世界的第一层抽象,是数据库设计人员进行数据库设计的有力工具,能够方便、直接地表达应用中的各种语义知识。逻辑模型主要是按计算机系统的观念对数据进行建模,用于数据库关系系统的实现。本节以主流的关系模型为例介绍概念模型到逻辑模型的转换。

2.4.1 E-R 图到关系模型的转换

采用 E-R 图表示概念模式,并经过多次与应用领域专家、用户沟通做出修正,确定了最终的设计方案后,就可以据此设计对应的关系模型。

概念设计中得到的 E-R 图是由实体、属性和联系组成的,而关系数据库逻辑设计的结构是一组关系模式的集合,所以将 E-R 图转换为关系模型时,实际上是将实体、属性和联系转换成关系模式。在转换过程中要遵循一定的原则,在转换期间要随时考虑到各种特殊情况的处理。

1. 实体集的转换

对于 E-R 图中的每个普通实体集 E,创建一个包括 E 的所有简单属性的关系 R。如果实体集 E 中有复合属性,则关系 R 中只需要包括其简单成员属性。选择 E 的一个码属性作为 R 的主码。如果所选择的 E 的码是复合属性,那么组成该复合属性的简单属性的集合将成为 R 的主码。简单来说,一个实体转换为一个关系模式时,关系的属性为实体的属性,关系的码为实体的码。

例 2-3 将图 2-19 所示学生选课 E-R 图中的实体集转换为对应的关系模式。

学生选课 E-R 图包含学生和课程两个实体集。根据实体集转换原则,将学生实体集和课程实体集分别转换为学生关系模式和课程关系模式,两个关系模式的属性分别为两个实体集的属性,且学生关系的码为学生实体集的码“学号”,而课程关系的码为课程实体集的码

"课程号"。两个关系的描述如下(带下划线的属性为关系的码):

学生(<u>学号</u>,姓名,班级,专业)

课程(<u>课程号</u>,课程名,课程类别,授课教员,责任单位)

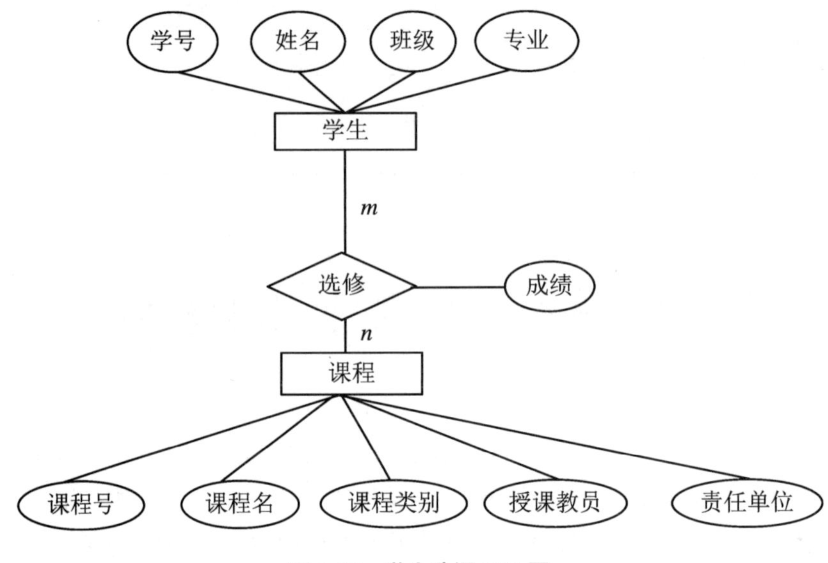

图 2-19 学生选课 E-R 图

2. 1∶1 二元联系的转换

对于 E-R 图中的每一个 1∶1 的联系,可以转换为一个独立的关系模式,也可以与任意一端对应的关系模式合并。如果转换为一个关系模式,则该关系相连的各实体的码以及联系本身的属性均转换为关系的属性,每个实体的码均是该关系的候选码。如果与某一端实体对应的关系模式合并,则需要在该关系模式的属性中加入另一个关系模式的码和联系本身的属性。

例 2-4 一个单位只能有一个负责人,而一名职工只能担任一个单位的负责人,因此,从单位与单位负责人的角度来看,单位和职工之间具有一对一的联系,图 2-20 是其 E-R 图,该联系的转换方法如下。

按照实体集转换方法,首先将单位实体集和职工实体集转换成对应的关系:

单位(<u>单位名称</u>,人数,地点)

职工(<u>职工编号</u>,姓名,性别,年龄,职别)

然后对 1∶1 的联系"负责"进行转换,这里选择在单位关系中加入一个属性"负责人"作为外码,参照职工关系的主码"职工编号"。

单位(<u>单位名称</u>,人数,地点,负责人)

职工(<u>职工编号</u>,姓名,性别,年龄,职别)

3. 1∶n 二元联系的转换

一个 1∶n 的联系可以转换为一个独立的关系模式,与该联系相关的各实体集的码和联

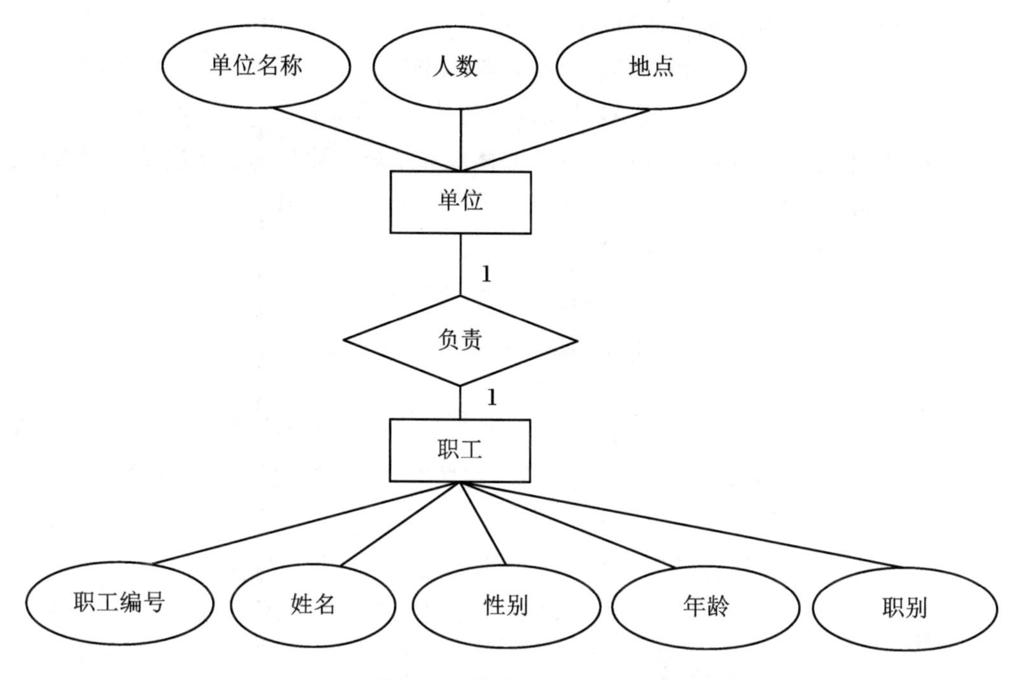

图 2-20 单位-职工 E-R 图

系本身的属性作为该关系的属性，该关系的码是 n 端实体集的码。

一个 1∶n 的联系也可以与 n 端对应的关系模式 S 合并，即在关系模式 S 中加入联系本身的属性和另一端实体的主码，且将该主码作为 S 的外码。

例 2-5 将如图 2-21 所示的班级-学生 E-R 图转换为关系模式。

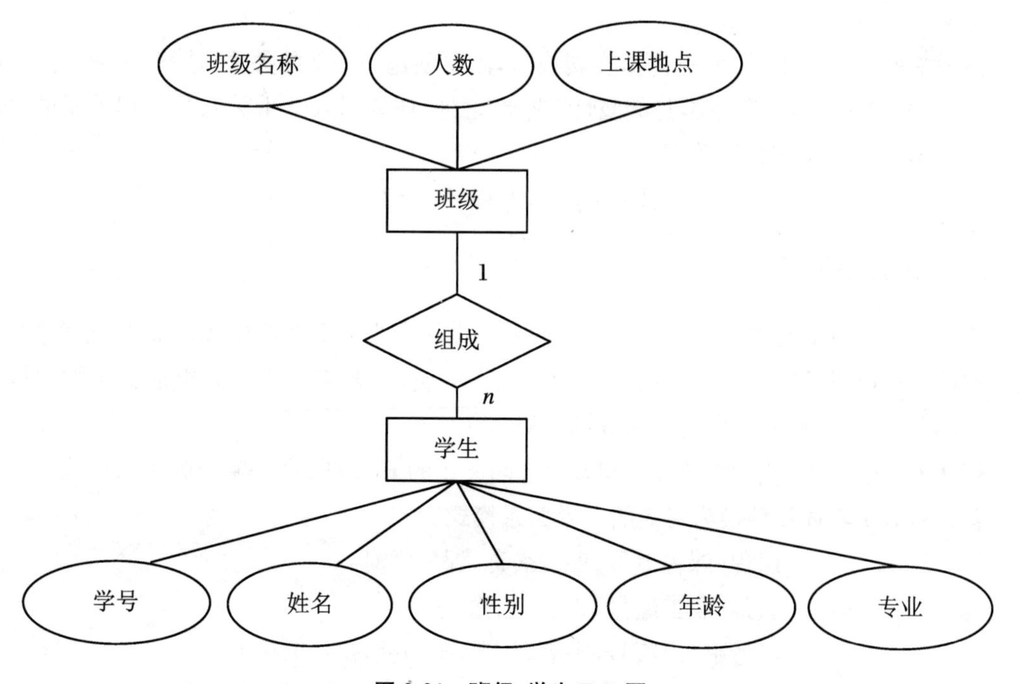

图 2-21 班级-学生 E-R 图

首先将实体集学生和班级转换为对应的关系：

班级(班级名称,人数,上课地点)

学生(学号,姓名,性别,年龄,专业)

然后处理它们之间的联系“组成”。班级实体集和学生实体集的联系属于一对多联系，学生实体集是该联系的 n 端实体集。按照 $1:n$ 联系的转换原则,如果将该联系转换成独立的关系,则图 2-21 所示的 E-R 图可转换成如下 3 个关系模式：

班级(班级名称,人数,上课地点)

学生(学号,姓名,性别,年龄,专业)

组成(学号,班级名称)

如果选择将该联系与 n 端对应关系模式合并,可在学生关系中加入一个属性“所在班级”,该属性参照了班级关系的主码“班级名称”,在学生关系中该属性是外码,得到如下 2 个关系模式：

班级(班级名称,人数,上课地点)

学生(学号,姓名,性别,年龄,专业,所在班级)

4. $m:n$ 二元联系的转换

一个 $m:n$ 联系可以转换为一个新的关系模式 S:把与该联系相连的实体集的主码以及联系本身的属性作为关系 S 的属性,各实体集的码组合作为关系 S 的主码或者主码的一部分,且各实体集的主码为关系 S 的外码。

例 2-6 图 2-19 所示的 E-R 图中存在一个多对多的联系,按照 $m:n$ 联系的转换方法将其转换为关系。

该图中的 $m:n$ 联系为“选修”,在转换时,需要创建一个新的关系“选修”来表示这个联系,选修关系中除了有该联系本身的属性“成绩”之外,还要引入学生关系与课程关系的主码作为其外码。得到如下的关系模式：

选修(学号,课程号,成绩)

5. 多元联系的转换

三个或三个以上实体集间的一个多元联系可以转换为一个关系模式 S:把与该联系相连的各实体集的码以及联系本身的属性作为关系 S 的属性,各实体集的码组成关系的码或者码的一部分,各实体集的码也是关系 S 的外码。

例 2-7 图 2-22 是教师、参考书和课程之间关系的 E-R 图,将其转换为关系模式。

首先将 3 个实体集转换为对应的 3 个关系模式：

课程(课程编号,课程名称,课程学时)

教师(职工编号,姓名,职称,学历)

参考书(出版号,书名,作者,出版社,出版时间)

然后转换多元联系“讲授”,为其创建一个新的关系“讲授”,在该关系中加入外码:课程编号、职工编号、出版号,分别参照课程、教师和参考书 3 个关系的主码属性,这 3 个外码联合起来作为该关系的主码：

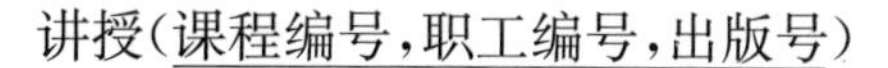

讲授(课程编号,职工编号,出版号)

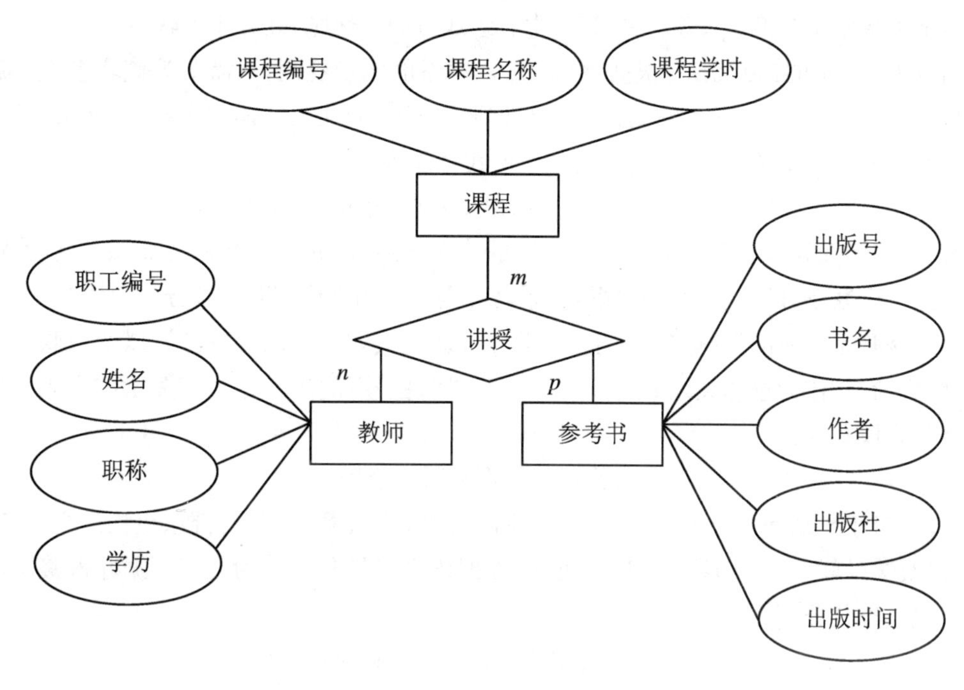

图 2-22 授课 E-R 图

2.4.2 任务实践——将“军校基层连队管理系统”的概念模型转换为关系模型

在 2.2.4 节的任务实践中已经给出了军校基层连队管理系统的概念模型，如图 2-11 所示。下面根据 E-R 图到关系模型的转换方法，将军校基层连队管理系统的概念模型转换为关系模型。

1. 实体的转换

把一个实体转换为一个关系，要先分析该实体的属性，从中确定主码，然后再将其转换为关系模式。军校基层连队学员管理系统的基本 E-R 图中，有学员、课程、连队和部系机构 4 个实体。按照实体转换原则，4 个实体分别转换为 4 个关系模式，其中实体的主码作为关系的主码，实体的属性作为关系的属性。如下所示：

学员(学号,姓名,性别,出生日期,籍贯)
课程(课程号,课程名,课程性质,学时,学分)
连队(连队编号,连队名称,连队主官,办公电话)
部系机构(部系编号,部系名称)

2. 联系的转换

接下来将联系转换成关系。图 2-11 中有组成、选修、奖励、处分 4 个联系。

组成为 $1:n$ 的二元联系，根据 $1:n$ 二元联系的转换规则，不需要为该联系建立新的关系模式，只需要将组成联系的属性以及与该联系对应的连队实体的主码“连队编号”作为一个属性加入到学员关系中，据此学员关系模式修改为：

学员（学号，姓名，性别，出生日期，籍贯，连队编号）

选修、奖励和处分 3 个联系均为 $m:n$ 的二元联系，根据 $m:n$ 二元联系的转换规则，需要为这三个联系分别建立新的关系，关系名分别定义为选修、奖励、处分。

将选修联系对应的学员实体的主码“学号”、课程实体的主码“课程号”以及该联系本身的属性“成绩”均作为选修关系的属性，“学号”和“课程号”的组合作为该关系的主码。据此得选修关系模式为：

选修（学号，课程号，成绩）

同样，对于奖励和处分关系来说，其属性包括学员的主码“学号”，部系机构的主码“部系编号”以及奖励联系、处分联系本身的属性，根据语义可知其主码为全码。据此得奖励和处分 2 个关系模式分别为：

奖励（学号，授奖单位，奖励名称，奖励时间）

处分（学号，批准单位，处分名称，处分时间）

在军校基层连队学员管理系统中，部系机构实体对于整个系统的影响不大，因此为节省空间，可以不定义部系机构关系，在奖励和处分关系中只需保留部系名称这一属性即可。通过以上分析，军校基层连队管理系统中包含以下 6 个关系模型：

学员（学号，姓名，性别，出生日期，籍贯，连队编号）

课程（课程号，课程名，课程性质，学时，学分）

连队（连队编号，连队名称，连队主官，办公电话）

选修（学号，课程号，成绩）

奖励（学号，授奖单位，奖励名称，奖励时间）

处分（学号，批准单位，处分名称，处分时间）

本章小结

数据模型是数据库系统的核心和基础，本章介绍了组成数据模型的三要素及其内涵，然后详述了概念模型和逻辑模型，以及概念模型到逻辑模型的转化。

概念模型也称信息模型，用于信息世界的建模，E-R 模型是这类模型的典型表示，E-R 图方法简单、清晰，应用十分广泛。数据模型包括非关系模型（层次模型和网状模型）、关系模型和面向对象模型。本章简要地讲解了层次模型、网状模型、关系模型和面向对象模型，最后的任务实践主要是完成从 E-R 图到作为主流的关系模型的具体转换，使学员加深对理论知识的理解。

本章新概念较多，要深入而透彻地掌握这些基本概念和基本知识是个循序渐进的过程，可以在后续章节的学习中不断对照加深对这些知识的理解与掌握。

思考与练习

1. 常用的3种数据模型的数据结构各有什么特点？

2. 试述数据模型的概念、数据模型的作用和数据模型的三要素。

3. 试述概念模型的作用。

4. 解释以下术语：

实体　实体型　实体集　属性　码　实体联系图(E-R图)　3种联系类型

5. 学校有若干个系，每个系有若干个班级和教研室，每个教研室有若干教师，每个教师只教一门课，每门课可有多个教师教；每个班有若干学生，每个学生可选修若干课程，每门课程可由若干学生选修。请用E-R图画出该学校的概念模型，并注明联系类型。

6. 工厂生产的产品由不同的零件组成，有的零件可用于不同的产品。这些零件由不同的原材料制成，不同的零件所用的原材料可以相同。一个仓库存放多种产品，一种产品只存放在一个仓库中。零件按所需的不同产品分别放在仓库中，原材料按照类别放在若干仓库中(不跨库存放)。请用E-R图画出此关于产品、零件、材料、仓库的概念模型，并注明联系类型。

7. 分别给出一个层次模型、网状模型和关系模型的实例。

8. 试述层次数据库、网状数据库和关系数据库的优缺点。

9. 解释关系模型中的以下术语：

关系　元组　属性　主码　域　分量　关系模式

10. 请设计一个图书管理数据库，该数据库中保存图书和读者的记录，对每位读者保存读者编号、姓名、证件号、单位、联系方式，对每本书保存书号、书名、作者、出版社；对每本被借出的书保存读者号、借出日期和应还日期。要求给出该应用的E-R图，再将其转换为关系模式。

11. 建立一个关于学员、学员队、俱乐部的关系数据库。

描述学员的属性有：学号、姓名、出生年月、学员队、专业、入校年份。

描述学员队的属性有：学员队名称、人数、负责人、办公电话、宿舍区。

描述俱乐部的属性有：俱乐部名称、成立时间、地址、责任单位、负责人、联系方式。

有关语义如下：一个学员队有若干名学员；每个学员可以参加多个俱乐部；一个俱乐部有若干名学员，学员参加某俱乐部有一个参加时间；相同学员队的学员住在同一个宿舍区。

(1) 画出E-R图。

(2) 将画出的E-R图转换为关系模式，给出各个关系的候选码、外码。

12. 现有一个局部应用，包括两个实体："出版社"和"作者"，这两个实体为多对多联系，请自行设计恰当的属性，画出E-R图，再将其转化为关系模式(包括关系名、属性名、码和完整性约束条件)。

第3章　关系数据库的基本理论

学 习 目 标

【知识目标】

★ 掌握关系模型的概念和关系代数操作。

★ 掌握规范化关系数据模型的方法。

★ 理解数据完整性的概念。

【技能目标】

★ 会分析关系模型中的函数依赖，并将其规范化到一定的程度(范式)。

★ 会针对具体应用定义关系模型的完整性约束。

任 务 陈 述

在上一章得到了“军校基层连队管理系统”数据库的6个关系模式，从形式上来说，初步实现了该数据库系统逻辑模型的设计工作。但是这些关系模式设计得是否合理？在使用过程中会不会出现问题？如果在这些问题没有明确之前，就直接在DBMS中创建数据库和基本表的话，很可能会在后期的使用过程中出现种种问题，导致数据库设计工作重新开始，严重影响整个项目的开发。为此，在创建数据库之前，必须对初步设计的关系模式进行分析并规范化。另外，设计人员还需要和用户进行沟通，根据系统中实体集以及实体集之间的关系，定义关系模式的完整性约束。

3.1　关系数据库

3.1.1　关系数据结构的形式化定义

1. 关系

在第2章已经简单地介绍了关系模型及有关的基本概念，关系模型是建立在集合代数基础之上的，这里从集合论角度给出关系数据结构的形式化定义。

定义 3-1　集合元素的取值范围称为域，记为 D(Domain)，域是值的集合，是一组具有相同数值类型的值的集合。

例如，自然数、整数、实数、长度小于25个字节的字符串集合、{0,1}、{男,女}、大于等于0且小于等于100的正整数等，都可以是域。

定义 3-2　给定一组域 $D_1,D_2,D_3,\cdots,D_n$，允许其中某些域是相同的，$D_1,D_2,D_3,\cdots,D_n$的笛卡儿积为

$$D_1 \times D_2 \times D_3 \times \cdots \times D_n = \{(d_1,d_2,d_3,\cdots,d_n) \mid d_i \in D_i, i = 1,2,3,\cdots,n\}$$

其中，每个元素$(d_1,d_2,d_3,\cdots,d_n)$称为一个 n **元组**，或简称**元组**(Tuple)。元组中的一个值 d_i叫作一个**分量**(Components)。

一个域允许的不同取值的个数称为这个域的**基数**(Cardinal Number)。

若 $D_i(i=1,2,3,\cdots,n)$为有限集，其基数为 $m_i(i=1,2,3,\cdots,n)$，则 $D_1\times D_2\times D_3\times\cdots\times D_n$的基数$M$ 为

$$M = \prod_{i=1}^{n} m_i$$

笛卡儿积可表示为一张二维表，表中的每一行对应一个元组，表中的每一列的值来自同一个域。例如给出三个域 D_1、D_2、D_3：

D_1 为学员集合 = {李明，王平，林丽娟}

D_2 为课程集合 = {英语，高等数学，政治理论}

D_3 为成绩集合 = {合格，不合格}

则 D_1、D_2、D_3的笛卡儿积为

$D_1 \times D_2 \times D_3$ ={(李明，英语，合格)，(李明，英语，不合格)，
(李明，高等数学，合格)，(李明，高等数学，不合格)，
(李明，政治理论，合格)，(李明，政治理论，不合格)，
(王平，英语，合格)，(王平，英语，不合格)，
(王平，高等数学，合格)，(王平，高等数学，不合格)，

(王平,政治理论,合格),(王平,政治理论,不合格),
(林丽娟,英语,合格),(林丽娟,英语,不合格),
(林丽娟,高等数学,合格),(林丽娟,高等数学,不合格),
(林丽娟,政治理论,合格),(林丽娟.政治理论,不合格)}

其中,(李明,英语,合格)、(李明,英语,不合格)等都是元组,“李明”“英语”“合格”“不合格”等都是分量。

笛卡儿积 $D_1 \times D_2 \times D_3$ 的基数为 $3 \times 3 \times 2 = 18$,也就是说,$D_1 \times D_2 \times D_3$ 一共有 18 个元组。这 18 个元组可以列成一张二维表,如表 3-1 所示。

表 3-1　笛卡儿积 $D_1 \times D_2 \times D_3$ 的子集

姓名	课程	成绩
李明	英语	合格
李明	英语	不合格
李明	高等数学	合格
李明	高等数学	不合格
李明	政治理论	合格
李明	政治理论	不合格
王平	英语	合格
王平	英语	不合格
王平	高等数学	合格
王平	高等数学	不合格
王平	政治理论	合格
王平	政治理论	不合格
林丽娟	英语	合格
林丽娟	英语	不合格
林丽娟	高等数学	合格
林丽娟	高等数学	不合格
林丽娟	政治理论	合格
林丽娟	政治理论	不合格

定义 3-3　笛卡儿积的子集叫作**关系**。

如 $D_1 \times D_2 \times \cdots \times D_n$ 的子集叫作域 $D_1, D_2, \cdots, D_n$ 上的关系,表示为

$$R(D_1, D_2, D_3, \cdots, D_n)$$

其中,R 为关系的名称,n 为关系的**目或度**。

当 $n=1$ 时称为一元关系,或者单元关系(Unary Relation)。

当 $n=2$ 时称为二元关系(Binary Relation)。

无限关系在数据库系统中是无意义的,所以关系必须是笛卡儿积的有限子集。它对应

一张二维表，表中的每一行对应一个元组，表中的每一列对应一个域，给每一列起一个名字，称为属性名。n 目关系必然有 n 个属性名。

如果关系中的某个属性或属性组能唯一地标识一个元组，则称该属性或属性组为**候选码**；若一个关系中有多个候选码，可选择其中一个来唯一地标识元组，称为**主码**。候选码的所有属性称为**主属性**，不包含在任何候选码中的属性称为**非主属性**。

一般来说，$D_1, D_2, D_3, \cdots, D_n$ 的笛卡儿积是没有实际语义的，只有它的某个真子集才有实际含义。例如，在表 3-1 中可以发现元组之间存在矛盾的情况，因为一个学生的某门课程的成绩只能取合格和不合格中的一种情况，一门课程成绩既合格又不合格这种情况是不存在的。表 3-2 所示的选修关系是表 3-1 的子集，表示学生的课程成绩，该选修关系表具有现实意义。

表 3-2　选修关系

姓名	课程	成绩
李明	英语	合格
李明	高等数学	合格
李明	政治理论	合格
王平	英语	合格
王平	高等数学	合格
王平	政治理论	不合格
林丽娟	英语	合格
林丽娟	高等数学	不合格
林丽娟	政治理论	合格

该选修关系可以表示为：选修(姓名，课程，成绩)。其中，“选修”表示关系名，“姓名”“课程”和“成绩”分别为选修关系的 3 个属性。

由于一个学生不会重复选修相同的课程，因此“姓名”和“课程”两个属性的每一组取值都唯一地标识了一个元组，即一条选课记录，因此属性组(姓名，课程)可以作为选修关系的一个候选码，“姓名”和“课程”均为主属性。

关系可以有三种类型：基本关系(通常称基本表)、查询表和视图表。其中，基本表是实际存在的表，它是实际存储数据的逻辑表示；查询表是查询结果对应的表；视图表是由基本表或其他视图表导出的表，是虚表，不对应实际存储的数据。

按照定义 3-3，关系是笛卡儿积的子集。由于组成笛卡儿积的域不满足交换律，所以按照数学定义，$(d_1, \cdots, d_i, d_{i+1}, \cdots, d_n) \neq (d_1, \cdots, d_{i+1}, d_i, \cdots, d_n)$。当关系作为关系数据模型的数据结构时，需要给予如下定义和扩充：

(1) 无限关系在数据库系统中是无意义的，因此，限定关系数据模型中的关系必须是有限集合。

(2) 通过为关系的每个列附加一个属性名的方法取消关系属性的有序性，使得$(d_1, \cdots,$

$d_i, d_{i+1}, \cdots, d_n) = (d_1, \cdots, d_{i+1}, d_i, \cdots, d_n)$。

因此,关系有以下性质:

(1) 每一列的数据来自同一个域,具有相同的数据类型,为元组的一个属性。

(2) 不同列的数据也可以来自同一个域,但这些列的属性名不能相同。

(3) 列的顺序可以是任意的,可以随意交换列的位置。

(4) 表中的任意两行不能相同,即一个关系中不能有相同的元组。

(5) 元组在关系中的次序是任意的。

(6) 每个分量必须是不可分的数据项。

关系模型要求关系必须是规范化的,即要求关系必须满足一定的规范条件。这些规范条件中最基本的一条就是:关系的每一个分量必须是一个不可分的数据项。规范化的关系简称范式(Normal Form,NF)。范式的概念将在下一节介绍。

2. 关系模式

在数据库中要区分型和值。关系数据库中,关系模式是型,关系是值。关系模式是对关系的描述,关系模式描述关系的以下方面:

(1) 关系是元组的集合,因此关系模式必须指出这个元组集合的结构,即它由哪些属性组成,这些属性来自哪些域,以及属性与域之间的映像关系。

(2) 关系模式必须描述所有可能的关系必须满足的完整性约束条件。现实世界随着时间在不断地变化,因而在不同的时刻关系模式中的关系也会有所变化。但是,现实世界的许多已有事实和规则限定了关系模式所有可能的关系必须满足一定的完整性约束条件。这些约束或者通过对属性取值范围进行限定,例如职工年龄小于 60 岁;或者通过属性值间的相互关联反映出来,例如,如果两个元组的主码值相等,那么这两个元组的其他属性值也一定相等,因为主码唯一标识一个元组,主码值相等就表示这是同一个元组。

关系模式应该刻画出关系的这些完整性约束条件。

定义 3-4 关系的描述称为**关系模式**(Relation Schema),是一个五元组,表示为

$$R = (U, D, DOM, F)$$

其中,R 为关系名;U 为组成该关系的属性名的集合,如 $U = \{A_1, A_2, \cdots, A_n\}$;$D$ 为 U 中属性的域的集合,如$\{D_1, D_2, \cdots, D_n\}$;$DOM$ 为属性集 U 向域集 D 的映射,属性向域的映射常常直接说明为属性的类型、长度;F 为属性间数据的依赖关系集合,数据依赖将在下一节进行详细的讨论。

关系模式通常可简化为 $R(U)$ 或 $R(A_1, A_2, \cdots, A_n)$。

例 3-1 如果用学号、姓名、性别、籍贯和出生日期描述学生,那么可以定义如下关系模式:

学生(学号,姓名,性别,籍贯,出生日期)

其中关系名 R 为"学生",属性集合 U = {学号,姓名,性别,籍贯,出生日期}。

关系是关系模式在某一个时刻的状态或内容,如表 3-3 就是例 3-1 学生关系模式在某一时刻的状态,被称为学生关系的一个实例。

关系模式是静态的、稳定的,而关系是动态的、随着时间不断变化的,因为关系操作在不

断地更新着数据库中的数据。例如，学生关系模式在不同的学年，学生关系是不同的。在实际工作中，人们常常把关系模式和关系都笼统地称为关系。

表 3-3　学生关系模式的某一个关系实例

学号	姓名	性别	籍贯	出生日期
0001	张俊义	男	广东梅州	1982/10/02
0002	林立伟	男	湖南长沙	1981/11/12
0003	马宏宇	男	湖北荆州	1983/01/03
0004	王晓天	女	广西南宁	1982/08/22

3. 关系数据库

在一个给定的领域中，所有的实体及实体的联系都用关系模式表示。例如学生实体、课程实体、学生和课程之间的多对多联系都可以用一个关系来表示。所有的关系的集合构成一个关系数据库。

关系数据库同样有型和值之分。相应关系模式的集合称为关系数据库的型，关系数据库的型也称为关系数据库模式，是对关系数据库的描述，它包括若干域的定义以及在这些域上定义的若干关系模式。关系数据库的值是这些关系模式在某一时刻对应的关系的集合，人们习惯将其称为关系数据库。

例如，教学关系数据库的型包含如下 4 个关系模式：

教师(职工编号，姓名，职称，年龄，学历)

学生(学号，姓名，性别，年龄，籍贯，专业)

课程类型(课程编号，课程名称，学分，学时，课程性质)

选修(学号，课程编号，成绩)

3.1.2　关系操作

关系模型给出了关系操作能力的说明，但不对关系数据库管理系统语言给出具体的语法要求，也就是说不同的关系数据库管理系统可以定义和开发不同的语言来实现这些操作。

关系模型中常用的关系操作包括查询操作和更新操作两大类，其中更新操作包括插入(Insert)、删除(Delete)、修改(Update)操作。

关系的查询表达能力很强，是关系操作中最主要的部分。查询操作又可以分为选择(Select)、投影(Project)、连接(Join)、除(Divide)、并(Union)、差(Expect)、交(Intersection)、笛卡儿积等。其中选择、投影、并、差、笛卡儿积是五种基本操作，其他操作可以用这五种基本操作来定义和导出，就像乘法可以用加法来定义和导出一样。

关系操作的特点是集合操作方式，即操作的对象和结果都是集合，这种操作方式也称为一次一集合(Set-at-a-time)的方式。非关系数据模型的数据操作方式则为一次一记录(Record-at-a-time)的方式。

早期的关系操作通常用代数方式或逻辑方式来表示，分别称为关系代数和关系演算。关系代数用关系运算来表达查询要求，关系演算则用谓词来表达查询要求。关系演算又分为元组关系演算和域关系演算。关系代数和关系演算均是抽象的查询语言，这些抽象的语言与具体的关系数据库管理系统中使用的语言并不完全一样，它们只是作为评估实际系统中查询语言的标准或基础。

另外，还有一种介于关系代数和关系演算之间的结构化查询语言（Structured Query Language，SQL）。SQL 不仅具有丰富的查询功能，而且具有数据定义和数据控制能力。它充分体现了关系数据语言的特点和优点，是关系数据库的标准语言。

关系代数语言是 SQL 语言的理论基础，只有掌握了关系代数，才能更好地学习 SQL 语言，下面对关系代数语言进行详细介绍，SQL 语言在后续章节介绍。

3.1.3 关系代数

关系代数是一种过程化的查询语言，它包括一个运算的集合，这些运算以一个或两个关系为输入，产生一个新的关系作为结果。

关系代数的运算按照运算符的不同可以分为传统的集合运算符和专门的关系运算符两类，如表 3-4 所示。其中，传统的集合运算将关系看成元组的集合，其运算是从关系的“水平”方向，即行的角度来进行的。而专门的关系运算不仅涉及行，而且涉及列。比较运算符和逻辑运算符是用来辅助专门的关系运算符进行操作的。

表 3-4 关系代数运算符

运算符		含义
集合运算符	∪	并
	∩	交
	−	差
	×	笛卡儿积
专门的关系运算符	σ	选择
	Π	投影
	⋈	连接
	÷	除

1. 传统的集合运算

传统的集合运算是二目运算，包括并、差、交、笛卡儿积 4 种运算。设关系 R 和关系 S 具有相同的目 n（两个关系都有 n 个属性），且相应的属性取自同一个域，t 是元组变量，$t \in R$ 表示 t 是关系 R 中的一个元组。关系 R 和关系 S 上的并、差、交、笛卡儿积运算如下：

（1）并

关系 R 和 S 的并（Union）仍是一个 n 目关系，由属于 R 或属于 S 的元组组成，它可形

式地定义为

$$R \cup S = \{t \mid t \in R \vee t \in S\}$$

例 3-2 设关系 R 和 S 具有相同的属性，且相应的属性都取自同一个域，分别见表 3-5 和表 3-6，则关系 R 和关系 S 并运算的结果如表 3-7 所示。

表 3-5 关系 *R*

学号	姓名	课程	成绩
2012001	张华	数据库	70
2012002	李翊君	数据库	77
2012001	张华	大学语文	80
2012003	陈义	电子基础	60

表 3-6 关系 *S*

学号	姓名	课程	成绩
2012001	张华	电子基础	89
2012002	李翊君	数据库	77
2012003	陈义	数据库	98
2012001	张华	数据库	70

表 3-7 关系 $R \cup S$

学号	姓名	课程	成绩
2012001	张华	数据库	70
2012002	李翊君	数据库	77
2012001	张华	大学语文	80
2012003	陈义	电子基础	60
2012001	张华	电子基础	89
2012003	陈义	数据库	98

(2) 交

关系 R 和 S 的交(Intersection)仍是一个 n 目关系，由属于 R 且属于 S 的元组组成，它可形式地定义为

$$R \cap S = \{t \mid t \in R \wedge t \in S\}$$

例 3-3 对例 3-2 中的关系 R 和关系 S，它们的交如表 3-8 所示。

表 3-8 关系 $R \cap S$

学号	姓名	课程	成绩
2012001	张华	数据库	70
2012002	李翊君	数据库	77

(3) 差

关系 R 和 S 的差(Difference)仍是一个 n 目关系，由属于 R 但不属于 S 的元组组成，它可形式地定义为

$$R - S = \{t \mid t \in R \wedge t \notin S\}$$

例 3-4 对例 3-2 中的关系 R 和关系 S，它们的差如表 3-9 所示。

表 3-9 关系 $R-S$

学号	姓名	课程	成绩
2012001	张华	大学语文	80
2012003	陈义	电子基础	60

(4) 笛卡儿积

设 R 为 m 目关系，S 为 n 目关系，它们的笛卡儿积(Cartesian Product)表示为 $R \times S$，这个新关系为 $m+n$ 目关系，元组的前 m 列是 R 中的一个元组，后 n 列是 S 中的一个元组，它可以用下列形式表示：

$$R \times S = \{(a_1, a_2, \cdots, a_m, b_1, b_2, \cdots, b_n) \mid (a_1, a_2, \cdots, a_m) \in R \wedge (b_1, b_2, \cdots, b_n) \in S\}$$

例 3-5 有两个关系 $R1$ 和 $R2$，分别如表 3-10、表 3-11 所示，它们的笛卡儿积 $R1 \times R2$ 如表 3-12 所示。

表 3-10 关系 $R1$

学号	姓名
2014101	李长江
2014012	蒋丽

表 3-11 关系 $R2$

课程号	课程名	学分
C11	数据库	3
C12	电子	3
C18	英语	4

表 3-12 关系 $R1 \times R2$

学号	姓名	课程号	课程名	学分
2014101	李长江	C11	数据库	3
2014101	李长江	C12	电子	3
2014101	李长江	C18	英语	4
2014012	蒋丽	C11	数据库	3
2014012	蒋丽	C12	电子	3
2014012	蒋丽	C18	英语	4

2. 专门的关系运算

专门的关系运算包括选择、投影、连接、除运算等，下面给出这些专门的关系运算的定义。为便于说明，给出示例关系如表3-13所示。

表3-13　关系 Student

Sno	Sname	Age	Sex	Dept
2012001	张华	20	男	计算机
2012002	赵明明	19	男	计算机
2012003	王鹰	20	男	管理
2012004	刘晶晶	19	女	管理
2012005	李丽	18	女	英语

(1) 选择

选择(Selection)运算是从某个给定的关系中筛选出满足限定条件的元组，它是一种一元关系运算。用小写希腊字母 σ 表示选择，将谓词写作 σ 的下标，参数关系放在 σ 后的括号中。例如，为了选择出 Student 关系(表3-13)中属于计算机系的那些学生元组，我们应该写作：

$$\sigma_{Dept=\text{“计算机”}}(Student)$$

以上选择运算得到的关系如表3-14所示。

表3-14　$\sigma_{Dept=\text{“计算机”}}(Student)$的结果

Sno	Sname	Age	Sex	Dept
2012001	张华	20	男	计算机
2012002	赵明明	19	男	计算机

又如执行选择操作：

$$\sigma_{Age>19}(Student)$$

可以在 Student 关系中选择出年龄大于19岁的所有学生元组，结果如表3-15所示。

表3-15　$\sigma_{Age>19}(Student)$的结果

Sno	Sname	Age	Sex	Dept
2002001	张华	20	男	计算机
2002003	王鹰	20	男	管理

通常，允许在选择谓词中进行比较，使用的是 =，≠，<，≤，>和≥。另外，可以用连词与(∧)、或(∨)、非(¬)将多个谓词合并为一个较大的谓词。例如，为了找到管理系中年龄大于19岁的学生，可使用如下的关系代数表达：

$$\sigma_{Age>19 \wedge Dept=\text{“管理”}}(Student)$$

选择的结果如表3-16所示。

表 3-16 $\sigma_{Age>19 \wedge Dept=\text{“管理”}}$(Student)的结果

Sno	Sname	Age	Sex	Dept
2002003	王鹰	20	男	管理

(2) 投影

如果要列出所有学生的 Sname 和 Dept，而不关心其他的属性，使用投影(Projection)运算可以产生这样的关系。投影运算是一元运算，它返回作为参数的关系，但把某些属性排除在外。由于关系是一个集合，所以所有重复行均被去除。投影运算用大写希腊字母 Π 表示，列举所有希望在结果中出现的属性作为 Π 的下标，作为参数的关系放在 Π 后的括号中。例如，可以通过如下的查询来得到只包含 Sname 和 Dept 属性的学生列表：

$$\Pi_{Sname,Dept}(Student)$$

表 3-17 为此投影操作的结果。

表 3-17 $\Pi_{Sname,Dept}$(Student)的结果

Sname	Dept
张华	计算机
赵明明	计算机
王鹰	管理
刘晶晶	管理
李丽	英语

(3) 自然连接

对某些用到笛卡儿积的查询进行简化常常是必需的。通常情况下，笛卡儿积的查询中会包含一个对笛卡儿积结果进行选择的运算。该选择运算大多数情况下会要求进行笛卡儿积的两个关系在所有公共属性(Common Attribute)上的值一致。例如，给出关系 SC 如表 3-18 所示，把表 3-13 所示关系 Student 和表 3-18 所示关系 SC 的信息相结合，匹配条件是 Student. Sno 和 SC. Sno 相等，在这两个关系中只有它们具有相同的属性。

表 3-18 关系 SC

Sno	Cno	Cname	Grade
2012001	C001	英语	90
2012001	C002	高等数学	88
2012001	C003	C 语言	69
2012002	C001	英语	79
2012002	C002	高等数学	90
2012002	C003	C 语言	75
2012003	C001	英语	84
2012003	C010	大学语文	56

二元运算自然连接(Join)使得可以将某些选择和笛卡儿积运算合并为一个运算,我们用连接符号 ⋈ 来表示。自然连接运算首先形成两个关系的笛卡儿积,然后基于两个关系模式中都出现的属性的相等性进行选择,最后去除重复属性。回到 Student 关系和 SC 关系,自然连接运算的结果是:在相同属性 Sno 上有相同值的元组组成元组集合(新元组),每个元组集合记录了某个学生及其选修课程的成绩,如表 3-19 所示。

表 3-19　Student ⋈ SC 的结果

Sno	Sname	Age	Sex	Dept	Cno	Cnmae	Grade
2012001	张华	20	男	计算机	C001	英语	90
2012001	张华	20	男	计算机	C002	高等数学	88
2012001	张华	20	男	计算机	C003	C语言	69
2012002	赵明明	19	男	计算机	C001	英语	79
2012002	赵明明	19	男	计算机	C002	高等数学	90
2012002	赵明明	19	男	计算机	C003	C语言	75
2012003	王鹰	20	男	管理	C001	英语	84
2012003	王鹰	20	男	管理	C010	大学语文	56

注意,自然连接不重复记录那些在两个关系模式中都出现的属性。还要注意所列出的属性的顺序:排在最前面的是两个关系模式的相同属性,其次是只属于第一个关系模式的属性,最后是只属于第二个关系模式的属性。

尽管自然连接的定义很复杂,这种运算使用起来却很方便。举例来说,考虑查询所有学生的姓名 Sname,以及其选修课的课程名称 Cname 和课程成绩 Grade。用自然连接可以将此查询表述如下:

$$\prod_{Sname,Cname,Grade}(Student \bowtie SC)$$

Student 和 SC 中具有相同属性 Sno,自然连接运算只考虑在 Sno 上值相同的元组对。它将每个这样的元组对合并为单一的元组,其模式为两个模式的并,再执行投影运算,得到的结果如表 3-20 所示。

表 3-20　$\prod_{Sname,Cname,Grade}(Student \bowtie SC)$的结果

Sname	Cnmae	Grade
张华	英语	90
张华	高等数学	88
张华	C语言	69
赵明明	英语	79
赵明明	高等数学	90
赵明明	C语言	75
王鹰	英语	84
王鹰	大学语文	56

下面给出自然连接的形式化定义。设R和S是两个关系，若R和S具有相同的属性组B，U为R和S的全部属性集合，则R和S的自然连接表示为$R \bowtie S$，其形式化定义如下：

$$R \bowtie S = \Pi_{U-B}(\sigma_{R.B=S.B}(R \times S))$$

其中U－B表示从R和S两个关系的属性集合U中去除重复的属性B。请注意如果关系R和S不含有任何相同属性，那么$R \bowtie S = R \times S$。

(4) 除运算

除运算(Division)是二元运算，关系R除以关系S用R÷S表示。下面用象集来定义除法：

给定一个关系R(X,Y)和S(Y,Z)，其中X、Y和Z为属性组。R中的Y与S中的Y可以不同名，但必须出自相同的域。R与S的除运算得到一个新的关系P(X)，P是R中满足下列条件的元组在X属性列上的投影：元组在X上的分量值x的象集Yx包含在Y上投影的集合。

设R、S分别如图3-1(a)、(b)所示，在关系R中，A可以取4个值$\{a_1,a_2,a_3,a_4\}$。其中，a_1的象集为$\{(b_1,c_2),(b_2,c_3),(b_2,c_1)\}$，$a_2$的象集为$\{(b_3,c_7),(b_2,c_3)\}$，$a_3$的象集为$\{(b_4,c_6)\}$，$a_4$的象集为$\{(b_6,c_6)\}$。S在(B,C)上的投影为$\{(b_1,c_2),(b_2,c_1),(b_2,c_3)\}$。

关系R

A	B	C
a_1	b_1	c_2
a_2	b_3	c_7
a_3	b_4	c_6
a_1	b_2	c_3
a_4	b_6	c_6
a_2	b_2	c_3
a_1	b_2	c_1

(a)

关系S

B	C	D
b_1	c_2	d_1
b_2	c_1	d_1
b_2	c_3	d_2

(b)

R÷S

A
a_1

(c)

图3-1　除运算举例

显然，只有a_1的象集包含了S在(B,C)属性组上的投影，所以$R \div S = \{a_1\}$。

例如，在关系SC(表3-18)中，如果想要查询至少选修了C001、C002和C003课程的学生号码，可以使用除运算实现这一信息查询。首先建立一个临时关系K，如表3-21所示。

表3-21　关系K

Cno
C001
C002
C003

然后执行SC÷K，结果为{2012001，2012002}。

3. 关系运算的组合

关系运算的结果自身也是一个关系,这一事实是非常重要的,这意味着可以将多种关系运算组合在一起,实现一些较为复杂的操作。例如,要找到所有计算机系学生的学号和姓名,可以写作:

$$\prod_{Sno,Sname}(\sigma_{Dept=\text{“计算机”}}(Student))$$

其运算结果如表 3-22 所示。

表 3-22　$\prod_{Sno,Sname}(\sigma_{Dept=\text{“计算机”}}(Student))$的结果

Sno	Sname
2012001	张华
2012002	赵明明

请注意,这里对于投影运算而言,没有给出一个关系的名字来作为其参数,而是用一个对关系进行求值的表达式 $\sigma_{Dept=\text{“计算机”}}(Student)$来作为参数,这是因为该表达式的结果也是一个关系。

一般来说,由于关系代数运算的结果同其输入的类型一样仍为关系,所以我们可以把多个关系代数运算组合成一个关系代数表达式。将关系代数运算组合成关系代数表达式如同将算术运算(如＋、－、×、÷)组合成算术表达式一样。

例如,在关系 SC(表 3-18)中,如果想查询至少选修了 C001、C002 和 C003 课程的学生的学号、姓名和所在系的信息,则需要将除、自然连接和投影三种关系运算组合起来,其运算表达式如下:

$$\prod_{Sno,Sname,Dept}(Student \bowtie (SC \div K))$$

本节介绍了关系代数的运算,其中并、差、笛卡儿积、选择、投影五种运算为基本运算,交、连接、除运算均可以用以上五种基本运算来表达,引入交、连接和除运算并不增加语言的能力,但可以简化表达。

3.2　关系数据库的规范化

我们在第 2 章中介绍了 E-R 图向关系模式转换的方法,采用这种方法得到的关系数据模型是否能够直接用于建立数据库呢? 事实证明,一旦根据某个关系模式设计建立数据库,输入大量数据,并将该数据库服务于多个应用系统后,如果这个数据模式设计不合理的话,其所造成的负面影响和损失将是难以估量的。我们不能确定从 E-R 图直接转换得到的关系模式是否合理,如果不合理会导致什么问题? 如何发现和解决这些问题? 这就是本节将要讨论的内容。

3.2.1 问题的提出

首先来认识一下在数据库设计中可能存在的问题，在这里我们用一个实例来说明一个不好的数据库设计可能会出现的问题。

例如，要求设计一个学生教学管理数据库，希望从该数据库中得到学生的学号、姓名、年龄、性别、系别、系主任、学习的课程和课程成绩。将以上信息设计为一个关系，则关系模式为

S(学号，姓名，年龄，性别，系别，系主任，课程名，课程类别，成绩)

根据现实世界的语义，可以设定此关系模式的主码为(学号，课程名)。

仅从关系模式来看，该关系包括了所有需要的信息，但按此关系模式建立关系(表3-23)，并对它进行深入分析，就会发现其中存在不少问题。

表 3-23 不规范关系实例——关系 S

学号	姓名	年龄	性别	系别	系主任	课程名	课程类别	成绩
03001	孙海	20	男	计算机	郭胜利	程序设计	专业课	88
03001	孙海	20	男	计算机	郭胜利	数据结构	专业课	74
03001	孙海	20	男	计算机	郭胜利	数据库	基础课	82
03001	孙海	20	男	计算机	郭胜利	电路	基础课	65
03002	刘平	21	男	计算机	郭胜利	程序设计	专业课	92
03002	刘平	21	男	计算机	郭胜利	数据结构	专业课	82
03002	刘平	21	男	计算机	郭胜利	数据库	基础课	78
03002	刘平	21	男	计算机	郭胜利	电路	基础课	83
03003	杜刚	20	男	管理工程	李小平	高等数学	基础课	72
03003	杜刚	20	男	管理工程	李小平	政治理论	基础课	84
03003	杜刚	20	男	管理工程	李小平	英语	基础课	83
03003	杜刚	20	男	管理工程	李小平	大学语文	基础课	87

(1) 数据冗余大。

每一个系名(系别)和系主任的名字(系主任)存储的次数等于该系的学生人数乘以每个学生选修的课程门数。假如某系有 300 名学生，每名学生平均选修 20 门课程，则系名和系主任姓名需要重复存储 6000 次，可见关系 S 存在大量冗余数据。

(2) 插入异常。

当一个新系已经建制但还没有招生时，系名和系主任的姓名无法插入到数据库中，因为在这个关系模式中主码是(学号，课程名)，而此时因为没有学生，学号无值，即主属性值为 NULL，根据实体完整性规则，将无法进行这一插入操作，会引起插入异常。

(3) 删除异常。

当一个系的学生全部毕业而目前还没有新生入学时，在删除全部学生记录时，系别和系主任信息也会随之删除。但实际上这个系依然存在，而在数据库中却无法找到该系的信息，这种情况是删除异常。

(4) 更新异常。

若某系更换了系主任，数据库中该系所有学生对应的系主任的属性值应该全部修改。如有不慎漏改了某些记录，则会造成数据的不一致，即同一个系的学生对应的系主任不一样，这种情况是更新异常。

由上述可见，教学关系S尽管看起来很简单，但如果设计不好，会存在诸多问题。一个"好"的模式，不应该发生插入异常、删除异常、更新异常，并且数据冗余应尽可能小。

为克服这些异常，将S分解为如下三个关系：

S1(学号，姓名，年龄，性别，系别，系主任)
S2(课程名，课程类别)
S3(学号，课程名，成绩)

表3-23中的数据按分解后的关系模式组织，得到三个关系如图3-2所示。

S1

学号	姓名	年龄	性别	系别	系主任
03001	孙海	20	男	计算机	郭胜利
03002	刘平	21	男	计算机	郭胜利
03003	杜刚	20	男	管理工程	李小平

S2

课程名称	课程类别
程序设计	专业课
数据结构	专业课
数据库	基础课
电路	基础课
高等数学	基础课
政治理论	基础课
英语	基础课
大学语文	基础课

S3

学号	课程名称	成绩
03001	程序设计	88
03001	数据结构	74
03001	数据库	82
03001	电路	65
03002	程序设计	92
03002	数据结构	82
03002	数据库	78
03002	电路	83
03003	高等数学	72
03003	政治理论	84
03003	英语	83
03003	大学语文	87

图3-2　关系S分解后形成的三个关系

这样分解后,上述异常就都得到了有效的解决。

首先是数据冗余问题。对于选修多门课程的学生来说,在 S1 中只有一条该学生的记录,只需要在 S3 中存放对应的课程成绩记录,同一个学生的姓名等基本信息不会重复出现。由于在 S2 中存放了课程名称和课程类别的信息,所以在 S3 中不需要再存放课程的类别信息,从而大大减少了数据冗余。

数据不一致的问题主要是由数据冗余引起的,因此解决了数据冗余,数据不一致的问题自然就解决了。

由于 S1 和 S2 分别存放,所以即使某个学生没有选修课程,也可以将学生的基本信息插入到 S1 中,只不过在 S3 中不存在该学生的选课记录而已,不存在插入异常的问题。

同样,要删除某个学生的选课记录,只需在 S3 中删除对应的记录即可,不会对 S1 中的信息造成任何影响,不存在删除异常的问题。

为什么将关系 S 分解成三个关系 S1、S2 和 S3 后,所有的异常问题就都解决了呢？这是因为关系 S 中的某些属性之间存在着数据依赖。数据依赖是现实世界事物之间相互关联的一种表达,是属性固有语义的体现。人们只有对一个数据库所要表达的现实世界进行认真调查与分析,才能归纳出与客观事实相符合的数据依赖。现在人们已经提出了许多类型的数据依赖,其中最重要的是函数依赖。

3.2.2 函数依赖

1. 函数依赖的定义

定义 3-5 设 R(U)是属性集 U 上的关系,X、Y 是 U 的子集。若对于 R(U)的任意一个可能的关系 r,r 中不可能存在两个元组在 X 上的属性值相等,而在 Y 上的属性值不等,则称 X 函数确定 Y,或 Y 函数依赖于 X,记作 $X \rightarrow Y$。

例如,在前面的关系 S 中,学号是唯一的,也就是说,不存在学号相同而姓名不同的学生记录,因此有函数依赖:学号→姓名。同理有:学号→性别,学号→年龄,学号→单位,系别→系主任。因为一个学生选修的某一门课程对应着唯一的成绩,即学号和课程名的属性组合函数确定成绩,所以有(学号,课程名)→成绩。关系 S 的函数依赖集 F={学号→性别,学号→年龄,学号→系别,系别→系主任,课程名→课程类别,(学号,课程名)→成绩},属性之间的依赖关系如图 3-3 所示。

定义 3-6 设 $X \rightarrow Y$ 是一个函数依赖,若 $Y \subseteq X$,则称 $X \rightarrow Y$ 是一个平凡函数依赖。

例如,在关系 S 中,显然有(学号,课程名)→学号,(学号,课程名)→课程名,这些都是平凡函数依赖关系。

定义 3-7 设 $X \rightarrow Y$ 是一个函数依赖,并且对于任何 $X' \subset X$,$X' \nrightarrow Y$,则称 $X \rightarrow Y$ 是一个完全函数依赖,即 Y 完全函数依赖于 X,记作 $X \xrightarrow{F} Y$。

在前面的关系 S3 中,因为每个学生选修的每门课程只对应一个成绩,不存在学号和课程名相同而成绩不同的情况,显然有(学号,课程名)→成绩。其次,(学号,课程名)的真子集

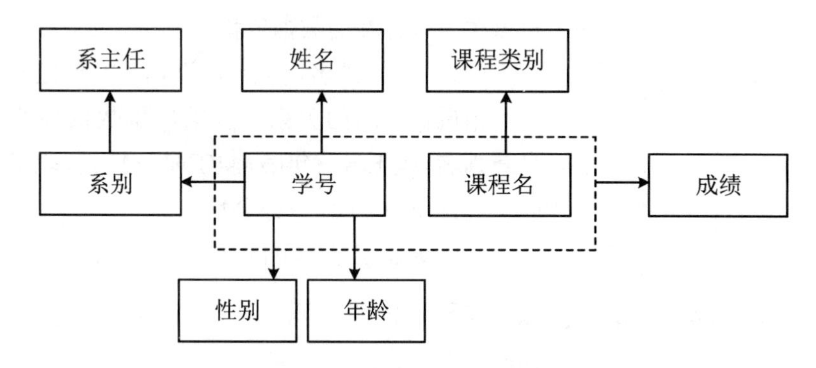

图 3-3 关系 S 的函数依赖

有两个，即学号和课程名。首先，一个学生可以选修多门课程，对应多个成绩，存在着学号相同成绩不同的情况，所以学号→成绩是不成立的；其次，一门课程可以被多名学生选修，不同的学生选修同一门课程会得到不同的成绩，故可能存在课程名相同而成绩不同的情况，所以课程名→成绩也是不成立的。所以(学号，课程名)→成绩是完全函数依赖，记为(学号，课程名)$\xrightarrow{F}$成绩。

定义 3-8 设 X→Y 是一个函数依赖，但不是完全函数依赖，则称 X→Y 是一个部分函数依赖，或称 Y 函数依赖于 X 的真子集，记作 X$\xrightarrow{P}$Y。

例如，在前面的关系 S 中，(学号，课程名)→姓名，而对于每个学生都有一个唯一的学号，所以有学号→姓名。因此，(学号，课程名)→姓名是一个部分函数依赖，记作(学号，课程名)$\xrightarrow{P}$姓名。

定义 3-9 设 R(U)是一个关系模式，X、Y、Z⊆U，如果 X→Y(Y⊈X)，Y↛X，Y→Z，Z⊈Y，则称 Z 传递依赖于 X，记为 X$\xrightarrow{传递}$Z。

这里加上条件 Y↛X，是因为如果 Y→X，则 Y↔X，实际上是 X$\xrightarrow{直接}$Z，是直接函数依赖而不是传递函数依赖。

例如，在前面的关系 S1 中，有学号→系别，系别→系主任，所以有系主任传递依赖于学号，记为学号$\xrightarrow{传递}$系主任。

2. 函数依赖与属性的关系

属性之间有三种关系，但不是每种关系之间都存在函数依赖。设 R(U)是属性集 U 上的关系模式，X、Y 是 U 上的子集，则有：

(1) 如果 X 和 Y 之间是 1∶1(一对一)关系，例如系别和系主任之间是 1∶1 关系，则存在函数依赖 X→Y。

(2) 如果 Y 和 X 之间是 1∶n(一对多)关系，例如系别和学号之间是 1∶n 关系，则存在函数依赖 X→Y。

(3) 如果 X 和 Y 之间是 m∶n(多对多)关系，例如学生和课程之间是 m∶n 关系，则 X 和 Y 之间不存在函数依赖。

例 3-6 有以下职工关系，其中职工号是关系的主码，一个单位的办公地点是唯一的，分

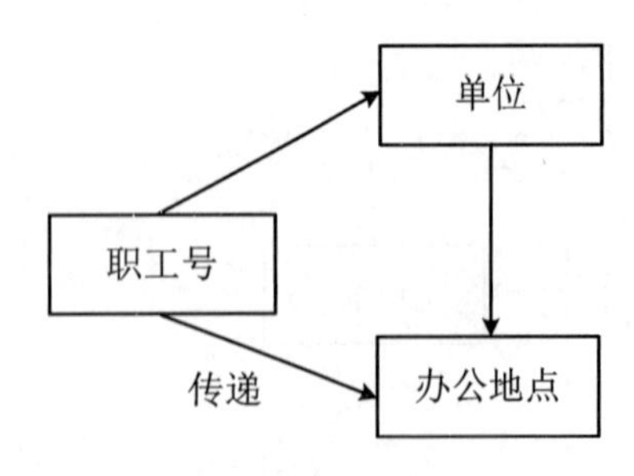

图 3-4 职工关系中的传递函数依赖

析该关系中存在的数据依赖。

职工(职工号,姓名,年龄,性别,职称,单位,办公地点)

由属性之间的关系可以推出函数依赖关系为:职工号→姓名,职工号→年龄,职工号→性别,职工号→职称,职工号→单位,单位→办公地点。

又因为职工号→单位,单位→办公地点,所以办公地点传递函数依赖于职工号,记为职工号$\xrightarrow{\text{传递}}$办公地点。如图 3-4 所示。

3.2.3 范式

一个关系是好是坏,需要有一个标准来衡量,这个标准就是模式的范式(Normal Forms,NF)。范式的概念是 1971 年由 E. F. Codd 提出的,他认为关系模式应满足的规范要求可分成 n 级,满足最低要求的叫第一范式(1NF);在 1NF 的基础上满足进一步要求的叫第二范式(2NF);2NF 中能满足更高要求的,就属于第三范式(3NF)。1974 年,Codd 和 Boyce 共同提出了一个新的范式概念,即 Boyce-Codd 范式,简称 BCNF。1976 年,Fagin 提出了第四范式(4NF),后来又有人定义了第五范式(5NF)。至此,关系数据库规范中建立了一系列范式:1NF,2NF,3NF,BCNF,4NF,5NF。所谓“第几范式”,是关系级别的一种表示,所以经常称某一个关系模式 R 为第几范式,通常记为:$R \in x$NF。

各范式之间有 5NF⊂4NF⊂3NF⊂2NF⊂1NF 成立,如图 3-5 所示。一个低一级范式的关系模式,通过模式分解,可以转换为若干个高一级范式的关系模式的集合,这个过程叫作规范化。

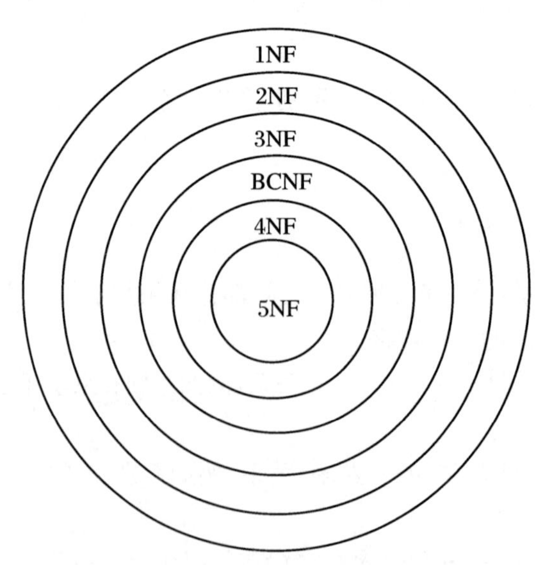

图 3-5 范式关系

3.2.4 第一范式

关系的第一范式是关系要遵循的最基本的范式。

定义 3-10 如果关系模式 R 所有的属性均为简单属性，即每个属性都是不可再分的，则称 R 属于第一范式(First Norma Form)，简称 1NF，记作 R∈1NF。

从定义可知，1NF 的每一列对应只有一个值。不满足第一范式条件的关系称之为非规范化关系。在关系数据库中，凡非规范化的关系必须转化成规范化的关系。例如，表 3-24 中成绩由三个数据项组成，所以为非规范化关系，不是第一范式。我们应将其转化为如表 3-25所示的第一范式形式。

表 3-24　非第一范式关系

学号	姓名	系名	成绩		
			大学语文	高等数学	英语

表 3-25　第一范式关系

学号	姓名	系名	大学语文	高等数学	英语

3.2.1 节提到的教学模式 S 中，所有的属性都是不可再分的简单属性，所以关系 S∈1NF。尽管教学关系 S∈1NF，但它仍然会出现插入异常、删除异常、修改复杂及数据冗余等问题，所以关系模式如果仅仅满足第一范式是不够的，只有对关系模式继续进行规范，使之服从更高的范式，才能得到高性能的关系模式。

3.2.5 第二范式

定义 3-11 如果关系模式 R∈1NF，R(U，F)中所有的非主属性都完全函数依赖于任意一个候选码，则关系 R 属于第二范式，简称 2NF，记作 R∈2NF。

从定义可知，2NF 首先是 1NF，满足第二范式的关系模式 R 中，除了主属性之外的其他属性都要完全函数依赖于主码，不允许非主属性对某候选码存在部分函数依赖。

例如，在关系 S 中：

属性集 U＝{学号，姓名，年龄，性别，系别，系主任，课程名，课程类别，成绩}；

函数依赖集 F＝{学号→姓名，学号→年龄，学号→性别，学号→系别，系别→系主任；

课程名→课程类别，(学号，课程名)→成绩}；

候选码＝(学号，课程名)；

非主属性＝(姓名，年龄，性别，系别，系主任，课程类别，成绩)；

非主属性对码的函数依赖＝{(学号，课程名)$\xrightarrow{P}$姓名，

(学号，课程名)$\xrightarrow{P}$年龄，

$$(学号,课程名)\xrightarrow{P}性别,$$

$$(学号,课程名)\xrightarrow{P}系别,$$

$$(学号,课程名)\xrightarrow{P}系主任,$$

$$(学号,课程名)\xrightarrow{P}课程类别$$

$$(学号,课程名)\xrightarrow{F}课程成绩\}。$$

显然,除了课程成绩完全函数依赖候选码(学号,课程名),其余非主属性均部分依赖候选码。关系 S 不服从 2NF,即 S∉2NF。

根据 2NF 的定义,将关系 S 分解为

S1(学号,姓名,年龄,性别,系别,系主任)

S2(课程名,课程类别)

S3(学号,课程名,成绩)

再用 2NF 的标准衡量 S1、S2 和 S3 三个关系,经分析会发现它们都服从 2NF。

3.2.6　第三范式

定义 3-12　如果关系模式 R∈2NF,R(U,F)中所有的非主属性对任何候选码都不存在传递函数依赖,则称 R 属于第三范式(Third Normal Form),简称 3NF,记作 R∈3NF。

从定义可以看出,非主属性必须直接完全函数依赖于主码,中间不能有其他函数,即不能是传递函数依赖。如果存在非主属性对任何候选码存在传递函数依赖,则相应的关系模式就不是 3NF。3NF 是一个可用的关系模式应满足的最低范式,也就是说,一个关系模式如果不服从 3NF,实际上它是不能使用的。

考查关系模式 S1,会发现 S1 中存在:学号→系别,系别→系主任,则学号$\xrightarrow{传递}$系主任。由于候选码学号与非主属性系主任之间存在传递函数依赖,所以 S1∉3NF。如果对关系 S1 按 3NF 的要求进行分解,分解后的关系模式为

学员(学号,姓名,年龄,性别,系别)

系(系名,系主任)

显然分解后的各子模式均属于 3NF。

3.2.7　BCNF 范式

通常认为 BCNF 是修正的第三范式,有时也称它为扩充的第三范式。

定义 3-13　如果关系模式 R∈1NF,且对所有的函数依赖 X→Y(Y 不包含 X),决定因素 X 都包含了 R 的一个候选码,则称 R 属于 BCNF(Boyce-Codd Normal Form),记作 R∈BCNF。

从定义可知,若 R 是第一范式,且每个属性不部分函数依赖于候选码也不传递函数依赖

于候选码，则 R 是 BCNF。一个满足 BCNF 的关系模式有以下特性：

(1) 所有非主属性对每一个候选码都是完全函数依赖。

(2) 所有的主属性对每一个不包含它的候选码都是完全函数依赖。

(3) 没有任何属性完全函数依赖于非码的任何一组属性。

如果一个实体集中的全部关系模式都属于 BCNF，则实体集在函数依赖范畴已实现了彻底的分离，消除了插入和删除异常问题。

有些关系模式属于 3NF，但不属于 BCNF，因为 3NF 只强调非主属性对候选码的完全直接依赖，这样就可能出现主属性对候选码的部分依赖和传递依赖。

例 3-7　关系模式 STJ(学生，教师，课程)中，假设每一名教师只教一门课程，每门课程有若干教师承担，某一学生选定某门课程就确定了一个固定的教师。此关系模式中，有函数依赖：

(学生，课程) → 教师，　(学生，教师) → 课程，　教师 → 课程

函数依赖如图 3-6 所示，显然(学生，教师)和(学生，课程)都是候选码，这两个候选码各由两个属性组成，且是相交的，该关系模式没有任何非主属性对候选码的传递依赖或部分依赖，所以关系 STJ∈3NF。

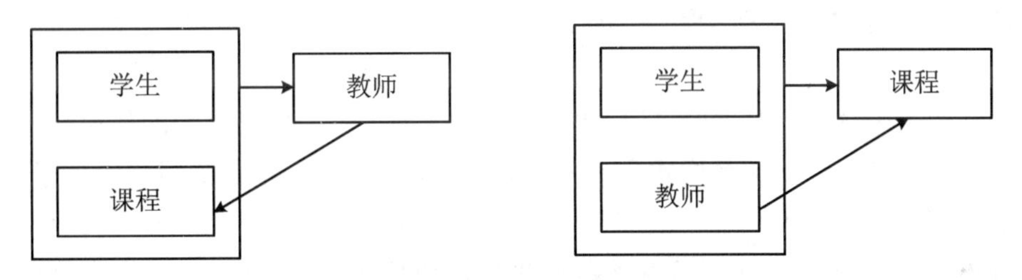

图 3-6　STJ 关系中的函数依赖

但是教师→课程，即教师是决定因素，然而教师只是主属性，它既不是候选码，也不包含候选码，因此 STJ∉BCNF。经分析，会发现 STJ 存在如下问题：

(1) 插入异常。如果某学生刚刚入学尚未选课，会受到主属性不能为空的限制，有关信息无法存入数据库中。同样，如果某位教师开设了某门课程，但尚未有人选修，则有关信息也无法存入数据库中。

(2) 删除异常。如果选修过某门课程的学生全部毕业了，在删除这些学生元组的同时，相应的教师开设的该门课程的信息也同时丢掉了。

(3) 数据冗余度大。虽然一个教师只教一门课程，但每个学生元组都要记录所选修课程对应的教师信息。

(4) 修改复杂。某个教师开设的某门课程改名后，所有选修了该教师该门课程的学生元组都要进行相应的修改。

为解决此问题，可将 STJ 分解为 ST(学生，教师)和 TJ(教师，课程)，它们都是 BCNF。

BCNF 不仅强调其他属性对候选码的完全直接依赖，而且强调主属性对候选码的完全直接依赖，它包括 3NF，即 R 如果属于 BCNF，则 R 一定属于 3NF。

例 3-8　关系模式 SJP(学号，课程，名次)中，每一个学生选修每门课程的成绩有一定的

名次，每门课程中每一名次只有一个学生(即没有并列名次)。对此关系模式，由语义可以得到如下的函数依赖：

(学号，课程) → 名次， (课程，名次) → 学号

SJP 的函数依赖如图 3-7 所示，显然(学号，课程)和(课程，名次)都可以作为候选码，这两个码都由两个属性组成，而且它们是相交的，这个关系模式中显然没有属性对码的传递依赖或部分依赖，所以 SJP∈3NF。另外，除了(学号，课程)和(课程，名次)以外没有其他决定因素，所以 SJP∈BCNF。

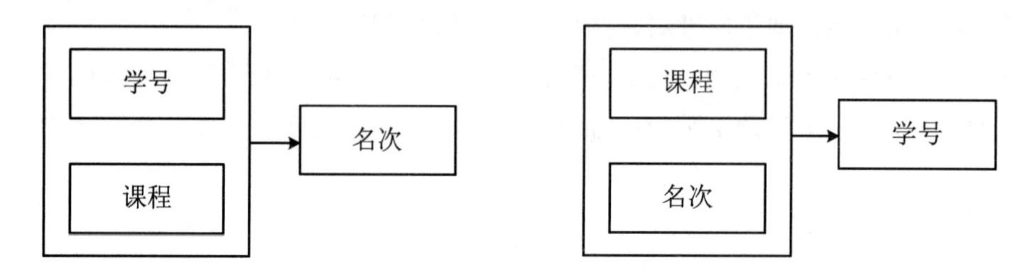

图 3-7 SJP 关系中的函数依赖

3.2.8 多值依赖与第四范式

前面介绍了函数依赖以及与它相关的几个范式，关系模式内属性间的依赖是否只有函数依赖呢？属于 BCNF 的关系模式是一个完美的关系模式吗？下面通过一个例子，回答以上问题。

例 3-9 学校中某一门课程有多个教师讲授，他们使用相同的参考书，每个教师可以讲授多门课程，每种参考书可以供多门课程使用，如表 3-26 所示。

表 3-26 非规范化关系示例

课程 C	教师 T	参考书 B
高等数学	李华明 王天华	微分方程 线性代数
大学物理	吴铁 谢小飞	物理学 大学物理基础 大学物理实验指导
计算数学	李华明 张晓彤 林静	数学分析 微分方程
…	…	…

将表 3-26 转换成一个规范化的二维表 Teaching，如表 3-27 所示，该二维表对应的关系模式为 Teaching(C，T，B)。

表 3-27　规范化的二维表 Teaching

课程 C	教师 T	参考书 B
高等数学	李华明	微分方程
高等数学	李华明	线性代数
高等数学	王天华	微分方程
高等数学	王天华	线性代数
大学物理	吴铁	物理学
大学物理	吴铁	大学物理基础
大学物理	吴铁	大学物理实验指导
大学物理	谢小飞	物理学
大学物理	谢小飞	大学物理基础
大学物理	谢小飞	大学物理实验指导
计算数学	李华明	数学分析
……	……	……

Teaching 关系模式具有唯一的候选码(C,T,B),即全码,根据 BCNF 的定义可知,Teaching∈BCNF。但通过对 Teaching 表的分析发现,该关系模式存在如下问题:

(1) 数据冗余大。每一门课程的参考书是固定的,但在 Teaching 关系中,有多少名任课教师,参考书就要存储多少次,造成大量的冗余数据。

(2) 插入操作复杂。当某一课程增加一名任课教师时,该课程有多少本参考书,就必须插入多少个元组。例如,高等数学增加一名教师王强,需要插入两个元组:

(高等数学,王强,微分方程),　(高等数学,王强,线性代数)

(3) 删除操作复杂。某一门课程要去掉一本参考书,该课程有多少名教师,就必须删除多少个元组。

(4) 修改操作复杂。某一门课程要修改一本参考书,该课程有多少名教师,就必须修改多少个元组。

属于 BCNF 的关系模式 Teaching 之所以存在以上问题,是因为参考书的取值和教师的取值是彼此独立的,它们都只取决于课程名,也就是说,关系描述 Teaching 中存在一种称之为多值依赖的数据依赖。

1. 多值依赖

定义 3-14　设 R(U)是一个属性集 U 上的一个关系模式,X,Y 和 Z 是 U 的子集,并且 $Z=U-X-Y$,多值依赖 $X\rightarrow\rightarrow Y$ 成立,当且仅当对 R 的任一关系 r,给定一对(x,z)值,有一组 Y 的值,这组值仅仅决定于 x 值而与 z 值无关。

从定义可知,多值依赖就是一个表中多对多的关系,如果可以分成两列,这两列多对多,就是平凡的多值依赖,如果是分成三列,固定某一列的值,其他两列多对多,这就是非平凡的多值依赖,第四范式要消除的就是非平凡的多值依赖。

例如,在关系模式 Teaching 中,对于一个(高等数学,微分方程)有一组 T 值{李华明,王天华},这组值仅仅决定于课程 C 上的值(高等数学)。也就是说对于另一个(高等数学,线性代数),它对应的 T 值仍然是{李华明,王天华},尽管这时参考书 B 的值已经改变了。因此,T 值多值依赖于 C,即 $C \rightarrow\rightarrow T$。

若存在多值依赖 $X \rightarrow\rightarrow Y$,而 $Z = U - X - Y = \Phi$,即 Z 为空,则称 $X \rightarrow\rightarrow Y$ 为平凡的多值依赖,即对于 R(X,Y),如果有 $X \rightarrow\rightarrow Y$ 成立,则 $X \rightarrow\rightarrow Y$ 为平凡的多值依赖,否则称为非平凡的多值依赖。

多值依赖具有以下性质:

(1) 多值依赖具有对称性,即若有 $X \rightarrow\rightarrow Y$,则必有 $X \rightarrow\rightarrow Z$,其中 $Z = U - X - Y$。

从例 3-9 容易看出,对于某一门课程而言,每个教师可以使用所有的参考书,每本参考书可以被所有的教师使用,显然若有 $C \rightarrow\rightarrow T$,必然有 $C \rightarrow\rightarrow B$。

(2) 多值依赖具有传递性,即若有 $X \rightarrow\rightarrow Y$,$Y \rightarrow\rightarrow Z$,则必有 $X \rightarrow\rightarrow Z - Y$。

(3) 函数依赖可以看作是多值依赖的特例,即若有 $X \rightarrow Y$,则必有 $X \rightarrow\rightarrow Y$。这是因为当 $X \rightarrow Y$ 时,对于 X 的每一个值 x,Y 有一个确定的值 y 与之对应,所以 $X \rightarrow\rightarrow Y$。

(4) 若 $X \rightarrow\rightarrow Y$,$X \rightarrow\rightarrow Z$,则 $X \rightarrow\rightarrow Y \cup Z$。

(5) 若 $X \rightarrow\rightarrow Y$,$X \rightarrow\rightarrow Z$,则 $X \rightarrow\rightarrow Y \cap Z$。

(6) 若 $X \rightarrow\rightarrow Y$,$X \rightarrow\rightarrow Z$,则 $X \rightarrow\rightarrow Y - Z$,$X \rightarrow\rightarrow Z - Y$。

多值依赖与函数依赖有下面两个基本的区别:

(1) 多值依赖的有效性与属性集的范围有关。若 $X \rightarrow\rightarrow Y$ 在 U 上成立,则在 W(X、Y$\subseteq W \subseteq U$)上一定成立;反之则不然,即 $X \rightarrow\rightarrow Y$ 在 W($W \subset U$)上成立,在 U 上不一定成立。这是因为多值依赖的定义中不仅涉及属性组 X 和 Y,也涉及 U 中其余属性 Z。

但在关系模式 R(U)中,函数依赖 $X \rightarrow Y$ 的有效性仅决定于 X、Y 这两个属性集的值。只要在 R(U)的任何一个关系 r 中,元组在 X 和 Y 上的值满足定义 3-5,则函数依赖 $X \rightarrow Y$ 在任何属性集 W(X、Y$\subseteq W \subseteq U$)上都成立。

(2) 若函数依赖 $X \rightarrow Y$ 在 R(U)上成立,则对于任何 $Y' \subset Y$,均有 $X \rightarrow Y'$ 成立;而多值依赖 $X \rightarrow\rightarrow Y$ 在 R(U)上成立,却不能断言对于任何 $Y' \subset Y$,均有 $X \rightarrow\rightarrow Y'$ 成立。

2. 第四范式

定义 3-15 关系模式 R(U,F)$\in$1NF,如果对于 R 的每个非平凡多值依赖 $X \rightarrow\rightarrow Y$($Y \not\subset X$),X 都含有候选码,则 R$\in$4NF。

4NF 就是限制关系模式的属性之间不允许有非平凡且非函数依赖的多值依赖。因为根据定义,对于每一个非平凡的多值依赖 $X \rightarrow\rightarrow Y$,X 都有候选码,于是就有 $X \rightarrow Y$,所以 4NF 所允许的非平凡的多值依赖实际上就是函数依赖。

显然如果 R$\in$4NF,则 R$\in$BCNF。

例 3-9 中的 Teaching 关系具有多值依赖 $C \rightarrow\rightarrow T$ 和 $C \rightarrow\rightarrow B$,它们都是非平凡的多值依赖,而且 C 不是码,因此 Teaching$\notin$4NF。这正是它数据冗余度大,插入、删除等操作复杂的

原因。可以采用模式分解的方法将 Teaching(C,T,B)分解成 CT(C,T)和 CB(C,B)两个关系模式以减小数据冗余。CT 中虽然有 C→→T,但这是平凡多值依赖,即 CT 中存在非平凡的非函数依赖的多值依赖,所以 CT∈4NF。同理 CB∈4NF。

函数依赖和多值依赖是两种最重要的数据依赖,如果只考虑函数依赖,则属于 BCNF 的关系模式规范化的程度已经是最高的了,如果考虑多值依赖,则属于 4NF 的关系模式的规范化程度是最高的。

3.2.9　规范化小结

在关系数据库中,对关系模式的最基本要求就是要满足第一范式,这样的关系模式才是合法的、允许的。但是,人们发现有些关系模式存在插入、删除异常,以及修改复杂、数据冗余等问题,需要寻求解决这些问题的方法,这就是规范化的目的。

规范化的基本思想是逐步消除数据依赖中不合适的部分,使模式中的各关系模式达到某种程度的"分离",即"一事一地"的模式设计原则。让一个关系描述一个概念、一个实体或者实体间的一种联系,若多于一个概念就把它"分离"出去,因此所谓规范化实质上是概念的单一化。人们认识这个原则是经历了一个过程的,从认识非主属性的部分函数依赖的危害开始,2NF、3NF、BCNF 的相继提出是这个认识过程逐步深化的标志。

对于一个已经满足 1NF 的关系模式,当消除了非主属性对候选码的部分函数依赖后,它就属于 2NF 了;当消除了非主属性对候选码的传递函数依赖,它就属于 3NF 了;当消除了主属性对候选码的部分和传递函数依赖,它就属于 BCNF。关系模式规范化的基本步骤如图 3-8 所示。

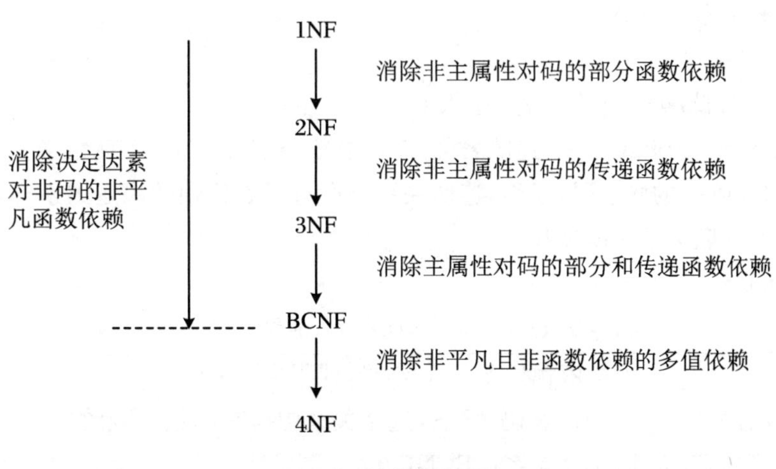

图 3-8　规范化的过程

需要强调的是,规范化理论为数据库设计提供了理论的指南和工具,但仅仅是指南和工具,并不是规范化程度越高模式就越好,必须结合应用环境和现实世界的具体情况合理地选择数据库模式。

3.2.10 任务实践——规范化“军校基层连队管理系统”的关系模式

根据E-R图到关系模型的转换原则，在第2章给出了军校基层连队管理系统的学员、课程、连队、选修、奖励和处分6个关系模型，那么这些关系模型的定义是否合理？有没有潜在的问题？是否需要进行规范化处理？为回答以上问题，建立规范化的关系模式，下面就利用本节所学知识对军校基层连队管理系统的6个关系模型进行分析。

基于对军校基层连队管理系统的语义分析，首先写出每个关系模型内部各属性间的数据依赖。

(1) 学员关系。对于学员实体来说，学号是主码，唯一标识一个学员，也就是说学员的其他属性都函数依赖于学号。

属性集 U = {学号，姓名，性别，出生日期，籍贯，连队}

函数依赖集 F = {学号 → 姓名，学号 → 性别，学号 → 出生日期，学员 → 籍贯，学号 → 连队}

其中学号是唯一的候选码，显然，学员关系中所有函数依赖的决定因素都是候选码“学号”，因此，学员关系∈BCNF。

(2) 课程关系。

属性集 U = {课程号，课程名，课程性质，学时，学分}

函数依赖集 F = {课程号 → 课程名，课程号 → 课程性质，
课程号 → 学时，课程号 → 学分}

其中课程号是唯一的候选码，显然，课程关系中所有函数依赖的决定因素都是候选码“课程号”，因此，课程关系∈BCNF。

(3) 连队关系。

属性集 U = {连队编号，连队名称，连队主官，办公电话}

函数依赖集 F = {连队编号 → 连队名称，连队编号 → 连队主官，连队编号 → 办公电话}

其中连队编号是唯一的候选码，显然，连队关系中所有函数依赖的决定因素都是候选码“连队编号”，因此，连队关系∈BCNF。

(4) 选修关系。

属性集 U = {学号，课程号，成绩}

函数依赖集 F = {(学号，课程号) → 成绩}

其中(学号，课程号)是唯一的候选码，显然，选修关系中所有函数依赖的决定因素都是候选码“(学号，课程号)”，因此，选修关系∈BCNF。

(5) 奖励和处分关系。奖励和处分关系的主码均是全码，根据BCNF的定义可以推断，这两个关系模式均属于BCNF。

通过以上分析可知，在2.4.2节定义的6个关系模式均属于BCNF，已经达到了关系模式的规范化要求。

3.3 关系数据库的完整性

为了维护数据库中数据与现实世界的一致性，对关系数据库的插入、删除和修改操作必须规定一定的约束条件，这些条件称为数据完整性约束，据之 DBMS 可以帮助用户阻止非法数据的输入，保证数据库中数据的一致性和正确性。完整性约束也就是要求存入数据库的数据应满足某种条件。关系模型中包含的完整性约束有实体完整性、参照完整性和用户自定义完整性三种。

3.3.1 实体完整性

实体完整性是对关系中的记录唯一性，也就是主码的约束。准确地说，实体完整性是指关系中的主码（一个或一组属性）值不能为空值（NULL），且不能有相同值。其中空值的含义是“不知道”“不存在”或“无意义”的值。

实体完整性规则很容易理解，因为主码能唯一标识关系中的元组，若主属性为空值，便失去唯一标识元组的功能。

例如关系模式学员信息表（学号，姓名，性别，出生日期，民族，专业），其中学号是主码，也是主属性。根据实体完整性约束规则，学号不能取空值，不同元组的“学号”属性取值唯一。在学生选课关系模式（学号，课程编号，成绩）中，属性组（学号，课程编号）为主码，“学号”和“课程编号”是主属性，所以这两个属性均不能取空值，且不同元组的（学号，课程编号）的取值不能重复。

对于实体完整性规则说明如下：

（1）实体完整性规则是针对基本关系而言的。一个基本表通常对应现实世界中的一个实体集，如学员关系对应于学员实体的集合。

（2）现实世界中的实体是可以区分的，即它们具有某种唯一性标识，如每一个学员都是独立的个体，是互不相同的。

（3）相应地，关系模型中以主码作为唯一性标识。

（4）主属性不能取空值。如果主属性取空值，就说明存在某个不可标识的实体，这与第（2）点是矛盾的。

3.3.2 参照完整性

现实世界中的实体之间往往具有某种联系，在关系模型中实体与实体之间的联系都是用关系来描述的，这样就自然存在着关系与关系之间的引用。

例 3-10　课程实体和单位实体可以用下面的关系来表示：

课程（课程编号，课程名称，课程类别，学分，授课教员，责任单位）

单位（单位编号，单位名称，人员数量，所属部系，单位主官）

这两个关系之间存在着属性的引用，即课程关系“责任单位”属性引用单位关系的主码“单位编号”。显然，课程关系中的“责任单位”的取值必须是确实存在的单位编号，即单位关系中有该责任单位的记录。也就是说课程关系中“责任单位”属性的取值需要参照单位关系中“单位编号”的取值。

例 3-11 学员、课程、学生与课程之间的多对多联系可以用下面的关系来表示：

学员（学号，姓名，性别，年龄，单位，专业）

课程（课程号，课程名称，学分）

选修（学号，课程号，成绩）

这 3 个关系之间也存在着属性的引用，即选修关系“学号”和“课程号”分别引用了学生关系的主码“学号”和课程关系中的主码“课程号”。选修关系中的“学号”值必须是确实存在的学生的学号，即学员关系中必须有该学员的记录；同样，选修关系中的“课程号”取值也必须是确实存在的课程的编号，即课程关系中必须有该课程的记录。

例 3-12 在学员（学号，姓名，性别，年龄，单位，专业，班长）关系中，“学号”属性是主码，“班长”属性表示该学生所在班级的班长学号，它引用了本关系的“学号”属性，即“班长”必须是确定存在的学生的学号。

以上 3 个例子说明关系与关系之间存在着相互引用、相互约束的情况，下面给出外码的概念，然后给出表达关系之间相互引用约束的参照完整性的定义。

外码（Foreign Key）也称为外关键字。一个关系的外码不是本关系的主码，但它一定是某个关系的主码。外码值来源于主码值，但外码值可以为空（NULL）。外码是一个来自两个关系的公共码，通过使用主码和外码来建立表与表之间的联系。

定义 3-16 设 F 是基本关系 R 的一个或者一组属性，但不是关系 R 的主码，Ks 是基本关系 S 的主码。如果 F 与基本关系 S 的主码 Ks 相对应，则称 F 是基本关系 R 的外码。称关系 R 为参照关系，称基本关系 S 为被参照关系，关系 R 和 S 可能是同一个关系，F 和 Ks 的属性名称可以不同。

例 3-10 中，课程关系的“责任单位”属性与单位关系的主码“单位编号”相对应，因此“责任单位”属性是课程关系的外码。这里课程关系为参照关系，单位关系是被参照关系。如图 3-9（a）所示。

在例 3-11 中，选修关系的“学号”属性、“课程号”属性分别与学员关系的主码“学号”、课程关系的主码“课程号”相对应，因此“学号”和“课程号”均为选修关系的外码。选修关系为参照关系，学员关系和课程关系为被参照关系。如图 3-9（b）所示。

在例 3-12 中，“班长”属性与本身的主码“学号”属性相对应，因此“班长”是外码。这里，学员关系既是参照关系也是被参照关系，需要指出的是，本例中的外码和主码并不同名。如图 3-9（c）所示。

参照完整性规则就是定义外码与主码之间的引用规则，因此它也被称为引用完整性。

在例 3-10 的课程关系中，某一个课程的责任单位要么取 NULL，表示该课程未被分配

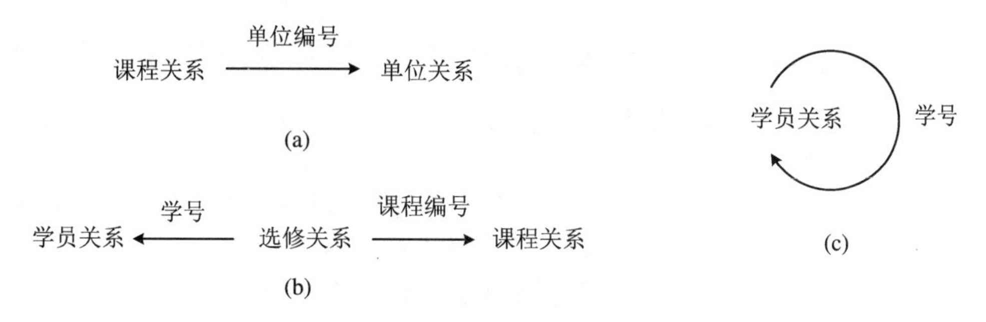

图 3-9　关系参照图

到指定单位；要么等于单位关系中的某个“单位编号”，表示该课程由指定的单位负责授课。若既不为空值，又不等于单位关系中某个元组的“单位编号”的值，表示该课程被分配到一个不存在的单位，则违背了参照完整性规则。所以，参照完整性规则就是定义外码与主码之间的引用规则，也是关系模式之间关联的规则。

参照完整性规则　若属性 F 是基本关系 R 的外码，它与基本关系 S 的主码 Ks 相对应，则对于 R 中每个元组在 F 上的值：

(1) 或者取空值(F 的每一个属性值均为空值)；

(2) 或者等于 S 中某个元组的主码值。

在对数据表中的数据进行操作时，必须遵守其参照完整性规则。

对外码所在的关系表执行插入操作时，要保证外码值一定要在基本关系的主码值中存在。例如向选课关系中插入数据时，要保证插入的学号和课程号一定要分别在学员关系和课程关系中存在。

更新外码时，要保证更新后的外码值在被参照关系中存在。例如，更新课程表时，如果更新后的责任单位值不是单位关系中的单位编号，就破坏了数据的参照完整性。更新被参照关系的主码时一定要注意参照关系的外码是否引用了该值，如果引用了，则禁止进行更新或者级联更新与该主码值完全相同的所有外码值。

删除主码上的数据行时，一定要注意删除的数据行的主码值在外码值中是否存在，如果存在，则禁止删除或者级联删除与该主码值完全相同的外码值。

3.3.3　用户自定义完整性

任何关系数据库系统都应该支持实体完整性和参照完整性。除此之外，不同的关系数据库系统根据其应用环境的不同，往往还需要一些特殊的约束条件，用户自定义的完整性就是针对某一具体关系数据库的约束条件，它反映某一具体应用所涉及的数据必须满足的语义要求。例如某个属性必须取唯一值，某个非主属性不能取空值等。例如学生关系中性别只能取“男”或者“女”，选修关系中的“成绩”取值范围为 0～100 或取{优秀，良好，中等，及格，不及格}。

3.3.4 任务实践——定义“军校基层连队管理系统”关系模式的数据完整性

为保证“军校基层连队管理系统”中各个关系模式的完整性，分别从实体完整性、参照完整性和用户自定义完整性三个方面进行了规定，具体如表 3-28 所示。

学员(学号，姓名，性别，出生日期，籍贯，连队)
课程(课程号，课程名，课程性质，学时，学分)
选修(学号，课程号，成绩)
连队(连队编号，连队名称，连队主官，办公电话)
奖励(学号，授奖单位，奖励类型，奖励时间)
处分(学号，批准单位，处分类型，处分时间)

表 3-28 “军校基层连队管理系统”的数据完整性定义

关系名	数据完整性
学员	实体完整性：学号为主码
	参照完整性：连队为外码，其值参照连队关系的连队编号
	用户自定义完整性： 学号：字符型，长度为 8，不允许为空，值唯一，为 8 位数字字符，且不等于 00000000。 姓名：字符型，长度为 20，不允许为空。 性别：字符型，长度为 2，不允许为空，其值只允许取“男”或“女”，默认值为“男”。 出生日期：日期型，格式为“年-月-日”。 籍贯：字符型，长度为 50。 连队：字符型，长度为 3
连队	实体完整性：连队编号为主码
	参照完整性：无外码
	用户自定义完整性： 连队编号：字符型，长度为 3，不允许为空。 连队名称：字符型，长度为 20，不允许为空。 连队主官：字符型，长度为 10，不允许为空，值唯一。 办公电话：字符型，长度为 5
课程	实体完整性：课程编号为主码
	参照完整性：无外码
	用户自定义完整性： 课程编号：字符型，长度为 3，不允许为空，值为 3 位数字字符。 课程名称：字符型，长度为 30，不允许为空，值唯一。 课程性质：字符型，长度为 8，不允许为空。 学时：数值型，不允许为空。 学分：数值型，不允许为空，取值为{1,1.5,2,2.5,3,3.5,4,4.5,5}

续表

关系名	数据完整性
选修	实体完整性:(学号,课程编号)为主码
	参照完整性: 学号:外码,其值参照学员关系的学号。 课程编号:外码,其值参照课程关系的课程编号
	用户自定义完整性: 学号:字符型,长度为8,不允许为空。 课程编号:字符型,长度为3,不允许为空。 成绩:整型,取值范围为0～100
奖励	实体完整性:(学号,授奖单位,奖励类型,奖励时间)为主码
	参照完整性:学号为外码,其值参照学员关系的学号
	用户自定义完整性: 学号:字符型,长度为8,不允许为空。 授奖单位:字符型,长度为20,不允许为空。 奖励类型:字符型,长度为50,不允许为空。 奖励时间:日期型,格式为“年-月-日”,不允许为空
处分	实体完整性:(学号,批准单位,处分类型,处分时间)为主码
	参照完整性:学号为外码,其值参照学员关系的学号
	用户定义完整性: 学号:字符型,长度为8,不允许为空。 批准单位:字符型,长度为20,不允许为空。 处分类型:字符型,长度为50,不允许为空。 处分时间:日期型,格式为“年-月-日”,不允许为空

本 章 小 结

关系数据库系统是本书的重点,这是因为关系数据库系统是目前使用最广泛的数据库系统。本章首先给出了关系数据库的重要概念,包括关系数据模型的基本概念、关系操作和关系代数。

针对关系模型可能存在的数据冗余、更新异常等问题,本章介绍了数据库逻辑设计的一个有力工具——关系数据库的规范化理论。通过分析关系模式间的函数依赖,判断关系模式属于第几范式,并通过模式分解的方法对关系模式进行规范化,从而消除一个“不好”的关系模式存在的问题。

数据完整性是为了保证数据库中存储的数据是正确的,即符合现实世界语义,而规定的一系列约束条件。本章最后讲解了关系数据库管理系统的完整性规则,包括实体完整性、参照完整性和用户自定义完整性。

思考与练习

1. 解释下列术语，并说明它们之间的联系与区别：

(1) 域，笛卡儿积，关系，元组，属性。

(2) 主码，候选码，外码。

(3) 关系模式，关系，关系数据库。

2. 某大学的每一个学生都有一个唯一的学号，在图书馆图书借阅系统中每一个在校生的图书证号也是唯一的，一本图书可以供多名学生借阅，一个学生可以借阅多本图书，请分析学生基本关系(表3-29)和图书借阅关系(表3-30)的候选码和主属性。

表3-29 学生基本信息表

学号	姓名	性别	年龄	图书证号	所在系
S2019001	张志强	男	20	B20190101	计算机
S2018017	李明杰	男	21	B20180301	计算机
S2019160	赵晓梅	女	19	B20190030	管理工程
S2018345	李明杰	男	21	B20190122	管理工程

表3-30 图书借阅信息表

图书证号	图书编号	图书名称	借阅时间
R20180301	B20151102	机器学习实战	2019-01-01
R20180301	B20091234	线性代数	2019-01-01
R20190101	B20151102	机器学习实战	2019-11-10
R20190101	B20160010	线性代数	2020-01-09
R20190101	B20151102	机器学习实战	2020-01-09

3. 设有如图3-10所示的关系S、C、SC，试用关系代数表达式表示下列查询语句：

(1) 检索“程军”老师所授课程的课程号(C#)和课程名(CNAME)。

(2) 检索单科成绩90分及以上的学生。

(3) 检索年龄大于21岁的男学生学号(S#)和姓名(SNAME)。

(4) 检索“刘丽”选修课程的课程名称(CNAME)和成绩(GRADE)。

(5) 检索“刘丽”的任课教师姓名(TEACHER)。

(6) 检索选修“数据库原理”课程的学生信息。

(7) 检索至少选修“程军”老师所授全部课程的学生姓名。

(8) 检索“李强”同学没有选修的课程编号(C#)。

S

S#	SNAME	AGE	SEX
1	李强	23	男
2	刘丽	22	女
3	张友	22	男

C

C#	CNAME	TEACHER
k1	C语言	王华
k5	数据库原理	程军
k8	编译原理	程军

SC

S#	C#	GRADE
1	k1	83
2	k1	85
3	k1	92
2	k5	90
3	k5	84
3	k8	80
1	K8	83

图 3-10

4. 理解并给出下列术语的定义：主码、候选码、外码、函数依赖、部分函数依赖、完全函数依赖、传递依赖、1NF、2NF、3NF、BCNF。

5. 有一个配件管理表 WPE(WNO,PNO,ENO,QNT)，其中 WNO 表示仓库号，PNO 表示配件号，ENO 表示职工号，QNT 表示数量。有以下约束要求：

(1) 一个仓库有多名职工。

(2) 一个职工仅在一个仓库工作。

(3) 每个仓库里一种型号的配件由专人负责，但一个人可以管理几种配件。

(4) 同一种型号的配件可以分放在几个仓库中。

请根据语义写出 WPE 的函数依赖集，并通过函数依赖分析该关系的候选码。

6. 建立一个关于学员、学员队、俱乐部等信息的关系模式如下：

SC(学号，姓名，出生年月，班级，年级，俱乐部，俱乐部负责人)

有关语义描述如下：一个班级所有学员均为同一年级，每名学员可以参加多个俱乐部，每个俱乐部有多名学员，俱乐部有一个负责人。解答以下问题：

(1) 给出 SC 的候选码。

(2) 写出 SC 的基本函数依赖集。

(3) 判断 SC 属于第几范式，并说明理由。

(4) 将 SC 分解为满足 3NF 的关系模式集合。

7. 如表 3-31 所示的关系 R1 属于第几范式？是否存在插入、删除和更新异常？若存在，则将其分解为高一级范式。分解后的关系模式是否可以避免在操作中出现以上三种异常？

表 3-31　关系 R1

工程号	材料号	数量	开工日期	完工日期	价格
P1	I1	4	201405	201505	260
P1	I2	6	201405	201505	300
P1	I3	15	201405	201505	180
P2	I1	6	201503	201508	260
P2	I4	18	201503	201508	350

8. 设有关系 R2 如表 3-32 所示，分析 R2 属性之间的函数依赖关系，并回答 R2 属于第几范式。

表 3-32　关系 R2

课程	教员	教员地址
C1	马东	D1
C2	李玉刚	D1
C3	刘杰	D2
C4	李玉刚	D2

9. 已知有关系模式 R(A,B,C,D)，有函数依赖集{(A,B)→C,C→D,D→A}，问关系模式 R 最高支持第几范式？

第4章　数据库设计

学习目标

【知识目标】

★ 理解数据库系统的开发过程,以及每个阶段的任务和目标。

★ 掌握将现实世界的事物和特性抽象为信息世界的实体与属性的过程。

★ 掌握数据库的设计步骤。

【技能目标】

★ 了解数据库设计的6个步骤,会编写需求分析说明书。

★ 掌握用E-R图描述实体、属性以及实体间联系的方法。

★ 能根据概念设计的结果进行逻辑设计和物理设计,给出相应的基本表和视图的定义。

任务陈述

数据库系统一般都是一个相对复杂的系统,这样的系统显然不能是直接动手设计,必须事先做好一定的规划才能开始着手。数据库应用设计过程分为哪些阶段?各阶段的任务分别是什么?如何进行?这些问题可以在本章的学习中获得解答。

数据库应用系统的设计与开发是数据库技术的主要研究领域之一,而数据库设计则是数据库应用系统设计与开发的核心问题。本章首先介绍数据库设计的特点、步骤和方法,然后介绍数据库实施方面的内容。

我们知道,数据库是长期存储在计算机内的有组织的、可共享的数据集合,它已成为现代信息系统等计算机应用系统的核心和基础。数据库应用系统把一个企业或部门中大量的数据按DBMS所支持的数据模型组织起来,为用户提供数据存储、维护、检索的功能,能帮助用户方便、及时、准确地从数据库中获得所需的数据和信息。而数据库设计的好坏则直接影响着整个数据库系统的效率和质量。

由于数据库系统的复杂性以及它与环境联系的密切性,使得数据库设计成为一个困难、复杂和费时的过程。大型数据库的设计和实施涉及多学科的综合与交叉，是一项开发周期长、耗资巨大、风险较高的工程。此外，数据库设计的好坏还直接影响整个数据库系统的效率和质量。因此，一个从事数据库设计的专业人员应该具备以下几个方面的技术和知识：

（1）数据库的基本知识和数据库设计技术。

（2）计算机科学的基础知识和程序设计的方法与技巧。

（3）软件工程的原理和方法。

（4）计算机应用领域的知识。

4.1 数据库设计概述

在数据库领域内，通常把使用数据库的各类信息系统都称为数据库应用系统。例如，以数据库为基础的各种管理信息系统、办公自动化系统、地理信息系统、电子政务系统、电子商务系统等。

数据库设计，广义地讲，是数据库及其应用系统的设计，即设计整个数据库应用系统；狭义地讲，是数据库本身，即设计数据库的各级模式并建立数据库，这是数据库应用系统设计的一部分。当然，设计一个好的数据库与设计一个好的数据库应用系统是密不可分的，一个好的数据库结构是应用系统的基础，特别在实际的系统开发项目中两者更是密切相关、并行进行的。

下面给出数据库设计的一般定义。

数据库设计是指对于一个给定的应用环境，构造（设计）优化的数据库逻辑模式和物理结构，并据此建立数据库及其应用系统，使之能够有效地存储和管理数据，满足各种用户的应用需求，包括信息管理要求和数据操作要求。

信息管理要求是指在数据库中应该存储和管理哪些数据对象；数据操作要求是指对数据对象需要进行哪些操作，如查询、增、删、改、统计等操作。

数据库设计的目标是为用户和各种应用系统提供一个信息基础设施和高效的运行环境。高效的运行环境是指数据库数据的存取效率、数据库存储空间利用率、数据库系统运行管理的效率等都是高效的。

4.1.1 数据库设计的内容

数据库设计的内容包括数据库的结构设计和数据库的行为设计两个方面。数据库的结构设计是指根据给定的应用环境，进行数据库的模式设计或子模式的设计。它包括数据库的概念结构设计、逻辑结构设计和物理结构设计，即设计数据库框架或数据库结构。数据库结构是静态的、稳定的，一经形成通常情况下是不容易也不需要改变的，所以结构设计又称为静态模式设计。数据库的行为设计是指对数据库用户的行为和动作的设计。在数据库系统中，用户的行为和动作指用户对数据库的操作，这些要通过应用程序来实现。所以数据库的行为设计就是操作数据库的应用程序的设计，即设计应用程序、事务处理等。行为设计是动态的，所以又称为动态模式设计。

4.1.2 数据库设计的方法

数据库设计是一项工程，需要科学理论和工程方法作为指导，否则工程的质量很难保证。为了使数据库设计更合理、更有效，人们通过努力探索，提出了各种各样的数据库设计方法。在很长一段时间内数据库设计主要采用直观设计法，直观设计法也称手工试凑法，它是最早使用的数据库设计方法。这种方法与设计人员的经验和水平有直接的关系，缺乏科学理论和工程原则的支持，设计的质量很难保证，常常是数据库运行了一段时间以后又发现了各种问题，这样再进行重新修改，增加了维护的代价，因此不适应信息管理发展的需要。后来又提出了各种数据库设计方法，这些方法运用了软件工程的思想和方法，提出了数据库设计的规范，这些方法都属于规范设计方法。其中比较著名的有新奥尔良法，它是目前公认的比较完整和权威的一种规范设计方法。它将数据库设计细分为4个阶段：需求分析（分析用户的需求）、概念设计（信息分析和定义）、逻辑设计（设计的实现）和物理设计（物理数据库设计）。其后S. B. Yao等又将数据库设计细分为6个步骤：系统需求分析阶段、概念结构设计阶段、逻辑结构设计阶段、物理结构设计阶段、数据库实施阶段、数据库运行和维护阶段，如图4-1所示。

目前大多数设计方法都起源于新奥尔良法，并在设计的各个阶段采用一些辅助方法来具体实现。下面简单介绍几种比较有影响的设计方法。

1. 基于E-R模型的数据库设计方法

基于E-R模型的数据库设计方法的基本思想是在需求分析的基础上，用E-R图构造一个反映现实世界实体与实体之间联系的企业模式，然后再将此企业模式转换成基于某一特定的DBMS的概念模式。

这一方法的基本步骤是：(1) 确定实体类型；(2) 确定实体联系；(3) 画出E-R图；(4) 确定属性；(5) 将E-R图转换成某个DBMS可接受的逻辑数据模型；(6) 设计记录格式。

2. 基于3NF的数据库设计方法

基于3NF的数据库设计方法的基本思想是在需求分析的基础上确定数据库模式中的全部属性与属性之间的依赖关系，将它们组织在一个单一的关系模式中，然后再将其投影分解，消除其中不符合3NF的约束条件，把其规范成若干个3NF关系模式的集合。

3. 计算机辅助数据库设计方法

计算机辅助数据库设计是数据库设计趋向自动化的一个重要方面。其设计的基本思想不是要把人从数据库设计中赶走，而是提供一个交互式过程。一方面充分地利用计算机的速度快、容量大和自动化程度高的特点,完成比较规则、重复性大的设计工作;另一方面又充分发挥设计者的技术和经验,做出一些重大的决策,人机结合,互相渗透,帮助设计者更好地进行数据库设计。常见的辅助设计工具有 ORACLE Designer、Sybase PowerDesigner、Microsoft Office Visio。

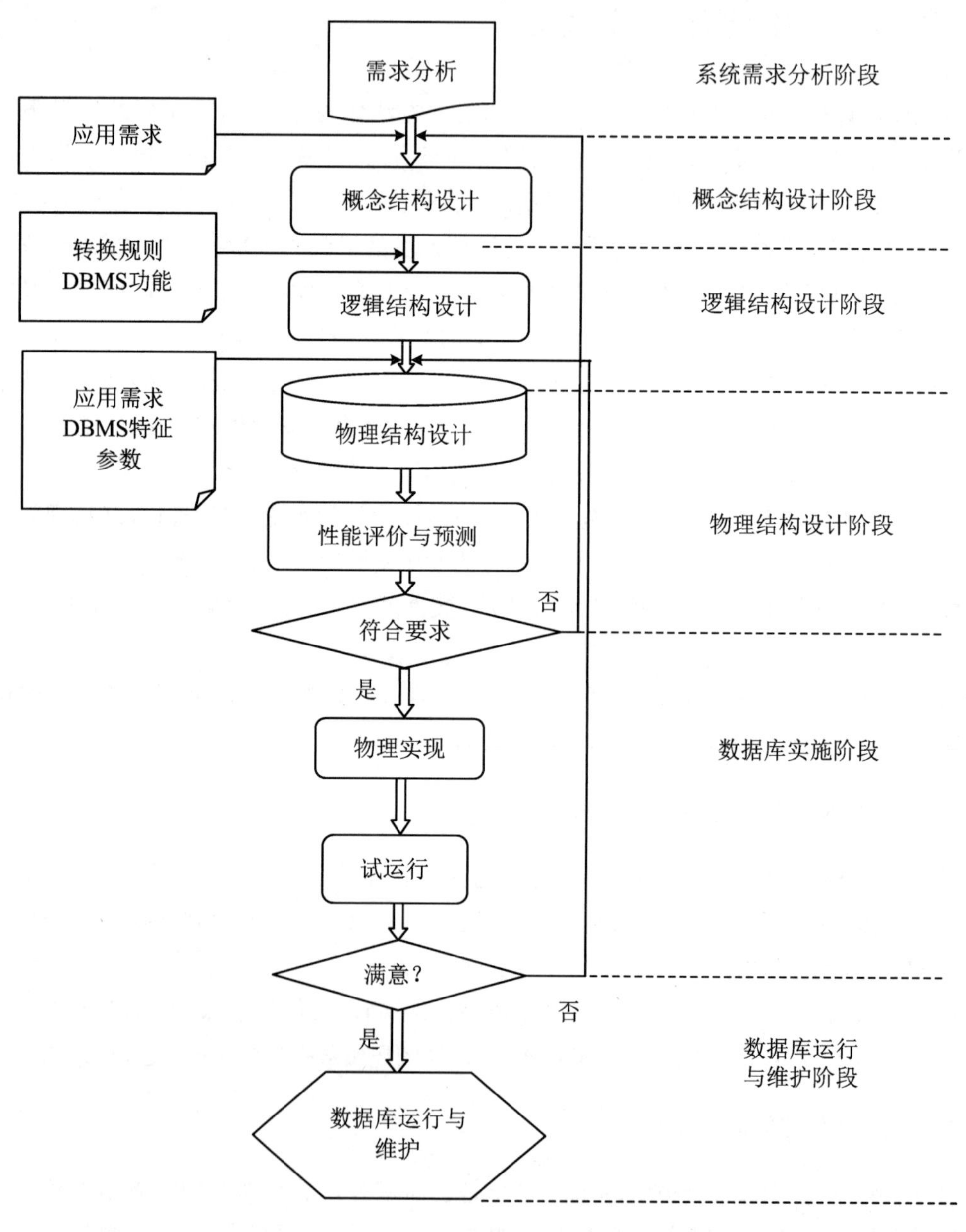

图 4-1 数据库设计方法

计算机辅助数据库设计主要分为需求分析、概念结构设计、逻辑结构设计、物理结构设计几个步骤。设计中,哪些可在计算机辅助下进行,能否实现全自动化设计,这些都是计算机辅助数据库设计需要研究的课题。

除了上面介绍的几种方法以外,还有基于视图的数据库设计方法。基于视图的数据库设计方法从分析各个应用的数据着手，其基本思想是为每个应用建立自己的视图，然后再把这些视图汇总起来合并成整个数据库的概念模式。这里不做详细介绍。

4.1.3　数据库设计的步骤

按照规范化的设计方法，以及数据库应用系统的开发过程，数据库的设计过程可分为以下6个步骤：需求分析、概念结构设计、逻辑结构设计、物理结构设计、数据库实施、数据库运行和维护，如图4-2所示。

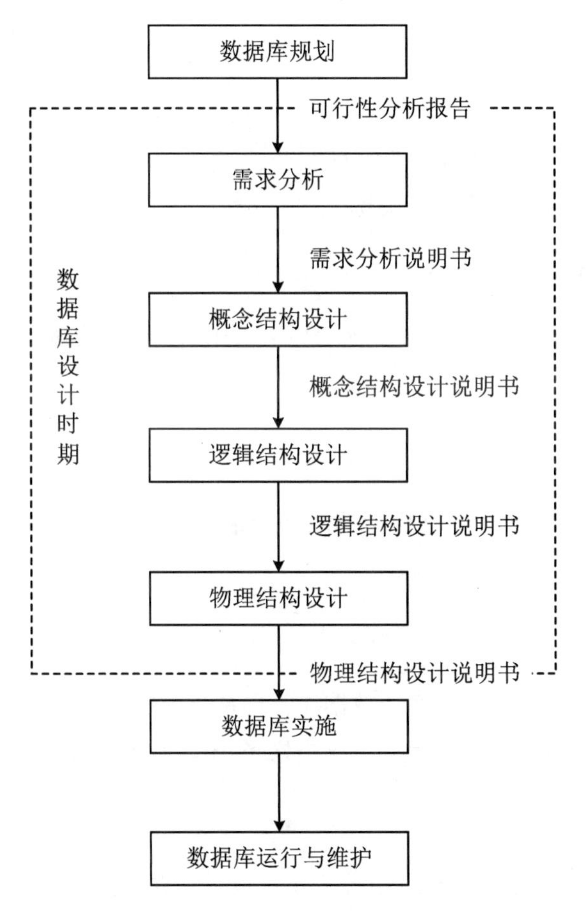

图4-2　数据库设计的步骤

数据库设计中，前两个阶段是面向用户的应用要求、面向具体的问题，中间两个阶段是面向数据库管理系统，最后两个阶段是面向具体的实现方法。前4个阶段可统称为“分析和设计阶段”，后面两个阶段统称为“实现和运行阶段”。

开始数据库设计之前，首先必须选择参加设计的人员，包括系统分析人员、数据库设计人员、程序员、用户以及数据库管理员。系统分析人员和数据库设计人员是数据库设计的核心人员，他们将自始至终参加数据库的设计，他们的水平决定了数据库系统的质量。用户和数据库管理员在数据库设计中也是举足轻重的人物，他们主要参加需求分析和数据库的运行维护，他们的积极参与不但能加速数据库的设计，也是决定数据库设计是否成功的重要因素。程序员在系统实施阶段参与进来,负责编制程序和准备软硬件环境。

如果所设计的数据库应用系统比较复杂,还应该考虑是否需要使用数据库设计工具,以提高数据库设计的质量并减少设计工作量。

以下对数据库设计的6个步骤进行简单介绍。

1. 需求分析

需求分析是指准确了解和分析用户的需求,这是最困难、最费时、最复杂的一步,也是最重要的一步,它决定了以后各步设计的速度和质量。需求分析做得不好,可能会导致整个数据库设计返工重做。

2. 概念结构设计

概念结构设计是指对用户的需求进行综合、归纳与抽象,形成一个独立于具体 DBMS 的概念模型,这是整个数据库设计的关键。

3. 逻辑结构设计

逻辑结构设计是指将概念模型转换成某个 DBMS 所支持的数据模型,并对其进行优化。

4. 物理结构设计

物理结构设计是指为逻辑数据模型选取一个最适合应用环境的物理结构(包括存储结构和存取方法)。

5. 数据库实施

在数据库实施阶段,设计人员运用数据库管理系统提供的数据库语言,根据逻辑设计和物理设计的结果建立数据库,编写与调试应用程序,组织数据入库,并试运行。

6. 数据库运行与维护

数据库应用系统经过试运行后即可投入正式运行。在数据库系统运行过程中必须不断地对其进行评估、调整与修改。

可以想像,设计一个数据库不可能一蹴而就,它往往是上述各个阶段的不断反复。以上6个阶段是从数据库应用系统设计和开发的全过程来考察数据库设计的问题,因此,它既是数据库的设计过程,也是应用系统的设计过程。在设计过程中,应努力使数据库设计和系统其他部分的设计紧密结合,把数据和处理的需求分析、抽象、设计、实现在各个阶段同时进行,相互参照,相互补充,以完善数据和处理两个方面的设计。事实上,如果不了解应用环境对数据的处理要求,或没有考虑如何去实现这些处理要求,是不可能设计出一个良好的数据库结构的。

4.2 需 求 分 析

4.2.1 需求分析的任务

需求分析的任务,就是通过详细调查用户的现行系统(手工系统或计算机系统)的工作情况,深入了解其数据的性质和数据的使用情况,数据的处理流程、流向、流量等,并仔细地分析用户在数据格式、数据处理、数据库安全性和可靠性以及数据的完整性方面的需求,按一定规范要求写出设计者和用户都能理解的文档——需求分析说明书。数据库设计人员要想确定全部的用户需求是一件非常困难的事情。这主要有以下几个方面的原因:首先,因为应用系统本身的需求是不断变化的,用户的需求也必须不断调整使之适应这种变化;其次,由于用户缺少数据库设计方面的专业知识,要求他们一次就表达好完整的需求很困难,特别是很难说清楚某部分工作的功能与处理过程;第三,要想调动用户的积极性,使他们能积极参与数据库的设计工作相当困难。实际上,不少具体工作人员对企业建立数据库系统往往带有不同程度的抵触情绪。有人认为需求分析影响了他们的工作,给他们造成更多的负担;有人则认为新系统的建立可能迫使他们放弃已熟悉的工作,需要学习和熟悉新的工作环境。总之,许多涉及个人的原因会给需求分析工作的开展造成一定的困难。数据库设计人员要想完成需求分析任务,必须认识到用户参与的重要性,充分调动用户的积极性,以期获得准确而完整的需求信息,为后继设计工作奠定基础。

4.2.2 需求分析的方法和步骤

需求分析可分解为需求调查、分析整理和评审三个步骤来完成。

1. 需求调查

需求调查又称为系统调查或需求信息的收集。为了充分地了解用户可能提出的需求,在进行实际调查研究之前,要做好充分的准备工作,明确调查的目的,确定调查的内容和调查的方式等。

(1) 需求调查的目的

需求调查的目的主要是了解企业的组织机构设置,各个组织机构的职能、工作目标、职责范围,主要业务活动及大致工作流程,获得各个组织机构的业务数据及其相互联系的信息,为分析整理工作做好前期基础工作。

(2) 需求调查的内容

为了实现调查的目的,需求调查涉及以下几个方面的内容:

① 组织机构情况。调查了解各个组织机构由哪些部门组成，各部门的职责是什么，各部门管理工作存在的问题，各部门中哪些业务适合用计算机管理，哪些业务不适合用计算机管理。

② 业务活动现状。各部门业务活动现状的调查是需求调查的重点，要弄清楚各部门输入和使用的数据，加工处理这些数据的方法，处理结果的输出数据，输出到哪个部门，输入输出数据的格式等。在调查过程中应注意收集各种原始数据资料，如台账、单据、文档、档案、发票、收据、统计报表等，从而确定数据库中需要存储哪些数据。

③ 外部要求。调查数据处理的响应时间、频度和如何发生的规则，以及经济效益的要求、安全性及完整性要求。

④ 未来规划中对数据的应用需求等。这一阶段的工作是大量的和繁琐的。尤其是管理人员缺乏对计算机的了解，他们不知道或不清楚哪些信息对于数据库设计者是必要的或重要的，不了解计算机在管理中能起什么作用、能做哪些工作。另一方面，数据库设计者缺乏对实际管理工作的了解，不了解管理对象内部的各种联系，不了解数据处理中的各种要求。由于管理人员与数据库设计者之间存在着这样的距离，所以需要管理部门和数据库设计者更加紧密地配合，充分提供有关信息和资料，为数据库设计打下良好的基础。

(3) *需求调查的方式*

需求调查主要有以下几种方式：

① 个别交谈。通过个别交谈可以仔细了解该用户业务范围的需求，调查时可不受其他人员的影响。

② 开座谈会。通过座谈会方式调查用户需求，可使与会人员互相启发，从而获得不同业务之间的联系信息。

③ 发调查表。将要调查的用户需求问题设计成表格请用户填写，能获得设计人员关心的用户需求问题。调查的效果依赖于调查表设计的质量。

④ 跟班作业。通过亲自参加业务工作来了解业务活动情况，能获得比较准确的用户需求，但比较费时。

⑤ 查阅记录。也就是查看现行系统的业务记录、票据、统计报表等数据记录，可了解具体的业务细节。

需求调查的对象可分为高层负责人、中层管理人员和基层业务人员三个层次，对于不同的调查对象和调查内容，可采用不同的需求调查方式，也可同时采用几种不同的调查方式。即需求调查也可以按照以下三种策略来进行：

① 对高层负责人的调查，一般采用个别交谈方式。在交谈之前，应给他们一份详细的调查提纲，以便他们有所准备。从交谈中可以获得有关企业高层管理活动和决策过程的信息需求以及企业的运行政策、未来发展变化趋势等与战略规划有关的信息。

② 对中层管理人员的调查，可采用开座谈会、个别交谈或发调查表、查阅记录的调查方式，这样可以了解企业的具体业务控制方式和约束条件、不同业务之间的接口、日常控制管理的信息需求并预测未来发展的潜在信息需求。

③ 对基层业务人员的调查，主要采用发调查表、个别交谈或跟班作业的调查方式，有时

也可以召开小型座谈会，主要了解每项具体业务的输入输出数据和工作过程、数据处理要求和约束条件等。

2. 分析整理

为了把需求调查阶段收集到的需求信息（如文件、图表、票据、笔记等）转化为下一阶段设计工作可用的形式信息，必须对需求信息做深入细致的分析整理工作，并写出需求说明书。分析整理工作主要包括：

（1）业务流程分析与表示

业务流程分析的目的是获得业务流程及业务与数据联系的形式描述。一般采用数据流分析法，分析结果以数据流图（Data Flow Diagram，DFD）表示。DFD是一种自顶向下逐步细化分析描述对象的工具，关于DFD的具体使用一般软件工程教材中都有详细介绍，这里不再赘述。

（2）需求信息的补充描述

DFD只描述了数据与处理的关系及其数据流动的方向，而数据流中的数据项等细节信息则无法描述，因此，除了用DFD描述用户需求以外，还要用一些规范化表格对其进行补充描述。这些补充信息主要有以下内容：

① 数据字典。主要用于数据库概念模式设计。

② 业务活动清单。列出每一部门中最基本的工作任务，包括任务的定义、操作类型、执行频度、所属部门及涉及的数据项以及数据处理响应时间要求。

③ 其他需求清单。如完整性、一致性要求，安全性要求以及预期变化的影响需求等。

（3）撰写需求分析说明书

在需求调查分析整理的基础上，最后要依据一定的规范编写出需求分析说明书。数据的需求分析说明书一般用自然语言并辅以一定的图形和表格书写。近年来许多计算机辅助设计工具的出现，已使设计人员可利用计算机的数据字典和需求分析语言来进行这一步工作，但由于在使用上有一些不便之处，其应用程度还不够普遍。需求分析说明书的格式不仅有国家标准可供参考，一些大型软件企业也有自己的企业标准，这里不再详述。

3. 评审

评审的目的在于确认某一阶段的任务是否完成，以保证设计质量，避免重大的疏漏或错误。

评审一定要有项目组以外的专家和主管部门负责人参加，以保证评审工作的客观性和质量，评审结果可作为以后系统验收的参考依据。评审常常导致设计过程的回溯与反复，即需要根据评审意见修改所提交的阶段设计成果，有时修改甚至要回溯到前面的某一阶段，进行部分乃至全部重新设计，然后再进行评审，直至达到全部系统的预期目标为止。通过评审的需求分析说明书不仅作为需求分析阶段的结束标志，也作为下一个设计阶段的输入，还可作为项目验收和鉴定的依据。

4.2.3 数据字典

我们知道,DFD 表达了数据与处理的关系,但没有对数据内容的详细描述,而数据字典则恰好弥补了 DFD 的不足。对数据库设计来讲,数据字典是用户需求分析所获得的主要结果,是概念结构设计的必要输入。因此,数据字典在数据库设计中占有非常重要的地位。

在数据库应用系统的分析与设计中,数据字典为设计人员提供了关于数据的详细描述信息,设计人员可以方便地查阅有关数据条目的解释。数据字典的内容通常包括数据项、数据结构、数据流、数据存储和处理过程 5 个部分,其中数据项是数据的最小组成单位,若干个数据项可以组成一个数据结构,数据字典通过对数据项和数据结构的定义来描述数据流和数据存储的逻辑内容。

1. 数据项

数据项是数据的基本单元,即最小单位,如学生的学号、姓名、性别等都是数据项。数据项的描述方法和内容是:数据项描述={数据项名,数据项含义说明,别名,数据类型,长度,取值范围,取值含义,与其他数据项的逻辑关系}。

(1) 别名:也称数据项别名,是数据项名称的其他等价名字,如“学号”的别名为“学生编号”。出现别名的主要原因有:

① 对于同样的数据,不同的用户使用不同的名字。

② 同一个设计人员在不同时期对同一个数据使用了不同的名字。

③ 两个设计人员在设计中对同一数据项使用了不同的名字。

(2) 取值范围:规定了数据项的取值区间或其值所在的集合。

(3) 与其他数据项的逻辑关系:它是数据完整性约束条件。例如,某数据项的值是另外几个数据项之和,某数据项的值是另一个数据项值的 3 倍等。

2. 数据结构

数据结构是若干数据项组成的有意义的集合,它反映了数据之间的组合关系。数据结构的描述方法和内容是:数据结构描述={数据结构名,含义说明,组成:{数据项名列表}}。

3. 数据流

数据流可以是数据项也可以是数据结构,它是某一处理的输入或输出。数据流的描述方法和内容是:数据流描述={数据流名,说明,数据流来源,数据流去向,组成:{数据结构},平均流量,高峰期流量}。

(1) 数据流来源:说明该数据流来自哪个处理过程。

(2) 数据流去向:说明该数据流将传送给哪个处理过程。

(3) 平均流量:是指单位时间(每天、每周、每月等)的传输次数。

(4) 高峰期流量:是指在高峰时期的数据传输次数。

4. 数据存储

数据存储是处理过程需要保存的数据集合，也是数据流的来源和去向之一，它可以是手工凭证、手工文档，也可以是计算机文件等。

数据存储的描述方法和内容是：数据存储描述 = {数据存储名，说明，编号，输入的数据流，输出的数据流，组成：{数据结构}，数据量，存取方式}。

（1）数据量：是指每次存取多少数据，每天（或每小时、每周等）存取几次等。

（2）存取方式：包括批处理或者联机处理，检索或者更新，顺序检索或者随机检索等。

（3）输入的数据流：用于指明数据流的来源。

（4）输出的数据流：用于指明数据流的去向。

5. 处理过程

处理过程也称加工过程，这里指数据库应用程序模块。其具体处理逻辑一般用判定表或判定树来描述，也可用程序流程图或盒图（N-S）来描述，但在数据字典中只描述处理过程的说明性信息。其描述方法和内容是：处理过程描述 = {处理过程名，说明，输入：{数据流}，输出：{数据流}，处理：{简要说明}}。

简要说明主要说明该处理过程的功能及处理要求，这里的功能是指该处理过程用来做什么；处理要求包括处理的频率要求，如单位时间里处理多少事务，多少数据量，响应时间要求等。处理要求是物理设计的输入及性能评价的标准。

由以上讨论可知，数据字典是关于数据库中数据性质的描述，即元数据，而不是数据本身。

目前，实现数据字典通常有三种途径：全人工过程、全自动化过程（利用数据字典处理程序）和混合过程（用正文编辑程序、报告生成程序等实用程序辅助人工过程）。不论使用哪种途径实现的数据字典，都应该具有下述特点：

（1）通过名字能方便地查询数据的定义。

（2）没有数据冗余。

（3）容易更新和更改。

（4）定义的书写方式简单方便而且严格。

如果暂时还没有自动的数据字典处理程序，一般采用卡片形式书写数据字典，每张卡片上保存一个数据项或数据结构的信息。这种做法较好地满足了上述要求，特别是更新和修改起来很方便，能够单独处理每个数据项的信息，每张卡片上除了包括本节数据字典所述的一些信息外，当开发过程进展到一定阶段，还可以添加一致性校验功能、错误检验功能等信息，通常把这些信息记录在卡片的背面。

例 4-1　给出学生选课系统的数据字典的部分定义。

（1）数据项：以“学号”为例。

数据项名：学号。

数据项含义：唯一地标识一个学生。

别名:学生编号。

数据类型:字符型。

长度:8。

取值范围:00000～99999。

取值含义:前2位为入学年号,后3位为顺序编号。

与其他数据项的逻辑关系:无。

(2) 数据结构:以"学生"为例。

数据结构名:学生。

含义说明:是学生选课系统的主体数据结构,定义了一个学生的有关信息。

组成:学号,姓名,性别,年龄,专业,所在系。

(3) 数据流:以"选课信息"为例。

数据流名:选课信息。

说明:学生所选课程信息。

数据流来源:"学生选课"处理。

数据流去向:"学生选课"存储。

组成:学号,课程号。

平均流量:每天10个。

高峰期流量:每天100个。

(4) 数据存储:以"学生选课"为例。

数据存储名:学生选课。

说明:记录学生所选课程的成绩。

编号:无。

输入的数据流:选课信息,成绩信息。

输出的数据流:选课信息,成绩信息。

组成:学号,课程号,成绩。

数据量:50000个记录。

存取方式:随机存取。

(5) 处理过程:以"学生选课"为例。

处理过程名:学生选课。

说明:学生从可选修的课程中选出课程。

输入:学员,课程。

输出:学生选课。

处理:每学期学生都可以从公布的选修课程中选修自己愿意选修的课程,选课时有些选修课有先修课程的要求,还要保证选修课的上课时间不能与该生必修课时间相冲突,每个学生四年内的选修课门数不能超过8门。

4.3　概念结构设计

4.3.1　概念结构设计的方法

把需求分析阶段得到的用户需求（已经用数据字典和数据流图表示）抽象为概念模型表示的过程就是概念结构设计。概念数据模型既独立于数据库逻辑结构，又独立于具体的数据库管理系统（DBMS），是现实世界与机器世界的中介。它不仅能够充分反映现实世界，如实体和实体集之间的联系等，易于非计算机人员理解，而且易于向关系、网状、层次等各种数据模型转换。

数据库概念结构设计的目的是分析数据字典中数据间的内在语义关联，并将其抽象表示为数据的概念模式。目前，在数据库概念结构设计中常用E-R模型来描述概念结构，因此，数据库概念结构设计又被称为E-R模型设计。关于E-R模型的一些概念和E-R图的基本画法已在第2章中做过介绍，本节主要介绍基于E-R模型的概念结构设计的方法和步骤。

4.3.2　局部E-R模型设计

局部E-R模型的设计一般可分解为以下步骤：

1. 确定局部E-R模型的范围

设计局部E-R模式的第一步就是确定局部结构的范围，即将用户需求划分成若干个部分，其划分方式一般有以下两种：

(1) 根据企业的组织机构对其进行自然划分。例如，一个企业的数据库，企业有供应科、生产科、销售科、技术科和质检科等，各个科室的数据内容和对数据的处理要求明显不同，因此可以为它们分别设计局部E-R模型。

(2) 根据数据库提供的服务种类进行划分，使得每一种服务所使用的数据明显地不同于其他种类，这样就可为每一类服务设计一个局部E-R模型。例如，一个高等学校的综合数据库可以按提供的服务分为以下一些类型：

① 教师基本信息（如姓名、年龄、性别和民族等）的查询。

② 教师专业信息（如毕业专业、现在从事的专业及科研方向等）的查询。

③ 教师学术信息（如科研项目、科研论文、学术著作、获奖等）的查询。

④ 学生基本信息（如姓名、年龄、性别和民族等）的查询。

⑤ 学生学习信息（如姓名、课程、考试成绩、学分等）的查询。

……

2. 定义实体型

每一个局部E-R模型都包括一些实体型,定义实体型就是从选定的局部范围中的用户需求出发,确定每一个实体型的属性和主键。

实体型与属性是E-R模型设计中的基本单位,但实体与属性之间没有明确的区分标准,下面的一些原则可在设计时参考。

(1) 信息描述原则。一般来说,实体需要进一步用某些属性进行描述,而属性则不需要。

(2) 依赖性原则。一般来讲,属性仅单向依赖于某个实体,且这种依赖是包含性依赖。如学生实体中的学号、学生姓名等均单向依赖于学生。

(3) 一致性原则。一个实体由若干个属性组成,这些属性间有内在的关联性与一致性,如学生实体有学号、学生姓名、年龄、专业等属性,它们分别独立表示实体的某个特性,并在总体上协调一致,互相配合,构成了一个统一的整体。

在确定了实体型和属性后,需对下述几个方面做详细描述:

(1) 给实体集与属性命名。实体集与属性的命名须遵循一定的原则,它们应清晰明了便于记忆,并尽可能采用用户所熟悉的名字,名字还要具有标点以减少冲突,方便使用。

(2) 确定实体标识。实体标识即是实体集的主键,首先要列出实体集的所有候选键,在此基础上选择一个作为主键。

(3) 非空值原则。有些属性的值可能会出现空值,这并不奇怪,重要的是要保证主键中的属性不出现空值。

3. 定义联系

在E-R模型中,"联系"用于描述实体集之间的关联。在定义了实体型和属性并进行描述后,还要确定实体集之间的联系及其属性。实体集之间的联系非常广泛,大致可分为以下三种:

(1) 存在性联系,如学校有教师、学生等。

(2) 功能性联系,如教师授课、教师参与管理学生等。

(3) 事件联系,如学生借书、学生打网球等。

设计者可以利用上面介绍的三种联系去检查E-R模型中两个实体集之间是否存在联系。如果存在联系,还需进一步确定这些联系的类型(1∶1、1∶n 或 m∶n)。此外,还要考虑实体集内部是否存在联系,多个实体集之间是否存在联系等。

在定义实体集之间的联系时,要尽量消去冗余的联系,以免将这些问题留到全局E-R模型的集成阶段,造成困难和麻烦。

4.3.3 总体概念E-R模型设计

当各个局部E-R模型设计完成后,就需要对它们进行合并,将其集成为一个全局的E-R

模型,即数据库的全局概念结构。全局 E-R 模型的集成过程,一般可以分成三步进行:

1. 确定公共实体型

公共实体型是多个局部 E-R 模型综合集成的基础,因此,必须首先确定各局部 E-R 模型之间的公共实体型。在这一步中,一般仅根据实体型名称和主键来认定公共实体型,即把同名实体型作为一个候选的公共实体型,把具有相同主键的实体型作为另一个候选的公共实体型。

2. 合并局部模型

局部 E-R 模型的合并顺序有时会影响处理效率和结果。一般都采用逐步合并的方式,即首先将两个具有公共实体型的局部 E-R 模型进行合并,然后每次将一个新的、与前面已合并模式具有公共实体型的局部 E-R 模型合并进来,最后再加入独立的局部 E-R 模型,这样即可获得全局 E-R 模型。

对于一个不太复杂的数据库系统,其公共实体型的确定通常比较容易,但对于一个复杂的大的系统,其公共实体型的确定有时可能比较困难。因为当系统比较大时,可能有很多局部 E-R 模式,而这些局部模式通常又是由不同的人员设计完成的,这就可能存在对现实世界的同一对象给予不同的描述。比如,有的设计者作为实体型看待,有的则作为联系型或属性看待。即使每个设计者都将其表示成实体型,但实体型的命名、主键的选择都可能不一样。我们将这些不一致的描述称为冲突。这种冲突通常可分为三种类型:

(1) 属性冲突。主要指属性的类型、取值范围或者计量单位的冲突。比如,对于学生的学号,不同学院可能采用不同的编码方式,有的用整数,有的用字符串等,而对于重量单位,有的可能用吨,有的用千克,而有的则用克。

(2) 命名冲突。主要指同名异义和异名同义两种冲突,包括属性名、实体型名、联系名之间的冲突。同名异义,即不同意义的对象具有相同的名字;异名同义,即同一意义的对象具有不同的名字。

(3) 结构冲突。主要有以下几个方面:同一对象在不同的局部 E-R 模型中的抽象不一致。比如职工,在某个局部 E-R 模型中抽象为实体,而在另一局部 E-R 模型中则抽象为属性;同一实体在不同的局部 E-R 模型中其属性组成不同,包括属性个数、次序等;实体集之间的联系在不同的局部 E-R 模型中呈现不同的类型,如实体集 A 与 B 在某一局部 E-R 模式中是多对多联系,而在另一局部 E-R 模型中是一对多联系。

属性冲突和命名冲突一般通过设计人员之间的讨论、协商等方法即可得到解决,而结构冲突则需要全体设计人员和用户经过仔细分析,认真讨论,确定一个能够反映用户需求、全体用户共同理解和接受的统一结构之后才能解决。

由以上讨论可知,合并局部 E-R 模型并不是机械地将各个局部 E-R 模型合并到一起的简单过程,而必须着力消除各个局部 E-R 模式之间存在的各种冲突,才能形成一个能为全系统中所有用户共同理解和接受的统一的数据库概念结构,因此,如何合理地消除各个局部 E-R 模型之间的冲突是集成全局 E-R 模型过程中最关键的工作。

3. 优化全局 E-R 模型

按照上面的方法将各个局部 E-R 模型合并后就得到一个初步的全局 E-R 模型，之所以这样称呼是因为其中可能存在冗余的数据和冗余的联系等。所谓冗余的数据是指可由基本数据导出的数据，冗余的联系是指可由其他联系导出的联系。冗余的数据和冗余的联系容易破坏数据库的完整性，给数据库维护带来困难，因此，在得到初步的全局 E-R 模型后，还应当进一步检查 E-R 图中是否存在冗余，如果存在冗余则一般应设法将其消除。一个好的全局 E-R 模型，不仅能全面、准确地反映用户需求，还应该满足如下的一些条件：实体型的个数尽可能少；实体型所含属性个数尽可能少；实体型之间联系无冗余。

下面给出优化全局 E-R 模型的几个原则。

(1) 实体型的合并。

这里的合并不是指前面的"公共实体型"的局部 E-R 模型合并，而是指两个有联系的实体型的合并。比如，两个具有 1∶1 联系的实体型通常可以合并成一个实体型，合并的目的是为了提高处理效率，因为涉及多个实体集的信息需要连接操作才能获得，而连接运算的开销比选择和投影运算的开销大得多。

此外，对于具有相同主键的两个实体型，如果经常需要同时处理这两个实体型，那么也可以将其合并成一个实体型。当然，这样做可能会产生大量的空值，因此是否合并要在存储代价和查询效率之间进行权衡。

(2) 冗余属性的消除。

通常在各个局部 E-R 模式中是不允许冗余属性存在的。但在合并为全局 E-R 模型后，可能产生全局范围内的冗余属性。例如，在某个大学学生管理系统的数据库设计中，一个局部 E-R 模式可能保存有已毕业学生数、招生数、在校学生数和即将毕业学生数，而另一局部 E-R 模型中可能有毕业生数、招生数、各年级在校学生数和即将毕业生数，这两个局部 E-R 模型自身都没有冗余，但合并为一个全局 E-R 模型时，在校学生数就成为冗余属性，因此可考虑将其消除。

(3) 冗余联系的消除。

在初步全局 E-R 模型中可能存在有冗余的联系，通常利用规范化理论中函数依赖的概念可以将其消除。例如，教室实体集与班级实体集之间的"上课"联系可以由教室与课程之间的"开设"联系、课程与学生之间的"选修"联系、学生与班级之间的"组成"联系三者推导出来，因此属于冗余联系，可以消除。

当然，对于一个具体的冗余属性或联系，是否必须消除呢？这一般应在存储空间、访问效率和维护代价之间进行权衡。因为并不是所有的冗余数据与冗余联系都必须加以消除，有时为了提高某些应用程序的效率，不得不以增加冗余数据为代价。因此，在设计数据库全局概念结构时，哪些冗余必须消除，哪些冗余允许存在，要根据用户的整体需求，即以数据字典和数据流图为依据，仔细分析数据字典中关于数据项之间的逻辑关系的说明来确定。

在存储空间、访问效率和维护代价之间进行权衡并适当消去部分冗余后的全局 E-R 模型就是一个优化的全局数据库概念结构。

4.3.4　数据库概念设计说明书

编制数据库设计说明书的目的是对数据库中使用的所有标识、逻辑结构和物理结构做出具体的设计规定。

检查是否包含对本工程及数据库设计说明书的背景说明，包括编写目的、背景、定义、参考资料等。

检查是否包含对外部设计的说明，包括标识符和状态、使用它的程序、约定、专门指导、支持软件等。审查全面性和业务符合性。

检查是否包含对结构设计的说明，包括概念结构设计、逻辑结构设计、物理结构设计等。审查全面性和业务符合性。

检查是否包含对运用设计的说明，包括数据字典设计、安全保密性设计。审查全面性和业务符合性。

4.4　逻辑结构设计

概念结构设计得到的全局E-R模式是一个独立于具体DBMS的概念模式，故无法直接在具体的DBMS上实现。数据库逻辑设计的主要工作是将全局E-R模型转化成具体DBMS能够支持的模式。由于现在流行的商品化DBMS都是关系型数据库管理系统，因此本节仅介绍将全局E-R模型转化为关系模型的方法。

4.4.1　E-R模型向关系模型的转换

由于E-R模型中的实体型与联系都可以表示成关系型，属性可以转换成关系型的属性，实体型的主键转换为关系型的主键，所以从E-R模式到关系模式的转换是比较直接的，下面主要讨论由E-R模式向关系模式转换过程中值得注意的一些问题。

1. 实体型的转换

对于E-R模式中的每个实体型，需要设计一个关系模式与之对应，该关系模式包含实体型的所有属性，用下划线来表示关系模式的主键和外键所包含的属性。关系模式及其属性的命名，可以采用E-R模式中实体型及其属性原来的命名。在实际应用中，为了便于用户理解和交流，通常E-R模式中的实体型和属性都使用汉字命名方式。但为了便于在DBMS中实施和编写应用程序，对应的关系模式和属性宜采用英文或拼音字母命名方式。

2. 联系的转换

实体集之间的联系有1∶1联系、1∶n联系和m∶n联系三种类型，三种类型联系的转换方法有所不同。

(1) 1∶1联系的转换

如果实体集之间的联系是1∶1的，先将两个实体型分别转换为关系模式，然后将联系的属性和其中一个实体型对应关系模式的主键属性加入到另一个关系模式中即可。

(2) 1∶n联系的转换

如果实体型之间的联系是1∶n的，先将两个实体型分别转换为关系模式，然后将联系的属性和1端对应关系模式的主键属性加入到n端对应的关系模式中即可。

(3)m∶n联系的转换

如果实体型之间的联系是m∶n的，先将两个实体型分别转换为关系模式，再将联系转换为一个关系型，其属性由联系的属性和前面两个关系模式的主键属性构成。

4.4.2 数据库逻辑设计说明书

数据库逻辑设计的结果不是唯一的。为了进一步阐述数据库应用系统的性能，还应该根据应用需要适当地说明数据模型的结构，也就是给出数据库逻辑设计说明书。关系模型的说明通常以规范化理论为基础，方法如下：

(1) 确定数据依赖。按需求分析阶段所得到的语义，分别写出每个关系模式内部各属性之间的数据依赖以及不同关系模式属性之间的数据依赖。

(2) 对于各个关系模式之间的数据依赖进行说明。

(3) 按照数据依赖的理论对关系模式逐一进行分析，明确函数依赖、传递函数依赖、多值依赖等，确定各关系模式分别属于第几范式。

(4) 按照需求分析阶段得到的各种应用对数据处理的要求，分析对于这样的应用环境这些模式是否合适，确定是否要对它们进行合并或分解。

必须注意的是，并不是规范化程度越高关系就越优越。例如，当查询涉及两个或多个关系模式的属性时，系统需要进行连接运算。连接运算的代价是相当高的，可以说关系模型低效的主要原因就是由连接运算引起的。这样的查询如果频繁发生，就可以考虑将这几个关系合并为一个关系。在这种情况下，第二范式甚至第一范式也许才是合适的。

又如，非BCNF的关系模式虽然从理论上分析会存在不同程度的更新异常或冗余。但如果在实际应用中对此关系模式只是查询，并不执行更新操作，则不会产生实际影响。所以对于一个具体应用来说，到底规范化到什么程度需要权衡响应时间和潜在问题两者的利弊决定。

(5) 按照需求分析阶段得到的各种应用对数据处理的要求，对关系模式进行必要的分解或合并，以提高数据操作的效率和存储空间的利用率。

4.5　物理结构设计

数据库在物理设备上的存储结构与存取方法称为数据库的物理结构，它依赖于选定的数据库管理系统。为一个给定的逻辑数据模型选取一个最适合应用要求的物理结构的过程，就是数据库的物理设计。数据库物理设计的内容主要包括记录存储结构的设计，为关系模式选择存取方法，以及设计关系、索引等数据库文件的物理存储结构。

1. 记录存储结构的设计

逻辑模式表示的是数据库的逻辑结构，其中的记录称为逻辑记录，而存储记录则是逻辑记录的存储形式，记录存储结构的设计就是设计存储记录的结构形式，它涉及不定长数据项的表示，数据项编码是否需要压缩和采用何种压缩，记录间互联指针的设置以及记录是否需要分割以节省存储空间等在逻辑设计中无法考虑的问题。

2. 关系模式存取方法的选择

数据库系统是多用户共享的系统，对同一个关系要建立多条存取路径才能满足多用户的各种应用要求。物理设计的第一个任务就是要确定选择哪些存取方法，即建立哪些存取路径。

DBMS常用的存取方法是索引方法，目前主要有B+树索引方法，另外还有聚簇(Cluster)方法和Hash方法。

(1) *索引方法*

索引方法的主要内容包括：对哪些属性列建立索引，对哪些属性列建立组合索引，以及哪些索引要设计为唯一索引。索引并不是越多越好，关系上定义的索引数过多会带来较大的额外开销，如维护索引的开销、查找索引的开销。

(2) *聚簇方法*

为了提高某个属性(或属性组)的查询速度，把在这个或这些属性(称为聚簇码)上具有相同值的元组集中存放在连续的物理块中，称为聚簇。聚簇的作用如下：

① 可大大提高按聚簇属性进行查询的效率。例如，假设学生关系按所在系建立索引，现在要查询信息系的所有学生名单。信息系的500名学生分布在500个不同的物理块上时，至少要执行500次I/O操作。如果将同一系的学生元组集中存放，则每读一个物理块可得到多个满足查询条件的元组，从而显著地减少了访问磁盘的次数。

② 节省存储空间。聚簇以后，聚簇码相同的元组集中在一起了，因而聚簇码值不必在每个元组中重复存储，一组中存一次就行了。

(3) *Hash方法*

当一个关系满足下列两个条件时，可以选择Hash存取方法：

① 该关系的属性主要出现在等值连接条件中或相等比较选择条件中。

② 该关系的大小可预知且关系的大小不变或该关系的大小动态改变但所选用 DBMS 提供了动态 Hash 存取方法。

和前面几个设计阶段一样，在确定了数据库的物理结构之后，也要进行评价，重点是时间和空间的效率。如果评价结果满足设计要求，则可进行数据库实施。实际上，往往需要经过反复测试才能优化得到一个“好”的物理设计。

4.6 数据库的实施和维护

运行一段时间后，应对系统实施监控，并分析系统的运行指标，如出故障的频率、平均响应速度等。如果指标能够满足正式运行要求，那么就可以宣告数据库实施阶段结束，数据库应用设计开发基本完成，并马上进入下一阶段——数据库运行和维护阶段。

数据库维护是一项长期而细致的工作。一方面，系统在运行过程中可能产生各种软硬件故障;另一方面，数据库只要在运行使用，就需要对它进行监控、评价、调整、修改。这一阶段的工作主要由 DBA 来完成，如果系统需要大的改动，则需要数据库设计开发人员参与。

数据库维护的主要工作如下：

(1) 数据库安全性、完整性控制。根据用户的实际需要授予不同的操作权限，根据应用环境的改变修改数据对象的安全级别，经常修改口令或保密手段，这是 DBA 维护数据库安全的工作内容。维护数据的完整性是 DBA 的主要工作之一。一般说来，数据库应用程序应提供相应的功能，扫描并修正一些敏感数据，DBA 应根据数据的变化情况，适时地执行该功能。同时随着应用环境的改变，数据库完整性约束条件也会发生改变，DBA 应根据实际情况做出相应的修正。

(2) 数据库的转储与恢复。在系统运行过程中，可能存在无法预料的自然或人为的意外情况，如电源故障、磁盘故障等，导致数据库运行中断，甚至破坏数据库部分内容。许多大型的 DBMS 都提供了故障恢复功能，这种恢复大都需要 DBA 配合才能完成，DBA 要定期对数据库和数据库日志进行备份，以便发生故障时，能尽快地将数据库恢复到某个一致性的状态。

(3) 数据库性能监控、分析与改进。对数据库性能进行监控、分析是 DBA 的重要职责，主要是利用 DBMS 提供的系统性能监控、分析工具，对系统性能做出综合评价，记录并保存详细的系统参数、性能指标，为数据库的改进、重组、重构等提供重要的一手资料。

(4) 数据库的重组与重构。

一般说来，数据库运行一段时间之后，其物理存储结构会因经常性的增、删、改而变得不尽合理，如有效记录之间出现空间残片，插入记录不一定按逻辑相连而用指针链接，从而使得 I/O 占用时间增加，导致运行效率有所下降。此时需要 DBA 执行一些系统命令来改善这种情况，这种改善并改变数据库物理存储结构的过程，叫作数据库重组。

数据库重组，改变的是数据库物理存储结构，而不会改变逻辑结构和数据库的数据内容，其目的是为了提高数据库的存取效率和存储空间的利用率。可以使用性能监视工具来确定数据库是否需要重组（通常是对比当前和历史性能指标——这也是要求DBA记录并保存性能指标的原因之一）。若需要重组，则要暂停数据库的运行，并使用DBMS提供的重组工具进行重组。

随着系统的运行，用户的管理需求或处理上有了变化，要求在逻辑结构上得到反映，这种改变数据库逻辑结构的过程，叫作数据库重构。如果数据库设计是由人工完成的，数据库重构会变得很困难。但在有了数据库辅助设计工具之后，可以直接在以前设计的概念模式、逻辑模式上进行修改，然后重新将它转换为物理模式，并将原有的数据转储，使其与新定义保持一致。

数据库重构可能涉及数据内容、逻辑结构、物理结构的改变，因此可能出现许多问题，一般应由DBA、数据库设计人员及最终用户共同参加，并注意做好数据备份工作。如果逻辑结构变化不是太大，可以再创建一些视图或修改原有视图，使数据库的局部模式变化不大，这样原来的应用程序仍可以使用。

本章小结

数据库应用设计过程分为6个阶段：需求分析、概念设计、逻辑设计、物理设计、数据库实施、数据库运行和维护。

可以通过跟班作业、开调查会、专人介绍、询问、请用户填写调查表、查阅记录等方法调查用户需求，通过编制组织机构图、业务关系图、数据流图和数据字典等方法来描述和分析用户需求。概念设计是数据库设计的核心环节，是在用户需求描述与分析的基础上对现实世界的抽象和模拟。目前应用最广泛的概念设计工具是E-R模型。对于小型、不太复杂的应用，可使用集中模式设计法进行设计；对于大型数据库的设计，可采用视图集成法进行设计。

逻辑设计是在概念设计的基础上，将概念模式转换为所选用的、具体的DBMS支持的数据模型的逻辑模式。本章重点介绍了E-R图向关系模型的转换，转换后得到的关系模式，应首先进行规范化处理，然后根据实际情况对部分关系模式进行逆规范化处理。物理设计是从逻辑设计出发，设计一个可实现的、有效的物理数据库结构。现代DBMS将数据库物理设计的细节隐藏起来，使设计人员不必过多介入。但索引的设置必须认真对待，它对数据库的性能有很大的影响。

数据库的实施过程，包括数据载入、应用程序调试、数据库试运行等几个步骤，该阶段的主要目标是对系统的功能和性能进行全面测试。

数据库运行和维护阶段的主要工作有数据库安全性与完整性控制、数据库的转储与恢复、数据库性能监控分析与改进、数据库的重组与重构等。

思考与练习

1. 数据库设计分为哪几个阶段？简单叙述每一个阶段的主要任务。

2. 用户需求调研的内容是什么？如何描述用户的需求？

3. 数据字典的内容和作用是什么？

4. 什么是数据库的概念结构？试述其特点和设计策略。

5. 试述数据库概念设计的重要性和设计步骤。

6. 什么是数据库的逻辑结构设计？试述其设计步骤。

7. 在概念设计中，如何构造实体？

8. 在逻辑设计阶段，为什么要进行规范化处理？为什么要进行逆规范化处理？常用的逆规范化方法有哪些？

9. 简述建立索引的原则，并做简要分析。

10. 数据库维护的主要工作有哪些？什么是数据库的重组、重构？

第5章　数 据 定 义

学 习 目 标

【知识目标】

★ 了解 SQL 的概念。
★ 理解 SQL 的数据类型。
★ 掌握设计、创建和管理数据库以及表的方法。

【技能目标】

★ 会创建数据库。
★ 会查看指定数据库或所有数据库的信息。
★ 会修改、查看数据库的选项。
★ 会删除和重命名数据库。
★ 会设计和创建数据表。
★ 会修改、删除和重命名数据表。

任 务 陈 述

前面章节已经完成“军校基层连队管理系统”的数据库设计，本章任务是在一个具体的数据库管理系统中实现“军校基层连队管理系统”的数据库系统，包括数据库、基本表、视图和关系的定义。

5.1　SQL 概述

自 SQL 成为数据库国际标准语言以后，各个数据库厂家纷纷推出各自的 SQL 软件或 SQL 的接口软件，大多数数据库均采用 SQL 作为自己的数据存取语言和标准接口，这就使不同数据库系统之间的互操作有了共同的基础。SQL 已成为数据库领域中的主流语言，这个意义十分重大，有人把确立 SQL 为关系数据库语言标准及其后的发展称为是一场革命。

5.1.1 SQL 的产生与发展

SQL 是在 1974 年由 Boyce 和 Chamberlin 提出的，并在 IBM 公司研制的关系数据库管理系统原型 System R 上实现。由于 SQL 简单易学，功能丰富，深受用户及计算机工业界欢迎，因此被数据库厂商广泛采用。经各公司的不断修改、扩充和完善，SQL 得到业界的认可。1986 年 10 月，美国国家标准局（ANSI）的数据库委员会 X3H2 批准了 SQL 作为关系数据库语言的美国标准，同年公布了 SQL 标准文本（简称 SQL-86）。1987 年，国际标准化组织（ISO）也通过了这一标准。SQL 标准从 1986 年公布以来随着数据库技术的发展而不断发展、不断丰富。

5.1.2 SQL 的特点

SQL 之所以能够为用户和业界所接受，并成为国际标准，是因为它是一个综合的、功能极强同时又简洁易学的语言。SQL 集数据查询（Data Query）、数据操纵（Data Manipulation）、数据定义（Data Definition）和数据控制（Data Control）功能于一体，主要特点包括：

1. 综合统一

数据库系统的主要功能是通过数据库支持的数据语言来实现的。非关系模型（层次模型、网状模型）的数据语言一般都分为：

（1）模式数据定义语言（Schema Data Definition Language，模式 DDL）。

（2）外模式数据定义语言（Subschema Data Definition Language，外模式 DDL 或子模式 DDL）。

（3）数据存储有关的描述语言（Data Storage Definition Language，DSDL）。

（4）数据操纵语言（Data Manipulation Language，DML）。

它们分别用于定义模式、外模式、内模式和进行数据的存取与处置。当用户数据库投入运行后，如果需要修改模式，必须停止现有数据库的运行，转储数据，修改模式并编译后再重装数据库，十分麻烦。

SQL 则集数据定义语言 DDL、数据操纵语言 DML、数据控制语言 DCL 的功能于一体，语言风格统一，可以独立完成数据库生命周期中的全部活动，包括：

（1）定义关系模式，插入数据，建立数据库。

（2）对数据库中的数据进行查询和更新。

（3）数据库重构和维护。

（4）数据库安全和完整性控制。

SQL 为数据库应用系统的开发提供了良好的环境。特别是用户在数据库系统投入运行后，还可以根据需要随时地、逐步地修改模式，并不影响数据库的运行，从而使系统具有良好的可扩展性。

另外，在关系模型中实体和实体间的联系均用关系表示，这种数据结构的单一性带来了数据操作符的统一性，查找、插入、删除、更新等每一种操作都只需一种操作符，从而克服了非关系系统由于信息表示方式的多样性而带来的操作复杂性。例如，在 DBTG 中，需要两种插入操作符：STORE 用来把记录存入数据库，CONNECT 用来把记录插入系值（系值是网状数据库中记录之间的一种联系方式）以建立数据之间的联系。

2. 高度非过程化

非关系数据模型的数据操纵语言是“面向过程”的语言，用“过程化”语言完成某项请求，必须指定存取路径。而用 SQL 进行数据操作，只要提出“做什么”，而无需指明“怎么做”，因此无需了解存取路径，存取路径的选择以及 SQL 的操作过程由系统自动完成。这不但大大减轻了用户负担，而且有利于提高数据独立性。

3. 面向集合的操作方式

非关系数据模型采用的是面向记录的操作方式，操作对象是一条记录。例如查询所有平均成绩在 80 分以上的学生姓名，用户必须一条一条地把满足条件的学生记录找出来（通常要说明具体处理过程，即按照哪条路径、如何循环等）。而 SQL 采用集合操作方式，不仅操作对象、查找结果可以是元组的集合，而且一次插入、删除、更新操作的对象也可以是元组的集合。

4. 以同一种语法结构提供多种使用方式

SQL 既是独立的语言，又是嵌入式语言。作为独立的语言，它能够独立地用于联机交互的使用方式，用户可以在终端键盘上直接键入 SQL 命令对数据库进行操作；作为嵌入式语言，SQL 语句能够嵌入到高级语言（例如 C、C＋＋、Java）程序中，供程序员设计程序时使用。而在两种不同的使用方式下，SQL 的语法结构基本上是一致的。这种以统一的语法结构提供多种不同使用方式的做法，提供了极大的灵活性与方便性。

5. 语言简洁，易学易用

SQL 功能极强，但由于设计巧妙，语言十分简洁，完成核心功能只用了 9 个动词，如表 5-1 所示。SQL 语言接近英语口语，因此容易学习、容易使用。

表 5-1　SQL 的动词

SQL 功能	动词
数据查询	SELECT
数据定义	CREATE，DROP，ALTER
数据操纵	INSERT，UPDATE，DELETE
数据控制	GRANT，REVOKE

5.1.3 SQL 的基本概念

支持 SQL 的 RDBMS 同样支持关系数据库三级模式结构，如图 5-1 所示。其中外模式对应于视图(View)和部分基本表(Base Table)，模式对应于基本表，内模式对应于存储文件(Stored File)。

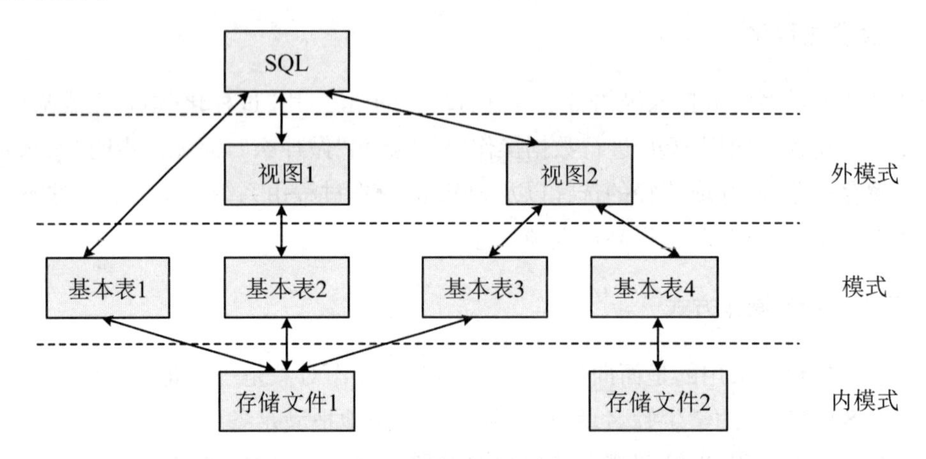

图 5-1 SQL 对关系数据库模式的支持

用户可以用 SQL 对基本表和视图进行查询或其他操作，基本表和视图一样，都是关系。

基本表是本身独立存在的表，在 SQL 中一个关系就对应一个基本表。一个(或多个)基本表对应一个存储文件，一个表可以带若干索引，索引也存放在存储文件中。

存储文件的逻辑结构组成了关系数据库的内模式。存储文件的物理结构是任意的，对用户是透明的。

视图是从一个或几个基本表导出的表。它本身不独立存储在数据库中，即数据库中只存放视图的定义而不存放视图对应的数据，这些数据仍存放在导出视图的基本表中。因此视图是一个虚表。视图在概念上与基本表等同，用户可以在视图上再定义视图。

5.1.4 数据类型

在数据库中，表的某列中的所有的值必须属于同一种数据类型。在创建表时，首先要为每一个列指定数据类型，它定义了每列允许存储的数据值的类型。如在表 5-2 所示的学生信息表中，我们想存储学生的姓名，那我们应给它指定类型为字符类型；同样，如学生年龄，这里肯定是一个数字了，那么我们可以给它指定类型为数值型中的 int(数值型中的一种)。

表 5-2 学生信息表

列名	数据类型	长度
学生编号	varchar	10
学生姓名	varchar	50
学生性别	char	2
学生年龄	int	4

在计算机中,数据有两种特征:类型和长度。如表 5-2 中指定了"学生性别"这个列的数据类型为 char 类型,长度为 2 个字节。数据类型就是以数据的表现方式和存储方式来划分的数据的种类。在 SQL 中,每个变量、参数、表达式等都有数据类型。系统提供的数据类型大致分为数值型、串型、日期/时间型、特定数据类型和用户自定义型。

1. 数值型

数值型数据类型常常用来表示数字。Transact-SQL 使用的数值型数据类型如表 5-3 所示。

表 5-3 数值型数据类型

数据类型	解释
INT	表示整数值,用 4 个字节来存储,值的表示范围是 -2^{31}～2^{31}
SMALLINT	表示整数值,用 2 个字节来存储,值的表示范围是 -32768～32767
TINYINT	表示非负整数值,用 1 个字节来存储,值的表示范围是 0～255
BIGINT	表示整数值,用 8 个字节来存储,值的表示范围是 -2^{63}～$2^{63}-1$
REAL	表示浮点值,用 4 个字节来存储,数据类型可精确到第 7 位小数,值的表示范围是 -3.40E-38～3.40E+38
FLOAT	表示浮点值,用 8 个字节来存储,数据类型可精确到第 15 位小数,值的表示范围为 -1.79E-308～1.79E+308。FLOAT 数据类型可写为 FLOAT[n]的形式,n 指定 FLOAT 数据的精度
DECIMAL	可将其写为 decimal[(p, [s])]的形式,p 和 s 确定了精确的比例和数位。其中 p 表示可供存储的值的总位数(不包括小数点),缺省值为 18;s 表示小数点后的位数,缺省值为 0
NUMERIC	与 DECIMAL 数据类型完全相同
MONEY	表示货币值,用 8 个字节来存储,是一个有 4 位小数的 DECIMAL 值,值的表示范围为 -2^{63}～2^{63},数据精度为万分之一货币单位
SMALLMONEY	类似于 MONEY,但其存储空间为 4 个字节

2. 串型

串型数据类型有 3 种:字符串、二进制串和位串。表 5-4 为常用的字符串数据类型。

表 5-4 字符串数据类型

数据类型	解释
CHAR	表示一个字符串，定义形式为 CHAR[(n)]，存储的每个字符和符号占一个字节的存储空间。n 表示字符串中的字符数目，取值为 1～8000，若不指定 n 值，则系统默认值为 1。若输入数据的字符数小于 n，则系统自动在其后添加空格来填满设定好的空间。若输入的数据过长，将会截掉其超出部分
VARCHAR	表示一个变长(0<n<=8000)的字符串，定义形式为 VARCHAR [(n)]。n 的取值也为 1～8000，若输入的数据过长，将会截掉其超出部分。不同的是，VARCHAR 数据类型具有变动长度的特性，其存储长度为实际数值长度，若输入数据的字符数小于 n，则系统不会在其后添加空格来填满设定好的空间
NCHAR	NCHAR 数据类型的定义形式为 NCHAR[(n)]。它与 CHAR 类型相似。不同的是 NCHAR 数据类型 n 的取值为 1～4000。用于存储定长的 Unicode 字符数据
NVARCHAR	NVARCHAR 数据类型的定义形式为 NVARCHAR[(n)]。它与 VARCHAR 类型相似。不同的是，NVARCHAR 数据类型采用 Unicode 标准字符集(Character Set)，n 的取值为 1～4000
TEXT	定义了一个最大为 2 GB 的定长字符串
NTEXT	定义了一个可变长度的 Unicode 数据，最大长度为 $2^{30}-1$ 个字符。存储大小是所输入字符个数的两倍(以字节为单位)

二进制串数据类型描述了以系统内部格式表示的数据对象。二进制串的类型有如表 5-5 所示的几种。

表 5-5 二进制串数据类型

数据类型	解释
BINARY	BINARY 数据类型用于存储二进制数据。其定义形式为 BINARY(n)，n 表示数据的长度，取值为 1～8000。在使用时必须指定 BINARY 类型数据的大小，至少应为 1 个字节。BINARY 类型数据占用 n+4 个字节的存储空间。在输入数据时必须在数据前加上字符"0x" 作为二进制标识
VARBINARY	VARBINARY 数据类型的定义形式为 VARBINARY(n)，n 的取值也为 1～8000，若输入的数据过长，将会截掉其超出部分。VARBINARY 数据类型具有变动长度的特性，其存储长度为实际数值长度+4 个字节。当 BINARY 数据类型允许 NULL 值时，将被视为 VARBINARY 数据类型
IMAGE	IMAGE 数据类型用于存储大量的可变长度二进制数据，其介于 0 与 $2^{31}-1$ 字节之间。其存储数据的模式与 TEXT 数据类型相同。通常用来存储图形等 OLE(Object Linking and Embedding，对象连接和嵌入)对象。在输入数据时同 BINARY 数据类型一样，必须在数据前加上字符"0x"作为二进制标识

3. 日期和时间型

SQL Sever 支持多种日期和时间数据类型，如表 5-6 所示。

表 5-6　日期和时间型数据类型

数据类型	解释
DATETIME	DATETIME数据类型用于存储日期和时间。它可以存储从公元1753年1月1日零时起到公元9999年12月31日23时59分59秒之间的所有日期和时间。DATETIME数据类型所占用的存储空间为8个字节。其中前4个字节用于存储1900年1月1日以前或以后的天数，数值分正负，正数表示在此日期之后的日期，负数表示在此日期之前的日期。后4个字节用于存储从此日零时起所指定的时间经过的毫秒数。如果在输入数据时省略了时间部分，则系统将12:00:00:000AM作为时间缺省值；如果省略了日期部分，则系统将1900年1月1日作为日期缺省值
SMALLDATE-TIME	SMALLDATETIME数据类型与DATETIME数据类型相似，但其日期时间范围较小，为从1900年1月1日到2079年6月6日，精度较低。SMALLDATETIME数据类型使用4个字节存储数据。其中前2个字节存储从基础日期1900年1月1日以来的天数，后两个字节存储此日零时起所指定的时间经过的分钟数

4. 特定数据类型

SQL Server中提供了一些用于数据存储的特殊数据类型，如表5-7所示。

表 5-7　特殊数据类型

数据类型	解释
TIMESTAMP	TIMESTAMP数据类型提供数据库范围内的唯一值，此类型相当于BINARY8或VARBINARY(8)，但当它所定义的列在更新或插入数据行时，此列的值会被自动更新，一个计数值将自动地添加到此TIMESTAMP数据列中。每个数据库表中只能有一个TIMESTAMP数据列。如果建立一个名为“TIMESTAMP”的列，则该列的类型将被自动设为TIMESTAMP数据类型
UNIQUEI-DENTIFIER	UNIQUEIDENTIFIER数据类型存储一个16位的二进制数字。此数字称为GUID(Globally Unique Identifier，全球唯一鉴别号)。此数字由SQL Server的NEWID函数产生，全球唯一编码，全球各地的计算机经由此函数产生的数字不会相同

5.2　学员-课程数据库

本章将用学员-课程数据库作为实例来讲解SQL的数据定义语句的具体应用。为此，首先要定义一个学生-课程数据库。学生-课程数据库中包括以下3个表：

学生表：Student(Sno，Sname，Ssex，Sage，Sdept)

课程表：Course(Cno，Cname，Cpno，Ccredit)

学生选课表：SC(Sno，Cno，Grade)

关系的主码加下划线表示。各个表中的数据示例见图 5-2。

Student 表

Sno	Sname	Ssex	Sage	Sdept
201400001	李勇	男	20	CS
201400002	刘晨	女	20	CS
201400003	王敏	女	18	MA
201400004	张立	男	19	IS
201400006	欧阳一一	男	21	IS
201400007	欧阳一	女	20	MA

Course 表

Cno	Cname	Cpno	Ccredit
1	数据库基础	5	4
2	高等数学		2
3	软件工程	1	4
4	操作系统	7	3
5	数据结构	7	4
6	计算机基础		2
7	面向对象程序设计	6	4
8	DB_Design	1	3

SC 表

Sno	Cno	Grade
201400001	1	92
201400001	2	85
201400001	3	88
201400002	2	90
201400002	3	80
201400003	1	58

图 5-2　学生-课程数据库中的数据

5.3　定义数据库

5.3.1　创建数据库

创建用户数据库的最简洁的语句为：

CREATE　DATABASE　数据库名称

例 5-1　建立一个测试数据库 test。

create database "test"

执行后即可建立名为“test”的数据库。该数据库的所有设置都采用系统默认值，包括数据文件和日志文件名、位置、初始大小、文件组、最大容量、增长模式等。如果想指定文件大小、存储路径等参数的话，需要了解完整的数据库定义语句。

TSQL 数据库定义命令的完整语法格式是：

```
CREATE  DATABASE  database_name
[ ON
  [ < filespec > [ ,…n ] ]
    [ , < filegroup > [ ,…n ] ]
    [ LOG ON { < filespec > [ ,…n ] } ]
    FILENAME = 'os_file_name'
    [ , SIZE = size ]
    [ , MAXSIZE = { max_size | UNLIMITED } ]
    [ , FILEGROWTH = growth_increment ] [ ,…n ]
```

主要参数含义如下：

(1) database_name：新数据库的名称。数据库名称在服务器中必须唯一，并且符合标识符的命名规则。

(2) ON：指定显式定义用来存储数据库数据部分的磁盘文件(数据文件)。该关键字后跟以逗号分隔的<filespec>项列表，<filespec>项用以定义主文件组的数据文件。主文件组的文件列表后可跟以逗号分隔的<filegroup>项列表(可选)，<filegroup>项用以定义用户文件组及其文件。

(3) LOG ON：指定显式定义用来存储数据库数据库日志的磁盘文件(日志文件)。<filespec> 项用以定义日志文件。如果没有指定 LOG ON，将自动创建一个日志文件，该文件使用系统生成的名称，大小为数据库中所有数据文件总大小的 25%。

(4) SIZE：指定<filespec>中定义的文件的大小。如果主文件的<filespec>中没有提供 SIZE 参数，那么 SQL Server 将使用 model 数据库中的主文件大小。如果次要文件或日志文件的<filespec>中没有指定 SIZE 参数，则 SQL Server 将设定文件大小为 1 MB。

(5) MAXSIZE：指定<filespec>中定义的文件可以增长到的最大大小。max_size 是文件增长到的最大大小，可以使用千字节(KB)、兆字节(MB)、千兆字节(GB)或兆兆字节(TB)后缀，默认值为 MB。指定一个整数，不要包含小数位。如果没有指定 max_size，那么文件将增长到磁盘变满为止。

例 5-2 建立学生-课程数据库 S－T。逻辑文件名为“S－T”，实际文件名为“S－Tdata. MDF”的数据文件，其初始容量为 1 MB，最大容量为 10 MB；逻辑文件名为“S－T_Log”，实际文件名为“S－T_Log. LDF”的日志文件，其初始容量为 1 MB，最大容量为 5 MB。

在查询分析器中输入以下语句：

```
create database "S-T"
(
    name='S-T',
    filename='d:\program files\microsoft sql server\mssql\data\S-Tdata.mdf',
    size=1MB,
```

```
    maxsize = 10MB
)
log on
(
    name = 'S - T_Log',
    filename = 'd:\program files\microsoft sql server\mssql\data\S - TLog. Ldf',
    size = 1MB,
    maxsize = 5MB
)
```

执行该语句后，即可建立名为“S - T”的数据库。需要注意的是，对于本例来说，在执行该语句之前，必须保证路径“d:\program files\microsoft sql server\mssql\data\”存在。

5.3.2 修改数据库

在创建用户数据库后，有时需要对数据库结构进行修改。数据库结构的修改包括添加、删除和修改文件或文件组，更改数据文件和事务日志文件容量、增长方式和存储路径等。可以使用 SQL 语句 ALTER DATABASE 修改数据库。ALTER DATABASE 还支持数据库选项的设置。

修改用户数据库语句的完整语法格式如下：

```
ALTER DATABASE database
{ ADD FILE < filespec > [ ,…n ] [ TO FILEGROUP filegroup_name ]
  | ADD LOG FILE < filespec > [ ,…n ]
  | REMOVE FILE logical_file_name
  | ADD FILEGROUP filegroup_name
  | REMOVE FILEGROUP filegroup_name
  | MODIFY FILE < filespec >
  | MODIFY NAME = new_dbname
  | MODIFY FILEGROUP filegroup_name {filegroup_property | NAME = new_filegroup_name }
  | SET < optionspec > [ ,…n ] [ WITH < termination > ]
  | COLLATE < collation_name >
}
```

主要参数说明：

(1) database：要更改的数据库的名称。

(2) ADD FILE：指定要添加的文件。

(3) ADD LOG FILE：指定要将日志文件添加到指定的数据库。

例 5-3 对于例 5-2 中建立的数据库，将数据库文件的最大容量修改为 20 MB，数据库文件修改为每次以 10 MB 的空间增长,日志文件修改为每次以 10%的空间增长。

```
alter database "S-T"
modify file
(name='S-T',
 maxsize=20MB,
 filegrowth=10MB)
 alter database "S-T"
 modify file
 (name='S-T_log',
 maxsize=10,
 filegrowth=10%)
```

5.3.3 查看数据库参数

如果要查看创建后的用户数据库的参数,可以使用 sp_helpdb 命令。

例 5-4 使用 sp_helpdb 语句查看经过例 5-3 修改后的 S-T 数据库。

在查询窗口中输入 SQL 语句:

exec sp_helpdb "S-T"

查询结果如图 5-3 所示。

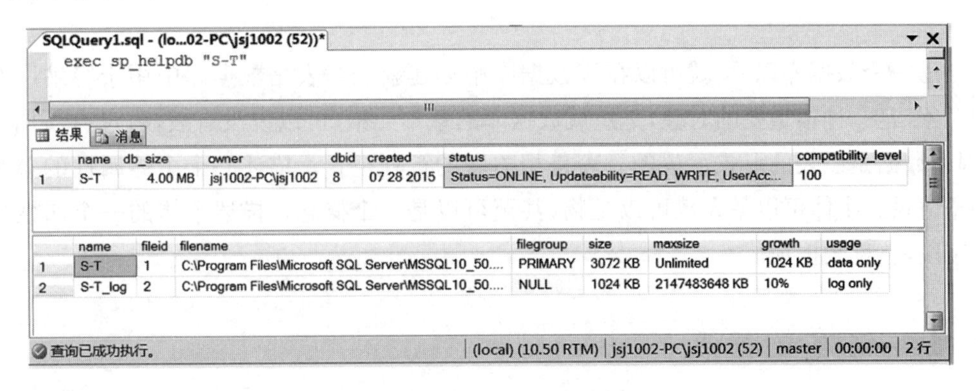

图 5-3 查看数据库 S-T 参数的结果

5.3.4 删除数据库

当确认不再需要一个数据库或已经将一个数据库移到另一数据库或服务器时,应该将它及时删除,这样就可以释放该数据库所占用的磁盘空间以备它用。一旦删除了一个数据库,它即被永久删除而无法进行检索,除非使用以前的备份。

删除用户数据库语句的完整语法:

DROP DATABASE database_name [,…n]

使用该命令一次可以删除几个数据库。database_name 是指定要删除的数据库名称。

删除数据库时，应注意以下几个方面的内容：

(1) 不能删除这样的数据库：

- 当前正处于打开状态以供另一个用户读取或写入的数据库。
- 当前正在存储的数据库。
- 正在出版任何数据库表的数据库(SQL Server 同步复制的一部分)。
- 系统数据库 master、model 和 tempdb。

(2) 不要轻易删除 msdb 系统数据库。

SQL Server 中用户能删除 msdb 系统数据库。但是，这样做是不明智的。msdb 数据库用来实现下面的重要任务：SQL Server 代理(SQL Server Agent)、同步复制(Replication)、SQL Server Web 向导(SQL Server Web Wizard)、数据转换服务(Data Transformations, DTS)，即使当前没有使用这些服务，也不要轻易删除 msdb。

(3) 及时备份。

在删除数据库后，使用被删除数据库作为默认值的 LoginID 现在将使用主控数据库 master 作为默认值。应该坚持在添加或删除任何表后备份 master 数据库。

5.4 定义数据表

创建一个数据库以后，就可以在该数据库中创建新表。表是数据库中用于容纳所有数据的对象，是一种很重要的对象，是组成数据库的基本元素，可以说没有表，就没有所谓数据库，因为数据是以表的形式存放的。表是相关联的行列组合。描述一个个体属性的总和称为一条记录。个体可以是人也可以是物，甚至可以是一个概念。描述个体的一个属性称为一个字段，也称数据项。

5.4.1 创建数据表

在 SQL 标准中，提供了 CREATE TABLE 语句用于表的创建。CREATE TABLE 语句的基本格式如下：

```
CREATE TABLE table_name
  ( column_name   data_type {[NULL | NOT NULL][PRIMARY KEY |
UNIQUE]}
      [,…n]
  )
```

参数说明：

(1) CREATE TABLE：语法关键词，表明是要创建表。

(2) table_name:用户自定义的表名。

(3) column_name:字段名。

(4) data_type:字段的数据类型。

(5) NULL|NOT NULL:允许字段为空或者不为空,默认情况下为 NULL。

(6) PRIMARY KEY|UNIQUE:字段设置为主键或者字段值唯一。

(7) [,…n]:表明可以重复前面的内容。在本语法中表明可以定义多个字段。

由于建表时还应考虑数据的完整性等问题,所以上面的语法是不全面的,但已经可以创建表了。

例 5-5 用 SQL 语句创建学生信息表 student。

```
CREATE TABLE Student
( Sno CHAR(9) PRIMARY KEY,
  Sname CHAR(20) UNIQUE,
  Ssex CHAR(2),
  Sage SMALLINT,
  Sdept CHAR(20)
)
```

说明:

(1) Sno 后的关键字 PRIMARY KEY 表明要将这一列设置为主键。

(2) Sname 后的关键字 UNIQUE 表示该属性列的值唯一。

例 5-6 在查询分析器中使用 CREATE TABLE 语句创建学员课程表 Course。

```
CREATE TABLE Course
( Cno CHAR(4) PRIMARY KEY,
  Cname CHAR(40),
  Cpno CHAR(4),
  Ccredit SMALLINT,
  FOREIGN KEY (Cpno)REFERENCES Course(Cno)
)
```

例 5-7 在查询分析器中使用 CREATE TABLE 语句创建学员选课表 SC。

```
CREATE TABLE SC
( Sno CHAR(9),
  Cno CHAR(4),
  Grade SMALLINT,
  PRIMARY KEY(Sno,Cno),
  FOREIGN KEY (Sno)REFERENCES Student(Sno),
  FOREIGN KEY (Cno)REFERENCES Course(Cno)
)
```

5.4.2 创建完整性约束

在定义表时，除了字段、数据类型、数据长度的设置，还包括主键、外键及参照表、是否允许取 NULL 值、默认值、检验等设置，这些设置用于实现关系数据库的数据完整性。完整性约束是通过限制列中数据、行中数据和表之间数据来保证数据完整性的非常有效的方法，约束可以确保把有效的数据输入到列中以及维护表和表之间的特定关系。为维护数据库的完整性，数据库管理系统必须能够实现如下功能：

(1) 提供定义完整性约束条件的机制。

(2) 提供完整性检查的方法。

(3) 进行违约处理。

每一种数据完整性类型都由不同的约束类型来保障。表 5-8 描述了不同类型的约束和完整性之间的关系。

表 5-8　约束和完整性之间的关系

完整性类型	约束类型	描述
实体完整性	PRIMARY KEY	每一行的唯一标识符，确保用户不能输入冗余值和确保创建索引，提高性能，不允许空值
	UNIQUE	防止出现冗余值，并且确保创建索引，提高性能，允许空值
参照完整性	FOREIGN KEY	定义一列或者几列，其值与本表或者另外一个表的主键值匹配
用户自定义完整性	DEFAULT	在使用 INSERT 语句插入数据时，如果某列值没有明确提供，则将定义的缺省值插入到该列中
	CHECK	指定某一个列中的可保存值的范围

1. 实体完整性

(1) 定义实体完整性

关系模型的实体完整性在 CREATE TABLE 中用 PRIMARY KEY 定义。对单属性构成的码有两种说明方法，一种是定义为列级约束条件，另一种是定义为表级约束条件。对多个属性构成的码只有一种说明方法，即定义为表级约束条件。

例 5-8　将 Student 表中的 Sno 属性定义为码。

```
CREATE TABLE Student
  ( Sno CHAR(9)PRIMARY KEY,          /* 在列级定义主码 */
    Sname CHAR(20)NOT NULL,
    Ssex CHAR(2),
    Sage SMALLINT,
    Sdept CHAR(20)
  )
```

或者

```
CREATE TABLE Student
  (Sno CHAR(9),
   Sname CHAR(20)NOT NULL,
   Ssex CHAR(2),
   Sage SMALLINT,
   Sdept CHAR(20),
   PRIMARY KEY (Sno)              /* 在表级定义主码 */
  )
```

例 5-9 将 SC 表中的 Sno、Cno 属性组定义为码。

```
CREATE TABLE SC
  ( Sno CHAR(9)NOT NULL,
    Cno CHAR(4)NOT NULL,
    Grade SMALLINT,
    PRIMARY KEY (Sno,Cno)         /* 只能在表级定义主码 */
  )
```

(2) 实体完整性检查和违约处理

用 PRIMARY KEY 短语定义了关系的主码后,每当用户程序对基本表插入一条记录或对主码列进行更新操作时,关系数据库管理系统将按照第 2 章 2.3.1 小节中讲解的实体完整性规则自动进行检查,包括:

① 检查主码值是否唯一,如果不唯一则拒绝插入或修改。

② 检查主码的各个属性是否为空,只要有一个为空就拒绝插入或修改。

这样就保证了实体完整性。

2. 参照完整性

(1) 定义参照完整性

关系模型的参照完整性包括在 CREATE TABLE 中用 FOREIGN KEY 短语定义哪些列为外码,用 REFERENCES 短语指明这些外码参照了哪些表的主码。

例如,关系 SC 中一个元组表示一个学生选修的某门课程的成绩,(Sno,Cno)是主码,Sno、Cno 分别参照引用了 Student 表的主码和 Course 表的主码。

例 5-10 定义 SC 中的参照完整性。

```
CREATE TABLE SC
(Sno CHAR(9) NOT NULL,
  Cno CHAR(4) NOT NULL,
  Grade SMALLINT,
  PRIMARY KEY (Sno,Cno),                          /* 在表级定义实体完整性 */
  FOREIGN KEY(Sno) REFERENCES Student(Sno), /* 在表级定义参照完整性 */
```

```
    FOREIGN KEY(Cno) REFERENCES Course(Cno)
    /* 在表级定义参照完整性 */
)
```

(2) 参照完整性检查和违约处理

参照完整性将两个表中的相应元组联系起来。对被参照表和参照表进行增加、删除和修改操作时有可能破坏参照完整性,必须进行检查以保证这两个表的相容性。

例如,对表 SC 和表 Student,有 4 种可能破坏参照完整性的情况:

① SC 表中增加一个元组,该元组的 Sno 属性值在表 Student 中找不到一个元组,其 Sno 属性值与之相等。

② 修改 SC 表中的一个元组,修改后该元组的 Sno 属性值在表 Student 中找不到一个元组,其 Sno 属性值与之相等。

③ 从 Student 表中删除一个元组,造成 SC 表中某些元组的 Sno 属性值在表 Student 中找不到一个元组,其 Sno 属性值与之相等。

④ 修改 Student 表中一个元组的 Sno 属性,造成 SC 表中某些元组的 Sno 属性值在表 Student 中找不到一个元组,其 Sno 属性值与之相等。

当上述的不一致发生时,系统可以采用以下策略加以处理:

① 拒绝(NO ACTION)执行。

不允许该操作执行。该策略一般被设置为默认策略。

② 级联(CASCADE)操作。

当删除或修改被参照表(Student)的一个元组导致与参照表(SC)不一致时,删除或修改参照表中的所有导致不一致的元组。

例如,删除 Student 表中 Sno 值为“201400001”的元组,则要从 SC 表中级联删除 SC.Sno='201400001'的所有元组。

③ 设置为空值。

当删除或修改被参照表的一个元组造成了不一致时,则将参照表中的所有造成不一致的元组的对应属性设置为空值。

例如,有下面两个关系:

学生(<u>学号</u>,姓名,性别,专业号,年龄)

专业(<u>专业号</u>,专业名)

其中学生关系的“专业号”是外码,因为“专业号”是专业关系的主码。

假设专业表中某个元组被删除,专业号为“12”,按照设置为空值的策略,就要把学生表中专业号为“12”的所有元组的专业号设置为空值。这对应这样的语义:某个专业删除了,该专业的所有学生专业未定,等待重新分配专业。

是不是所有的外码都可以取空值呢?接下来讨论外码接受空值的情况。

例如,学生表中“专业号”是外码,按照应用的实际情况可以取空值,表示这个学生的专业尚未确定。但在学生-选课数据库中,关系 Student 为被参照关系,其主码为 Sno;SC 为参照关系,Sno 为外码,它能否取空值呢?答案是否定的。因为 Sno 为 SC 的主属性,按照实体完整性 Sno 不能为空值。若 SC 的 Sno 为空值，则表明尚不存在的某个学生，或者某个不知学号的学生，选修了某门课程，其成绩记录在 Grade 列中。这与学校的应用环境是不相符的，因此 SC 的 Sno 列不能取空值。同样，SC 的 Cno 是外码，也是 SC 的主属性，也不能取空值。

因此对于参照完整性，除了应该定义外码外，还应定义外码列是否允许空值。

一般情况下，当对参照表或被参照表的操作违反了参照完整性时，系统采用默认策略，即拒绝执行。如果想让系统采用其他策略，则必须在创建参照表时显式地加以说明。

可能破坏参照完整性的情况及相应违约处理总结如表 5-9 所示。

表 5-9 可能破坏参照完整性的情况及违约处理

被参照表(例如 Student)	参照表(例如 SC)	违约处理
可能破坏参照完整性	插入元组	拒绝
可能破坏参照完整性	修改外码值	拒绝
删除元组	可能破坏参照完整性	拒绝/级联删除/设置为空值
修改主码值	可能破坏参照完整性	拒绝/级联修改/设置为空值

例 5-11 显式说明参照完整性的违约处理。

```
CREATE TABLE SC
(Sno CHAR(9),
Cno CHAR(4),
Grade SMALLINT,
PRIMARY KEY (Sno,Cno),/* 在表级定义实体完整性,Sno、Cno 都不能取空值 */
FOREIGN KEY(Sno) REFERENCES Student(Sno),
/* 在表级定义参照完整性 */
  ON DELETE CASCADE
  /* 当删除 Student 表中的元组时,级联删除 SC 表中相应的元组 */
  ON UPDATE CASCADE
  /* 当更新 Student 表中的 Sno 时,级联更新 SC 表中相应的元组 */
FOREIGN KEY(Cno) REFERENCES Course(Cno)
/* 在表级定义参照完整性 */
    ON DELETE NO ACTION
    /* 当删除 Course 表中的元组造成与 SC 表不一致时,拒绝删除 */
ON UPDATE CASCADE
/* 当更新 Course 表中的 Cno 时,级联更新 SC 表中相应的元组 */
)
```

可以对 DELETE 和 UPDATE 采用不同的策略。例如，例 5-11 中当删除被参照表(Course 表)中的元组，造成与参照表(SC 表)不一致时，拒绝删除被参照表的元组；对更新操作则采取级联更新的策略。

从上面的讨论可以看到，关系数据库管理系统在实现参照完整性时，除了要提供定义主码、外码的机制外，还需要提供不同的策略供用户选择。具体选择哪种策略，要根据应用环境的要求确定。

3. 用户自定义完整性

用户自定义完整性就是针对某一具体应用的数据必须满足的语义要求。目前的关系数据库管理系统都提供了定义和检验这类完整性的机制，使用了和实体完整性、参照完整性相同的技术和方法来处理它们，而不必由应用程序承担这一功能。用户自定义完整性可以分别从属性和元组两个方面进行。

(1) 属性上约束条件的定义

在 CREATE TABLE 中定义属性的同时，可以根据应用要求定义属性上的约束条件，即属性值限制，包括：

① 列值非空(NOT NULL)。

② 列值唯一(UNIQUE)。

③ 检查列值是否满足一个条件表达式(CHECK 短语)。

例 5-12 在定义 SC 表时，说明 Sno、Cno、Grade 属性不允许取空值。

```
CREATE TABLE SC
    (Sno CHAR(9) NOT NULL,          /* Sno 属性不允许取空值 */
    Cno CHAR(4) NOT NULL,           /* Cno 属性不允许取空值 */
    Grade SMALLINT NOT NULL,        /* Grade 属性不允许取空值 */
    PRIMARY KEY (Sno,Cno) )
    /* 在表级定义实体完整性，隐含了 Sno、Cno 不允许取空值，在列级不允许取空值
    的定义可不写 */
```

例 5-13 建立部门表 DEPT，要求部门名称 Dname 列取值唯一，部门编号 Deptno 列为主码。

```
CREATE TABLE DEPT
  (Deptno NUMERIC(2),
   Dname CHAR(9) UNIQUE NOT NULL,
   /* 要求 Dname 列值唯一，且不能取空值 */
   Location CHAR(10),
   PRIMARY KEY (Deptno)
  )
```

例 5-14 设置 Student 表的 Ssex 只允许取“男”或“女”。

```
CREATE TABLE Student
  (Sno CHAR(9) PRIMARY KEY,       /* 在列级定义主码 */
   Sname CHAR(8) NOT NULL,        /* Sname 属性不允许取空值 */
   Ssex CHAR(2) CHECK(Ssex IN ('男','女')),
```

```
    /* 性别属性 Ssex 只允许取"男"或"女" */
    Sage SMALLINT,
    Sdept CHAR(20)
  )
```

例 5-15　设置 SC 表的 Grade 的值在 0～100 范围内。

```
CREATE TABLE SC
  (Sno CHAR(9),
   Cno CHAR(4),
   Grade SMALLINT CHECK(Grade>=0 AND Grade<=100),
   /* Grade 的取值范围是 0 到 100 */
   PRIMARY KEY (Sno,Cno),
   FOREIGN KEY(Sno) REFERENCES Student(Sno),
   FOREIGN KEY(Cno) REFERENCES Course(Cno)
  )
```

(2) 元组上约束条件的定义

与属性上约束条件的定义类似,在 CREATE TABLE 语句中可以用 CHECK 短语定义元组上的约束条件,即元组级的限制。同属性值限制相比,元组级的限制可以设置不同属性之间的取值的相互约束条件。

例 5-16　设置约束:当学生的性别为男时,其名字不能以 Ms. 打头。

```
CREATE TABLE Student
  (Sno CHAR(9) ,
   Sname CHAR(8) NOT NULL,
   Ssex CHAR(2),
   Sage SMALLINT,
   Sdept CHAR(20),
   PRIMARY KEY(Sno),
   CHECK (Ssex='女' OR Sname NOT LIKE 'Ms.%')
   /* 定义元组中 Sname 和 Ssex 两个属性值之间的约束条件 */
  )
```

性别是女性的元组都能通过该项 CHECK 检查,因为 Ssex='女'成立;当性别是男性时,要通过检查则名字一定不能以 Ms. 打头,因为 Ssex='男'时,条件要想为真值,Sname NOT LIKE 'Ms.%'必须为真值。

约束条件的检查和违约处理:当往表中插入元组或修改属性的值时,关系数据库管理系统将检查属性和元组上的约束条件是否被满足,如果不满足则操作被拒绝执行。

5.4.3　修改数据表结构

已经定义好的表,根据需要可能要进行结构或其他方面的修改,如修改表结构,修改主键、外键、检验或默认约束等表的属性，表的重命名，修改规则等。可使用 ALTER TABLE 语句对表进行修改，其功能强大，但语法复杂。ALTER TABLE 语句的语法格式如下：

```
ALTER TABLE Tablename
  ADD columnname datatype
  [DEFAULT expression]
  [REFERENCES Tablename {columnname}]
  [CHECK constraint]
```

下面对具体可以实现的功能分别加以介绍。

1. 添加字段

使用 ALTER TABLE 语句中的 ADD 子句可以向表中添加字段。语法格式如下：

```
ALTER TABLE 表名
  ADD{<字段定义>|字段名 As 计算字段表达式}[,…n]
```

“字段定义”的含义和要求与 CREATE TABLE 语句中的相同。

例 5-17　要在学员基本信息表中增加“入党/团时间”字段，可在查询分析器中执行：

```
ALTER TABLE 学员基本信息表
  ADD 入党/团时间  datetime
```

2. 修改字段定义

使用 ALTER TABLE 语句修改已定义字段的语法格式如下：

```
ALTER TABLE 表名
  ALTER COLUMN 字段名 新数据类型[NULL|NOT NULL]
```

例 5-18　将学员基本信息表中的“入党/团时间”从 datetime 类型修改为 smalldatetime 类型，可在查询分析器中执行：

```
ALTER TABLE 学员基本信息表
  ALTER COLUMN [入党/团时间] smalldatetime
```

3. 删除字段

使用 ALTER TABLE 命令的 DROP COLUMN 子句可以从表中删除一个或多个字段。语法格式如下：

```
ALTER TABLE 表名
  DROP COLUMN 字段名[,…n]
```

例 5-19　将学员基本信息表中的“入党/团时间”删除，可在查询分析器中执行：

```
ALTER TABLE 学员基本信息表
  DROP COLUMN 入党/团时间
```

5.4.4　删除数据表

如果不再需要使用某个或某些数据表,可以使用 DROP TABLE 语句将它们从数据库中删除。语法格式如下：

DROP　TABLE　表名[,…n]

要注意的是,如果删除的表中有被其他表引用的字段,则该表不能被删除,必须先解除引用。另外,只有表的拥有者才可以删除表。用户不能删除系统表。

例 5-20　删除"学员成绩表"。

DROP　TABLE　学员成绩表

5.4.5　任务实践——创建"军校基层连队管理系统"数据库及基本表

任务 5-1　创建"军校基层连队管理系统"数据库。

在查询分析器中输入如下 SQL 语句：

create database 军校基层连队管理系统

点击执行,即可创建"军校基层连队管理系统"数据库,其参数均为系统默认值。如图 5-4 所示。

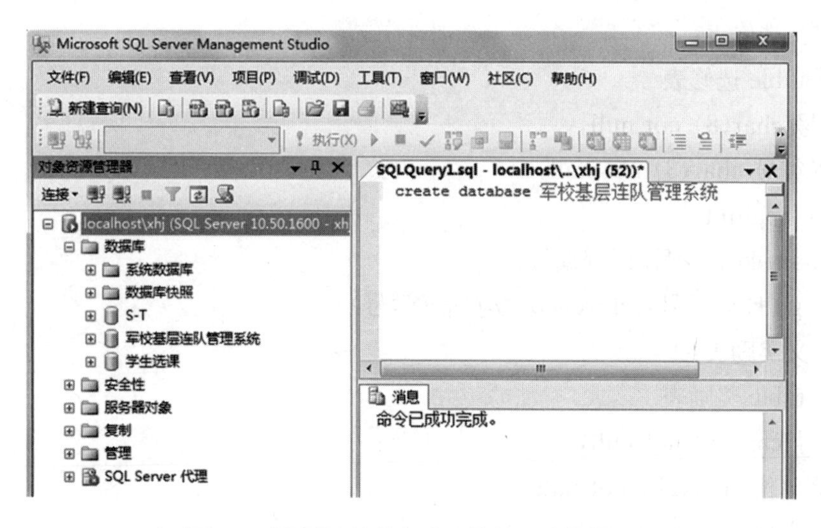

图 5-4　创建"军校基层连队管理系统"数据库

任务 5-2　创建"军校基层连队管理系统"中的基本表。

根据第 3 章中表 3-28 给出的"军校基层连队管理系统"中 6 个关系模式的完整性约束,利用 CREATE TABLE 语句定义"军校基层连队管理系统"数据库中对应的 6 个基本表。

(1) 定义学员信息表：

create table 学员表

```
  (学号 char(8) primary key,
  姓名 char(20),
  性别 char(2),
  出生日期 datetime,
  籍贯 char(50),
  连队编号 char(3))
```

(2) 定义连队表:

```
create table 连队表
  (连队编号 char(3) primary key,
  连队名称 char(20) not null,
  连队主官 char(10) unique not null,
  办公电话 char(5))
```

(3) 定义课程表:

```
create table 课程表
  (课程编号 char(3) not null,
  课程名称 char(30) unique not null,
  课程性质 char(8) not null,
  学时 smallint not null,
  学分 smallint not null)
```

(4) 定义选修表:

```
create table 选修表
  (学号 char(8) not null,
  课程编号 char(3) not null,
  成绩 smallint ,
  primary key(学号,课程编号),
  foreign key(学号)references 学员表(学号))
```

(5) 定义奖励表:

```
create table 奖励表
  (学号 char(8) not null,
  授奖单位 char(20) not null,
  奖励类型 char(50) not null ,
  奖励时间 datetime,
  primary key(学号,授奖单位,奖励类型,奖励时间),
  foreign key(学号)references 学员表(学号))
```

(6) 定义处分表:

```
create table 处分表
  (学号 char(8) not null,
```

批准单位 char(20) not null,
处分类型 char(50) not null,
处分时间 datetime,
primary key(学号,批准单位,处分类型, 处分时间),
foreign key (学号)references 学员表(学号))

建立的6个基本表如图5-5所示。

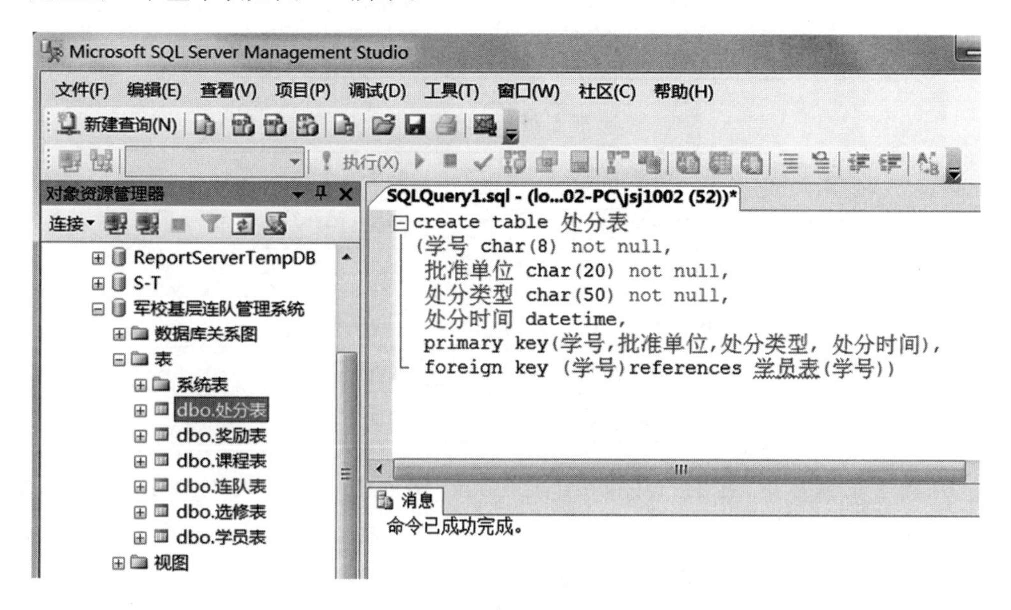

图5-5 “军校基层连队管理系统”数据库的基本表

本 章 小 结

本章首先介绍了SQL Server 2008的数据类型、表结构的设计,然后介绍了使用SQL语句进行表的创建、修改、删除、查看及重命名等,如何使用约束、规则和默认值对表中的数据进行约束,以及如何使用SQL语句创建和管理约束、规则及默认值。通过本章的学习,学员将全面了解表的管理操作。

思考与练习

1. 分别在图书数据库中创建一个图书表和一个读者表,表字段分别如表5-10、表5-11所示。

表 5-10　图书表

字段名	数据类型
Book_Id	Char(10)
Book_Name	Char(8)
Book _Author	Char(30)
Book_Publisher	Char(20)
Book _Kind	Char(10)

表 5-11　读者表

字段名	数据类型
Reader_Id	Char(10)
Reader_Name	Char(8)
Reader_Adress	Char(30)
Reader_Kind	Char(10)
Reader_Tel	Char(11)

2. 在图书数据库中，表 LendRecord 的 Book_Id 属性的数据类型为 INT 类型，和表 Book 的 Book_ID 属性的数据类型(char(10))不同。要求修改表 LendRecord，使其中 Book_ID 的数据类型与表 Book 中的一致。

3. 从图书数据库中删除表 LendRecord。

4. 假设有下面两个关系模式：

职工(职工号，姓名，年龄，职务，工资，部门号)

部门(部门号，名称，经理名，电话)

用 SQL 语言定义这两个关系模式，要求在模式中完成以下完整性约束条件的定义：

(1) 定义每个模式的主码；(2) 定义参照完整性；(3) 定义职工年龄不得超过 60 岁。

5. 在关系系统中，当操作违反实体完整性、参照完整性和用户自定义完整性约束条件时，一般是如何分别进行处理的？

6. 什么是数据库的完整性？DBMS 的完整性子系统的功能是什么？

7. 完整性规则由哪几个部分组成？关系数据库的完整性规则有哪几类？

8. 设教学数据库的模式如下：

s(s＃，SNAME，AGE，SEX)

sc(s＃，c＃，GRADE)

c(c＃，CNAME，TEACHER)

试用多种方式定义下列完整性约束：

(1) 在关系 s 中插入的学员年龄值在 16～25 范围内。

(2) 在关系 sc 中插入元组时，其 s＃值和 c＃值必须分别在关系 s 和关系 c 中出现。

(3) 在关系 sc 中修改 GRADE 值时，必须仍在 0～100 范围内。

(4) 在关系 c 中删除一个元组时,首先要把关系 sc 中具有同样 c#值的元组全部删去。

(5) 在关系 s 中把某个 s#值修改为新值时,必须同时把关系 sc 中那些同样的 s#值也修改为新值。

实验2 数据库和基本表的创建与管理

1. 实验目的

(1) 熟练掌握和使用 Microsoft SQL Server Management Studio 和 Transact-SQL 语句创建和管理数据库、创建并删除数据表、修改表结构,学会使用 SQL Server 查询分析器接收 Transact-SQL 语句并进行结果分析。

(2) 使学员加深对数据库完整性的理解,掌握数据库完整性、约束、默认值的概念及其相应实现方法。

2. 实验内容

(1) 创建数据库。

(2) 查看和修改数据库的属性。

(3) 删除数据库。

(4) 创建基本表以及表的完整性约束。

(5) 查看和修改基本表。

(6) 删除基本表。

第6章 数据操作

学习目标

【知识目标】

★ 掌握使用SELECT语句查询数据的方法。
★ 掌握重新排序查询结果的方法。
★ 掌握分组或统计查询结果的方法。
★ 理解视图的概念和作用。
★ 掌握创建视图、修改视图、删除视图的方法。

【技能目标】

★ 会使用SELECT语句精确查询或模糊查询数据库中的信息。
★ 会重新排序查询结果。
★ 会分组统计或汇总查询结果。
★ 会根据需要创建、修改、删除视图。

任务陈述

(1) 某教务参谋希望在“军校基层连队管理系统”数据库中插入一个新学员的所有信息;若有学员留级等情况,教务参谋需修改他的基本信息;若有学员退学或转学,教务参谋需删除其信息等。

(2) 某学员队学员希望从“军校基层连队管理系统”数据库中查看某教员开设的选修课程信息、某门课程可以有多少名学员选修;各学员队教导员希望查看自己学员队学员选修课程情况;而教务处负责选修课程的参谋则希望查询并统计学员选报选修课程的情况和统计所有选修课程的平均报名人数等。

(3) 某学员队指导员需要经常查看自己学员队学员选修课程的情况;教务处参谋需要经常查看各系开设的选修课程情况、学员选修课程的情况等。

针对以上需求,需要在学员-课程数据库中创建视图,并在需要的时候修改或删除视图等。

6.1　SQL 更新语句

数据更新操作有三种：向表中添加若干行数据、修改表中的数据和删除表中的若干行数据。在 SQL 中有相应的三类语句。

6.1.1　插入数据

SQL 的数据插入语句 INSERT 通常有两种形式，一种是插入一个元组，另一种是插入子查询结果（一次插入多个元组）。

1. 插入一个元组

```
INSERT
  INTO <表名> [(<属性列 1>[,<属性列 2>]…)]
  VALUES (<常量 1> [,<常量 2>]…)
```

其功能是将新元组插入指定表中。其中新元组的属性列 1 的值为常量 1，属性列 2 的值为常量 2……INTO 子句中没有出现的属性列，新元组在这些列上将取空值。但要注意的是，在表定义时说明了 NOT NULL 的属性列不能取空值，否则会出错。

如果 INTO 子句中没有指明任何属性列名，则新插入的元组必须在每个属性列上均有值。

例 6-1　将一个新学生元组（学号：201400008；姓名：陈冬；性别：男；所在系：IS；年龄：18 岁）插入到 Student 表中。

```
INSERT
  INTO Student(Sno,Sname,Ssex,Sdept,Sage)
  VALUES ('201400008','陈冬','男','IS',18)
```

执行语句后，结果如图 6-1 所示。

Sno	Sname	Ssex	Sage	Sdept
201400001	李勇	男	20	CS
201400002	刘晨	女	20	CS
201400003	王敏	女	18	MA
201400004	张立	男	19	IS
201400006	欧阳一一	男	21	IS
201400007	欧阳一	女	20	MA
201400008	陈冬	男	18	IS

图 6-1　插入带属性名的元组结果

在 INTO 子句中指出了表名 Student，指出了新增加的元组在哪些属性上要赋值，属性的顺序可以与 CREATE TABLE 中的顺序不一样。VALUES 子句对新元组的各属性赋值，字符串常数要用单引号(英文符号)括起来。

例 6-2 将学生张成民的信息插入到 Student 表中。

```
INSERT
  INTO Student
  VALUES ('201400005','张成民','男',18,'CS')
```

执行语句后，结果如图 6-2 所示。

Sno	Sname	Ssex	Sage	Sdept
201400001	李勇	男	20	CS
201400002	刘晨	女	20	CS
201400003	王敏	女	18	MA
201400004	张立	男	19	IS
201400005	张成民	男	18	CS
201400006	欧阳一一	男	21	IS
201400007	欧阳一	女	20	MA
201400008	陈冬	男	18	IS

图 6-2 插入不带属性名的元组结果

与例 6-1 不同的是在 INTO 子句中只指出了表名，没有指出属性名，这表示新元组要在表的所有属性列上都指定值，属性列的次序与 CREATE TABLE 中的次序相同。用 VALUES 子句对新元组的各属性列赋值，一定要注意值与属性列要一一对应，否则会因为数据类型不同而出错。

例 6-3 插入一条选课记录('201400008','1')(注：新插入的记录在 Grade 列上取空值)。

```
INSERT
  INTO SC(Sno,Cno)
  VALUES('201400008','1')
```

或

```
INSERT
  INTO SC
  VALUES('201400008','1',NULL)
```

执行语句后，结果如图 6-3 所示。

Sno	Cno	Grade
201400001	1	92
201400001	2	85
201400001	3	88
201400002	2	90
201400002	3	80
201400003	1	58
201400008	1	NULL

图 6-3 插入某个属性值为空的结果

对 INTO 子句,需要补充说明以下几点:

(1) 指定要插入数据的表名及属性列。

(2) 属性列的顺序可与表定义中的顺序不一致。

(3) 没有指定属性列,表示要插入的是一条完整的元组,且属性列属性与表定义中的顺序一致。

(4) 指定部分属性列时,插入的元组在其余未指定的属性列上取空值。

对于 VALUES 子句,其提供的值必须与 INTO 子句匹配,包括值的个数、值的类型。

2. 插入子查询结果

子查询不仅可以嵌套在 SELECT 语句中,用以构造父查询的条件,也可以嵌套在 INSERT 语句中,用以生成要插入的批量数据。其语法格式如下:

```
INSERT
  INTO <表名>[(<属性列 1>[,<属性列 2>]…)]
       子查询
```

其功能是将子查询结果插入指定表中。

例 6-4 对每一个系,求学生的平均年龄,并把结果存入数据库。

第一步,建表——首先在数据库中建立一个新表,其中一列存放系名,另一列存放相应的学生平均年龄。

```
CREATE  TABLE  Dept_age
  (Sdept CHAR(15),
  Avg_age SMALLINT)
```

第二步,插入数据——对 Student 表按系分组求平均年龄,再把系名和平均年龄存入新表中。

```
INSERT
  INTO  Dept_age(Sdept,Avg_age)
  SELECT  Sdept,AVG(Sage)
```

```
FROM   Student
GROUP BY Sdept
```

执行语句后，结果图 6-4 所示。

Sdept	Avg_age
CS	19
IS	19
MA	19

图 6-4 插入子查询的更新结果

6.1.2 修改数据

修改操作又称为更新操作，使用 UPDATE 命令，其语法格式如下：

```
UPDATE  ＜表名＞
  SET ＜列名＞=＜表达式＞[,＜列名＞=＜表达式＞]…
  [WHERE ＜条件＞]
```

其功能是修改指定表中满足 WHERE 子句条件的元组。其中 SET 子句给出“表达式”的值用于取代相应的属性列值。如果省略 WHERE 子句，则表示要修改表中的所有元组。

1. 修改某一个元组的值

例 6-5 将 Sno 属性值为 201400001 的学生年龄改为 21 岁。

```
UPDATE  Student
  SET Sage=21
  WHERE  Sno='201400001'
```

2. 修改多个元组的值

例 6-6 将所有学生的年龄增加 1 岁。

```
UPDATE Student
  SET Sage=Sage+1
```

3. 带子查询的修改语句

子查询也可以嵌套在 UPDATE 语句中，用以构造修改的条件。

例 6-7 将计算机科学系全体学生的成绩置零。

```
UPDATE SC
  SET  Grade=0
  WHERE  'CS'=
```

```
(SELECT Sdept
FROM Student
WHERE Student.Sno = SC.Sno)
```

6.1.3　删除数据

删除数据采用 DELETE 命令，其语法格式为：

```
DELETE
  FROM <表名>
  [WHERE <条件>]
```

其功能是从指定表中删除满足 WHERE 子句条件的所有元组。如果省略 WHERE 子句，表示删除表中全部元组，但表的定义仍在字典中。也就是说，DELETE 语句删除的是表中的数据，而不是关于表的定义。

1. 删除某一个元组的值

例 6-8　删除学号为 201400008 的学生记录。

```
DELETE
  FROM Student
  WHERE Sno = '201400008'
```

2. 删除多个元组的值

例 6-9　删除所有的学生选课记录。

```
DELETE
  FROM SC
```

说明：DELETE 语句使 SC 成为空表，它删除了 SC 的所有元组。

3. 带子查询的删除语句

子查询同样也可以嵌套在 DELETE 语句中，用以构造执行删除操作的条件。

例 6-10　删除计算机科学系所有学生的选课记录。

```
DELETE
  FROM SC
  WHERE 'CS' =
           (SELECT Sdept
           FROM Student
           WHERE Student.Sno = SC.Sno)
```

说明：对某个基本表中数据的增、删、改操作有可能会破坏数据库的参照完整性。

6.1.4 任务实践——实现“军校基层连队管理系统”中的数据更新

任务 6-1 将选修表中所有人的成绩增加 2 分。

```
UPDATE 选修表
  SET 成绩 = 成绩 + 2
```

执行语句后,结果如图 6-5 所示。

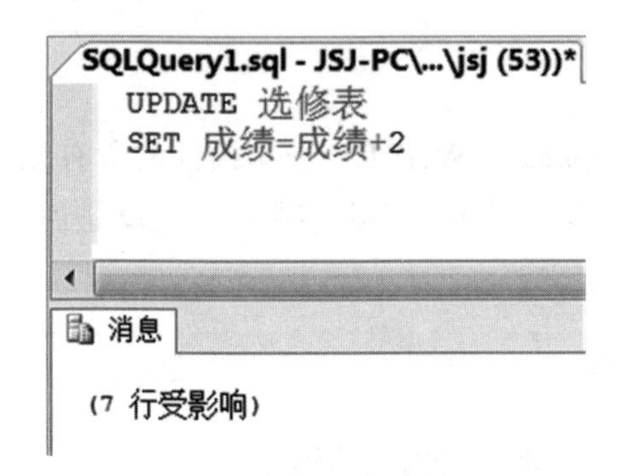

图 6-5 将每个学生的成绩增加 2 分的结果

任务 6-2 将连队编号为“002”的学员选修“2”号课程的成绩置空。

```
UPDATE 选修表
  SET 成绩 = NULL
  WHERE 课程编号 = '2'
  AND '002' =
  (SELECT 连队编号
  FROM 学员表
  WHERE 学员表.学号 = 选修表.学号)
```

执行语句后,结果如图 6-6 所示。

学号	课程编号	成绩
20122015	1	94
20122015	2	82
20122015	4	84
20122015	5	73
20122033	2	NULL
20122033	3	92
20122033	6	72

图 6-6 将“002”连队学员“2”号选修课成绩置空的结果

任务 6-3 现有学号为“20122015”的学员从“003”连队转到“002”连队，因此该学员的科目要重新选修，首先应该删除该学员的选课记录。

```
DELETE
  FROM 选修表
  WHERE 学号='20122015'
  UPDATE 学员表
  SET 连队编号='002'
  WHERE 学号='20122015'
```

任务 6-4 删除“处分表”中所有记录。

```
TRUNCATE TABLE 处分表
```

另外也可以用如下语句实现：

```
DELETE
  FROM 处分表
```

任务 6-5 删除连队编号为“002”学员的“炮兵武器装备概论”科目的选课记录。

```
DELETE
  FROM 选修表
  WHERE '002'=
    (SELECT 连队编号
    FROM 学员表
    WHERE 学员表.学号=选修表.学号)
  AND '炮兵武器装备概论'=
    (SELECT 课程名称
    FROM 课程表
    WHERE 课程表.课程编号=选修表.课程编号)
```

执行语句后，结果如图 6-7 所示。

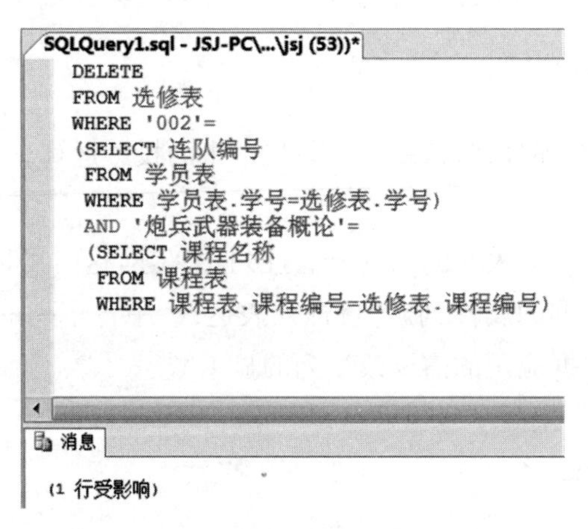

图 6-7 删除某连队某课程的选课记录

6.2 SQL 查询语句

数据库查询是数据库的核心操作。SQL 提供了 SELECT 语句进行数据库的查询，该语句具有灵活的使用方式和丰富的功能。SELECT 语句的语法格式如下：

SELECT [ALL|DISTINCT] ＜目标列表达式＞ [,＜目标列表达式＞] …

  FROM ＜表名或视图名＞[,＜表名或视图名＞] …

  [WHERE ＜条件表达式＞]

  [GROUP BY ＜列名 1＞ [HAVING ＜条件表达式＞]]

  [ORDER BY ＜列名 2＞ [ASC|DESC]]

功能：根据 WHERE 子句的条件表达式，从 FROM 子句指定的基本表或视图中找出满足条件的元组，再按 SELECT 子句中的目标列表达式，选出元组中的属性值形成结果表。

说明：

(1) SELECT 子句：指定要显示的属性列。

(2) FROM 子句：指定查询对象(基本表或视图)。

(3) WHERE 子句：指定查询条件。

(4) GROUP BY 子句：将结果按“列名 1”的值进行分组，该属性列值相等的元组为一个组。通常会在每组中作用聚集函数。

(5) HAVING 短语：输出满足指定条件的组。

(6) ORDER BY 子句：将结果表按“列名 2”的值的升序或降序排序。

6.2.1 单表查询

单表查询是指仅涉及一个表的查询。

1. 选择表中的若干列

选择表中的全部列或部分列，这就是关系代数中的投影运算。

(1) 查询指定列

在很多情况下，用户只对表中的一部分属性列感兴趣，这时可以在 SELECT 子句的“目标列表达式”中指定要查询的属性列。“目标列表达式”中各个列的先后顺序可以与表中的顺序不一致，用户可以根据应用的需要改变列的显示顺序。

例 6-11 查询全体学生的学号与姓名。

```
SELECT Sno,Sname
  FROM Student
```

执行语句后，结果如图 6-8 所示。

Sno	Sname
201400001	李勇
201400002	刘晨
201400007	欧阳一
201400006	欧阳一一
201400003	王敏
201400004	张立

图 6-8 查询某两列的结果

例 6-12 查询全体学生的姓名、学号、所在系。

```
SELECT Sname,Sno,Sdept
  FROM Student
```

(2) 查询全部列

将表中的所有属性列都选出来可以有两种方法,一种方法是在 SELECT 关键字后面列出所有列名,另一种方法是简单地将"目标列表达式"指定为" * "号,即列的显示顺序与其在基本表中的顺序相同。

例 6-13 查询全体学生的详细记录。

```
SELECT  Sno,Sname,Ssex,Sage,Sdept
  FROM Student
```

或

```
SELECT *
  FROM Student
```

执行语句后,结果如图 6-9 所示。

Sno	Sname	Ssex	Sage	Sdept
201400001	李勇	男	20	CS
201400002	刘晨	女	20	CS
201400003	王敏	女	18	MA
201400004	张立	男	19	IS
201400006	欧阳一一	男	21	IS
201400007	欧阳一	女	20	MA

图 6-9 查询全部列的结果

(3) 查询经过计算的值

SELECT 子句的"目标列表达式"可以是属性列、算术表达式、字符串常量、函数、列别名等。

例 6-14 查询全体学生的姓名及其出生年份。

```
SELECT Sname,2014 - Sage
  FROM Student
```

执行语句后,结果如图 6-10 所示。

Sname	(无列名)
李勇	1984
刘晨	1984
王敏	1986
张立	1985
欧阳一一	1983
欧阳一	1984

图 6-10 查询经过计算的结果

"目标列表达式"不仅可以是算术表达式,还可以是字符串常量、函数等。

例 6-15 查询全体学生的姓名、出生年份和所在的院系,要求用小写字母表示所有系名。

```
SELECT Sname,'Year of Birth:',2014 - Sage,LOWER(Sdept)
  FROM Student
```

执行语句后,结果如图 6-11 所示。

Sname	(无列名)	(无列名)	(无列名)
李勇	Year of Birth:	1984	cs
刘晨	Year of Birth:	1984	cs
王敏	Year of Birth:	1986	ma
张立	Year of Birth:	1985	is
欧阳一一	Year of Birth:	1983	is
欧阳一	Year of Birth:	1984	ma

图 6-11 查询经过计算的结果

用户可以通过指定列别名来改变查询结果的列标题,这对于含算术表达式、常量、函数名的目标列表达式尤为有用。例如对于上例,可以定义如下列别名:

```
SELECT Sname NAME,'Year of Birth:' BIRTH,2014 - Sage BIRTHDAY,
  LOWER(Sdept) DEPARTMENT
  FROM Student
```

执行语句后,结果如图 6-12 所示。

NAME	BIRTH	BIRTHDAY	DEPARTMENT
李勇	Year of Birth:	1984	cs
刘晨	Year of Birth:	1984	cs
王敏	Year of Birth:	1986	ma
张立	Year of Birth:	1985	is
欧阳一一	Year of Birth:	1983	is
欧阳一	Year of Birth:	1984	ma

图 6-12 指定列别名改变列标题的结果

2. 选择表中的若干元组

(1) 消除取值重复的行

两个本来并不完全相同的元组,投影到指定的某些列上后,可能变成相同的行,可以在SELECT 子句中使用 DISTINCT 短语取消它们。缺省为 ALL,即保留结果表中取值重复的行。

例 6-16 查询选修了课程的学生学号。

```
SELECT Sno
  FROM SC
```

执行语句后,结果如图 6-13 所示。

Sno
201400001
201400001
201400001
201400002
201400002
201400003

图 6-13 查询选修了课程的学生学号的结果

该查询结果包含了许多重复的行,如果想去掉结果表中的重复行,必须指定 DISTINCT 关键词,格式如下:

```
SELECT DISTINCT Sno
  FROM SC
```

执行语句后,结果如图 6-14 所示。

Sno
201400001
201400002
201400003

图 6-14 去掉查询值重复行的结果

如果没有指定 DISTINCT 关键词,则缺省为 ALL,即保留结果表中值重复的行。

```
SELECT Sno
  FROM SC
```

等价于:

```
SELECT ALL Sno
  FROM SC
```

(2) 查询满足条件的元组

查询满足条件的元组使用 WHERE 子句,其可以使用的查询条件及谓词表示如表 6-1 所示。

表 6-1 查询条件及谓词表示

查询条件	谓词
比较	=,>,<,>=,<=,! =,<>,! >,! <,NOT+上述比较运算符
确定范围	BETWEEN … AND …,NOT BETWEEN … AND …
确定集合	IN,NOT IN
字符匹配	LIKE,NOT LIKE
空值	IS NULL,IS NOT NULL
多重条件	AND,OR,NOT

WHERE 子句常用的查询条件如下:

① 比较大小

用于比较的运算符包括:=(等于),>(大于),<(小于),>=(大于等于),<=(小于等于),! = 或 <>(不等于),! >(不大于),! <(不小于),逻辑运算符 NOT+比较运算符。

例 6-17 查询计算机科学系全体学生的名单。

```
SELECT Sname
  FROM Student
  WHERE Sdept='CS'
```

RDBMS 执行该查询的一种可能过程是:对 Student 表进行全表扫描,取出一个元组,检查该元组在 Sdept 列的值是否等于“CS”。如果相等,则取出 Sname 列的值形成一个新的元组输出,否则跳过该元组,取下一个元组。

如果全校有数万个学生,计算机系的学生人数是全校学生的 5%左右,可以在 Student

表的 Sdept 列上建立索引，系统会利用该索引找出 Sdept = 'CS'的元组，从中取出 Sname 列值形成结果关系，这就避免了对 Student 表的全表扫描，可以加快查询速度。注意如果学生较少，索引查找不一定能提高查询效率，系统仍会使用全表扫描。这由查询优化器按照某些规则或估计执行代价来做出选择。

例 6-18 查询所有年龄在 20 岁以下的学生姓名及其年龄。

```
SELECT Sname,Sage
  FROM Student
  WHERE Sage<20
```

执行语句后，结果如图 6-15 所示。

Sname	Sage
王敏	18
张立	19

图 6-15 查询年龄在 20 以下的学生姓名和年龄的结果

例 6-19 查询考试成绩有不及格的学生的学号。

```
SELECT DISTINCT Sno
  FROM SC
  WHERE Grade<60
```

这里使用了 DISTINCT 短语，所以当一个学生有多门课程不及格时，他的学号也只列一次。

② 确定范围

谓词 BETWEEN…AND…(在指定范围内)和 NOT BETWEEN…AND…(不在指定范围内)可以用来查找属性值在(或不在)指定范围内的元组，其中 BETWEEN 后面是范围的下限(即低值)，AND 后面是范围的上限(即高值)。

例 6-20 查询年龄在 20～23 岁(包括 20 岁和 23 岁)之间的学生的姓名、系别和年龄。

```
SELECT Sname,Sdept,Sage
  FROM Student
  WHERE Sage BETWEEN 20 AND 23
```

执行语句后，结果如图 6-16 所示。

Sname	Sdept	Sage
李勇	CS	20
刘晨	CS	20
欧阳一一	IS	21
欧阳一	MA	20

图 6-16 查询确定范围值的结果

与 BETWEEN…AND…相对的谓词是 NOT BETWEEN…AND…。

例 6-21　查询年龄不在 20～23 岁之间的学生姓名、系别和年龄。

```
SELECT Sname,Sdept,Sage
  FROM Student
  WHERE Sage NOT BETWEEN 20 AND 23
```

执行语句后,结果如图 6-17 所示。

Sname	Sdept	Sage
王敏	MA	18
张立	IS	19

图 6-17　查询不在某范围内的结果

③ 确定集合

谓词 IN 可以用来查找属性值属于指定集合的元组。

例 6-22　查询计算机科学系(CS)、数学系(MA)和信息系(IS)学生的姓名和性别。

```
SELECT Sname,Ssex
  FROM  Student
  WHERE Sdept IN ('CS','MA','IS')
```

与 IN 相对的谓词是 NOT IN,用于查找属性值不属于指定集合的元组。

例 6-23　查询既不是计算机科学系、数学系,也不是信息系的学生的姓名和性别。

```
SELECT Sname,Ssex
  FROM Student
  WHERE Sdept NOT IN ('CS','MA','IS')
```

④ 字符匹配

谓词 LIKE 可以用来进行字符串的匹配。其语法格式如下:

[NOT] LIKE　'<匹配串>' [ESCAPE '<换码字符>']

功能:查找指定属性与"匹配串"相匹配的元组。

说明:

a. "匹配串":可以是一个完整的字符串或含有通配符"%"和"_"的字符串。

· 通配符% (百分号):代表任意长度(长度可以为 0)的字符串。例如 a%b 表示以 a 开头,以 b 结尾的任意长度的字符串,如 acb、addgb、ab 等。

· 通配符_ (下横线):代表任意单个字符。例如 a_b 表示以 a 开头,以 b 结尾的长度为 3 的任意字符串,如 acb、afb 等。

当匹配串为固定字符串时,可以用运算符 = 取代 LIKE 谓词,用运算符! = 或<>取代 NOT LIKE 谓词。

b. 当用户要查询的字符串本身含有"%"或"_"时,要使用"ESCAPE '<换码字符>' "短语对通配符进行转义。

例 6-24 查询学号为 201400001 的学生的详细情况。

```
SELECT *
  FROM  Student
  WHERE  Sno LIKE '201400001'
```

等价于：

```
SELECT *
  FROM  Student
  WHERE Sno='201400001'
```

执行语句后，结果如图 6-18 所示。

Sno	Sname	Ssex	Sage	Sdept
201400001	李勇	男	20	CS

图 6-18 字符匹配查询的结果

例 6-25 查询所有刘姓学生的姓名、学号和性别。

```
SELECT Sname,Sno,Ssex
  FROM Student
  WHERE  Sname LIKE '刘%'
```

执行语句后，结果如图 6-19 所示。

Sname	Sno	Ssex
刘晨	201400002	女

图 6-19 查询刘姓学生的结果

例 6-26 查询姓“欧阳”且全名为 3 个汉字的学生的姓名。

```
SELECT Sname
  FROM  Student
  WHERE  Sname LIKE '欧阳_ _'
```

执行语句后，结果如图 6-20 所示。

Sname
欧阳一

图 6-20 查询姓“欧阳”且全名为 3 个汉字的结果

注意：一个汉字占两个字符的位置，所以匹配串“欧阳”后面需要跟两个“_”。

例 6-27 查询名字中第 2 个字为“阳”字的学生的姓名和学号。

```
SELECT Sname,Sno
  FROM Student
```

```
  WHERE Sname LIKE '__阳%'
```
执行语句后，结果如图 6-21 所示。

Sname	Sno
欧阳一	201400007
欧阳一一	201400006

图 6-21 查询名字中第 2 个字为“阳”字的结果

例 6-28 查询所有不姓刘的学生的姓名。
```
SELECT Sname,Sno,Ssex
  FROM Student
  WHERE Sname NOT LIKE '刘%'
```
执行语句后，结果如图 6-22 所示。

Sname	Sno	Ssex
李勇	201400001	男
王敏	201400003	女
张立	201400004	男
欧阳一一	201400006	男
欧阳一	201400007	女

图 6-22 查询不姓刘的学生的信息

例 6-29 查询 DB_Design 课程的课程号和学分。
```
SELECT Cname,Cno,Ccredit
  FROM Course
  WHERE Cname LIKE 'DB\_Design' ESCAPE '\'
```
执行语句后，结果如图 6-23 所示。

Cname	Cno	Ccredit
DB_Design	8	3

图 6-23 带有换码字符的查询

“ESCAPE'\'”表示“\”为换码字符，这样匹配串中紧跟在“\”后面的字符“_”不再具有通配符的含义，转义为普通的字符“_”。

例 6-30 查询以“DB_”开头，且倒数第 3 个字符为 i 的课程的详细情况。
```
SELECT *
  FROM  Course
  WHERE  Cname LIKE  'DB\_%i_ _' ESCAPE '\'
```

执行语句后,结果如图 6-24 所示。

Cno	Cname	Cpno	Ccredit
8	DB_Design	1	3

图 6-24 带有换码字符的查询

这里的匹配串为“DB_%i_ _”。第一个“_”前面有换码字符“\”,所以它被转义为普通的字符“_”。而“i”后面的两个“_”的前面均没有换码字符“\”,所以它们仍作为通配符。

⑤ 涉及空值的查询

通常使用谓词 IS NULL 或 IS NOT NULL 来进行涉及空值的查询。“IS NULL”不能用“= NULL”代替。

例 6-31 某些学生选修课程后没有参加考试,所以有选课记录但没有考试成绩。查询缺少成绩的学生的学号和相应的课程号。

```
SELECT  Sno,Cno
  FROM  SC
  WHERE Grade IS NULL
```

注意这里的“IS”不能用等号“=”代替。

例 6-32 查询所有有成绩的学生的学号和课程号。

```
SELECT  Sno,Cno
  FROM  SC
  WHERE Grade IS NOT NULL
```

⑥ 多重条件查询

可用逻辑运算符 AND 和 OR 来联结多个查询条件。AND 的优先级高于 OR,但用户可以用括号改变优先级。

例 6-33 查询计算机科学系年龄在 21 岁以下的学生的姓名。

```
SELECT Sname
  FROM Student
  WHERE Sdept='CS' AND Sage<21
```

前面的例 6-22 要求查询计算机科学系(CS)、数学系(MA)和信息系(IS)学生的姓名和性别,对此可以采用多重条件进行查询:

```
SELECT Sname,Ssex
  FROM   Student
  WHERE  Sdept='CS' OR Sdept='MA' OR Sdept='IS'
```

6.2.2 ORDER BY 子句

用户可以用 ORDER BY 子句将查询结果按照一个或多个属性列的升序(ASC)或降序

(DESC)排列,缺省值为升序。

说明:

(1) 可以按一个或多个属性列排序。

(2) 升序 ASC,降序 DESC,缺省值为升序。

(3) 对于空值,按升序排含空值的元组最后显示,按降序排含空值的元组最先显示。

例 6-34 查询选修了"3"号课程的学生的学号及其成绩,查询结果按分数降序排列。

```
SELECT Sno,Grade
  FROM  SC
  WHERE  Cno='3'
  ORDER BY Grade DESC
```

执行语句后,结果如图 6-25 所示。

Sno	Grade
201400001	88
201400002	80

图 6-25 对查询结果进行排序

例 6-35 查询全体学生情况,查询结果按所在系的系号升序排列,同一系中的学生按年龄降序排列。

```
SELECT *
  FROM Student
  ORDER BY Sdept,Sage DESC
```

执行语句后,结果如图 6-26 所示。

Sno	Sname	Ssex	Sage	Sdept
201400001	李勇	男	20	CS
201400002	刘晨	女	20	CS
201400006	欧阳一一	男	21	IS
201400004	张立	男	19	IS
201400007	欧阳一	女	20	MA
201400003	王敏	女	18	MA

图 6-26 对查询列进行不同排序的结果

6.2.3 聚集函数

为进一步方便用户,增强检索功能,SQL 提供了许多聚集函数,主要有以下几类:

(1) COUNT([DISTINCT|ALL] *):统计元组个数。

(2) COUNT([DISTINCT|ALL] <列名>):统计一列中值的个数。

(3) SUM([DISTINCT|ALL] <列名>):计算一列值的总和(此列必须是数值型)。

(4) AVG([DISTINCT|ALL] <列名>):计算一列值的平均值(此列必须是数值型)。

(5) MAX([DISTINCT|ALL] <列名>):求一列值中的最大值。

(6) MIN([DISTINCT|ALL] <列名>):求一列值中的最小值。

说明:

(1) DISTINCT 短语:计算时取消指定列中的重复值。

(2) ALL 短语:不取消重复值,为缺省值。

(3) 遇到空值时,除 COUNT(*)外,其他函数都跳过空值而只处理非空值。

例 6-36 查询学生总人数。

```
SELECT COUNT(*)
  FROM  Student
```

例 6-37 查询选修了课程的学生人数。

```
SELECT COUNT(DISTINCT Sno)
  FROM SC
```

学生每选修一门课,在 SC 表中都有一条相应的记录。一个学生可以选修多门课程,为避免重复计算学生人数,必须在 COUNT 函数中使用 DISTINCT 短语。

例 6-38 计算"1"号课程的学生平均成绩。

```
SELECT AVG(Grade)
  FROM SC
  WHERE Cno='1'
```

例 6-39 查询"1"号课程的学生最高分数。

```
SELECT MAX(Grade)
  FROM SC
  WHERE Cno='1'
```

例 6-40 查询学号为"201400002"的学生选修课程的总学分数。

```
SELECT SUM(Ccredit)
  FROM SC,Course
  WHERE Sno='201400002' AND SC.Cno=Course.Cno
```

6.2.4 GROUP BY 子句

GROUP BY 子句将查询结果按某一列或多列的值分组,值相等的为一组。对查询结果分组的目的是为了细化聚集函数的作用对象。如果未对查询结果分组,聚集函数将作用于整个查询结果。分组后聚集函数将作用于每一个组,即每一组都有一个函数值。

例 6-41 查询各个课程号及相应的选课人数。

```
SELECT Cno,COUNT(Sno)
  FROM SC   GROUP BY Cno
```

说明:如果分组后还要求按一定的条件对这些组进行筛选,最终只输出满足指定条件的组,可使用 HAVING 短语指定筛选条件。

例 6-42 查询选修了 2 门以上课程的学生的学号。

```
SELECT Sno
  FROM SC
  GROUP BY Sno
  HAVING COUNT( * )>2
```

这里先用 GROUP BY 子句按 Sno 进行分组,再用聚集函数 COUNT 对每一组进行计数。HAVING 短语给出了选择组的条件,只有满足条件(即元组个数>2,表示此学生选修的课程超过 2 门)的组才会被选出来。

HAVING 短语与 WHERE 子句的区别在于作用对象不同:

(1) WHERE 子句作用于基本表或视图,从中选择满足条件的元组。

(2) HAVING 短语作用于组,从中选择满足条件的组。

6.2.5 连接查询

前面的查询都是针对一个表进行的。若一个查询同时涉及两个及以上的表,则称为连接查询。连接查询是关系数据库中最主要的查询,主要有等值连接查询、自然连接查询、非等值连接查询、自身连接查询、外连接查询和复合条件连接查询等。

1. 等值与非等值连接查询

连接查询的 WHERE 子句中用来连接两个表的条件称为连接条件或连接谓词。

连接条件的一般格式 1:

[<表名 1>.]<列名 1> <比较运算符> [<表名 2>.]<列名 2>

比较运算符可为 = 、>、<、> = 、< = 、! = 、<>。

连接条件的一般格式 2:

[<表名 1>.]<列名 1> BETWEEN [<表名 2>.]<列名 2>AND [<表名 2>.]<列名 3>

等值连接:当连接运算符为“ = ”时称为等值连接。使用其他运算符的称为非等值连接。

连接字段:连接谓词中的列名称为连接字段。连接条件中的各连接字段类型必须是可比的,但不要求是相同的。

例 6-43 查询每个学生及其选修课程的情况。

```
SELECT Student. * ,SC. *
  FROM    Student,SC
  WHERE   Student. Sno = SC. Sno
```

执行语句后,结果如图 6-27 所示。

Sno	Sname	Ssex	Sage	Sdept	Sno	Cno	Grade
201400001	李勇	男	20	CS	201400001	1	92
201400001	李勇	男	20	CS	201400001	2	85
201400001	李勇	男	20	CS	201400001	3	88
201400002	刘晨	女	20	CS	201400002	2	90
201400002	刘晨	女	20	CS	201400002	3	80
201400003	王敏	女	18	MA	201400003	1	58

图 6-27 两表连接查询的结果

说明:任何子句中引用表 1 和表 2 中同名属性时,都必须加表名前缀,以避免混淆。引用唯一属性名时可以省略表名前缀。

连接操作的执行过程(嵌套循环法):

(1) 首先在表1中找到第一个元组,然后从头开始扫描表2,逐一查找与表1第一个元组相等的表2的元组,找到后就将表1中的第一个元组与该元组拼接起来,形成结果表中的一个元组。

(2) 表 2 全部查找完后,找到表 1 中的第二个元组,然后再从头开始扫描表 2,逐一查找满足连接条件的元组,找到后就将表 1 中的第二个元组与该元组拼接起来,形成结果表中的一个元组。

(3) 重复上述操作,直到表 1 中的全部元组都处理完毕为止。

优化:在表 2 中按连接属性建立索引,就不用每次都全表扫描表 2 了,可以直接根据连接属性值通过索引找到相应的表 2 的元组,这样可以加快速度。

自然连接:在等值连接中把目标列中重复的属性列去掉,这样的等值连接称为自然连接,显然自然连接是等值连接的一种特殊情况。

例 6-44 对例 6-43 采用自然连接完成。

```
SELECT  Student.Sno,Sname,Ssex,Sage,Sdept,Cno,Grade
  FROM  Student,SC
  WHERE  Student.Sno = SC.Sno
```

执行语句后,结果如图 6-28 所示。

Sno	Sname	Ssex	Sage	Sdept	Cno	Grade
201400001	李勇	男	20	CS	1	92
201400001	李勇	男	20	CS	2	85
201400001	李勇	男	20	CS	3	88
201400002	刘晨	女	20	CS	2	90
201400002	刘晨	女	20	CS	3	80
201400003	王敏	女	18	MA	1	58

图 6-28 两表自然连接查询的结果

2. 自身连接查询

连接操作不仅可以在两个表之间进行,也可以是一个表与其自己进行连接,称为表的自身连接。

说明:需要给表起别名以示区别。由于所有属性名都是同名属性,因此必须使用别名前缀。

例 6-45 查询每一门课的间接先修课(即先修课的先修课)。

```
SELECT  FIRST.Cno,SECOND.Cpno
  FROM  Course FIRST,Course SECOND
  WHERE FIRST.Cpno = SECOND.Cno
```

执行语句后,结果如图 6-29 所示。

Cno	Cpno
1	7
3	5
4	6
5	6
7	NULL
8	5

图 6-29 自身连接查询的结果

3. 外连接查询

在通常的连接操作中,只有满足连接条件的元组才能作为结果输出。

外连接与普通连接的区别:

(1) 普通连接操作只输出满足连接条件的元组。

(2) 外连接操作以指定表为连接主体,将主体表中不满足连接条件的元组一并输出。

(3) 左外连接列出左边关系中所有的元组,右外连接列出右边关系中所有的元组。

例 6-46 用左外连接改写例 6-43。

```
SELECT Student.Sno,Sname,Ssex,Sage,Sdept,Cno,Grade
  FROM  Student LEFT  JOIN SC ON(Student.Sno = SC.Sno)
```

执行语句后,结果如图 6-30 所示。

Sno	Sname	Ssex	Sage	Sdept	Cno	Grade
201400001	李勇	男	20	CS	1	92
201400001	李勇	男	20	CS	2	85
201400001	李勇	男	20	CS	3	88
201400002	刘晨	女	20	CS	2	90
201400002	刘晨	女	20	CS	3	80
201400003	王敏	女	18	MA	1	58
201400004	张立	男	19	IS	NULL	NULL
201400006	欧阳一一	男	21	IS	NULL	NULL
201400007	欧阳一	女	20	MA	NULL	NULL

图 6-30 两表外连接的查询结果

4. 复合条件连接查询

上面介绍的各个连接查询中，WHERE 子句中只有一个条件，即连接谓词。WHERE 子句中有多个连接条件时，称为复合条件连接。

例 6-47 查询选修“2”号课程且成绩在 85 分以上的所有学生的学号、姓名。

```
SELECT Student.Sno, student.Sname
  FROM   Student, SC
  WHERE  Student.Sno = SC.Sno AND        /* 连接谓词 */
              SC.Cno='2' AND SC.Grade>85    /* 其他限定条件 */
```

该查询的一种优化（高效）的执行过程是先从 SC 中挑选出 Cno='2'并且 Grade>85 的元组形成一个中间关系，再和 Student 中满足连接条件的元组进行连接得到最终的结果。

连接操作除了可以是两表连接、一个表与其自身连接外，还可以是两个以上的表进行连接，后者常称为多表连接。

例 6-48 查询每个学生的学号、姓名、选修的课程名称及成绩。

```
SELECT Student.Sno,Sname,Cname,Grade
  FROM Student,SC,Course
  WHERE Student.Sno=SC.Sno and SC.Cno=Course.Cno
```

执行语句后，结果如图 6-31 所示。

Sno	Sname	Cname	Grade
201400001	李勇	数据库基础	92
201400001	李勇	高等数学	85
201400001	李勇	软件工程	88
201400002	刘晨	高等数学	90
201400002	刘晨	软件工程	80
201400003	王敏	数据库基础	58

图 6-31 多表连接查询的结果

6.2.6 嵌套查询

在 SQL 语言中,一个 SELECT-FROM-WHERE 语句称为一个**查询块**。将一个查询块嵌套在另一个查询块的 WHERE 子句或 HAVING 短语的条件中的查询称为**嵌套查询**。例如:

```
SELECT Sname          外层查询/父查询
  FROM Student
  WHERE Sno IN
          (SELECT Sno      内层查询/子查询
           FROM SC
           WHERE Cno='2')
```

外层查询(父查询):指上层的查询块。

内层查询(子查询):指下层的查询块。

说明:

(1) SQL 语言允许多层嵌套查询。

(2) 子查询的限制:不能使用 ORDER BY 子句。

(3) 分类:

① 不相关子查询:子查询的查询条件不依赖于父查询。

② 相关子查询:子查询的查询条件依赖于父查询。

嵌套查询的求解方法:

(1) 不相关子查询:由里向外逐层处理。即每个子查询在上一级查询处理之前求解,子查询的结果用于建立其父查询的查找条件。

(2) 相关子查询:首先取外层查询中表的第一个元组,根据它与内层查询相关的属性值处理内层查询,若 WHERE 子句返回值为真,则取此元组放入结果表;然后再取外层表的下一个元组;重复这一过程,直至外层表全部检查完为止。

1. 带有谓词 IN 的子查询

在嵌套查询中，子查询的结果往往是一个集合，所以谓词 IN 是嵌套查询中最经常使用的谓词。

例 6-49 查询与“刘晨”在同一个系学习的学生。

先分步来完成此查询，然后再构造嵌套查询。

(1) 确定“刘晨”所在系名。

```
SELECT  Sdept
  FROM   Student
  WHERE  Sname='刘晨'
```

结果为：CS。

(2) 查找所有在 CS 系学习的学生。

```
SELECT   Sno,Sname,Sdept
  FROM     Student
  WHERE   Sdept='CS'
```

将第(1)步查询嵌入到第(2)步查询的条件中，构造嵌套查询如下：

```
SELECT Sno,Sname,Sdept                    /* 例 6-49 的解法一 */
FROM Student
WHERE Sdept   IN
              (SELECT Sdept
              FROM Student
              WHERE Sname='刘晨')
```

执行语句后，结果如图 6-32 所示。

Sno	Sname	Sdept
201400001	李勇	CS
201400002	刘晨	CS

图 6-32 嵌套查询的结果

本例中，子查询的查询条件不依赖于父查询，为不相关子查询。一种求解方法是由里向外处理，即先执行子查询，子查询的结果用于建立其父查询的查找条件。得到如下的语句：

```
SELECT Sno,Sname,Sdept
  FROM Student
  WHERE Sdept  IN('CS')
```

然后执行该语句。

本例中的查询也可以用自身连接来完成：

```
SELECT  S1.Sno,S1.Sname,S1.Sdept                    /* 例 6-49 的解法二 */
```

```
FROM     Student S1,Student S2
WHERE  S1.Sdept=S2.Sdept AND
             S2.Sname='刘晨'
```

可见,实现同一个查询可以有多种方法,当然不同的方法执行效率可能会有差别,甚至差别很大。这就是数据库编程人员应该掌握的数据库性能调优技术。

例 6-50 查询选修了课程名为"软件工程"的学生的学号和姓名。

```
SELECT  Sno,Sname                      ③ 最后在 Student 关系
                                          中取出 Sno 和 Sname
  FROM     Student
  WHERE  Sno   IN
              (SELECT Sno              ② 然后在 SC 关系中找出选
              FROM     SC                 修了"3"号课程的学生学号
              WHERE   Cno IN
                  (SELECT Cno          ① 首先在 Course 关系中找出
                  FROM Course             "软件工程"的课程号,为"3"号
                  WHERE Cname='软件工程'
              )
  )
```

执行语句后,结果如图 6-33 所示。

Sno	Sname
201400001	李勇
201400002	刘晨

图 6-33 嵌套查询的结果

本查询同样可以用连接查询实现:

```
SELECT Sno,Sname
  FROM    Student,SC,Course
  WHERE   Student.Sno = SC.Sno   AND
                  SC.Cno = Course.Cno AND
                  Course.Cname='软件工程'
```

从例 6-49 和例 6-50 可以看到,查询涉及多个关系时,用嵌套查询逐步求解,层次清楚,易于构造,具有结构化程序设计的优点。

例 6-49 和例 6-50 中子查询的查询条件不依赖于父查询,这类子查询称为不相关子查询。不相关子查询是较简单的一类子查询。如果子查询的查询条件依赖于父查询,这类子查询称为相关子查询,整个查询语句称为相关嵌套查询语句。

2．带有比较运算符的子查询

带有比较运算符的子查询是指父查询与子查询之间用比较运算符进行连接。当用户能确切知道内层查询返回单值时，可用比较运算符(>,<,=,>=,<=,!=或<>)。

例如，假设一个学生只可能在一个系学习，并且必须属于一个系，则在例6-49中可以用“=”代替“IN”：

```
SELECT  Sno,Sname,Sdept                    /*例6-49的解法三*/
  FROM  Student
  WHERE Sdept  =
               (SELECT  Sdept
                FROM    Student
                WHERE Sname='刘晨')
```

需要注意的是，子查询一定要跟在比较符之后。

错误的例子：

```
SELECT  Sno,Sname,Sdept
  FROM    Student
  WHERE  (SELECT Sdept
          FROM Student
          WHERE Sname ='刘晨')
                    =Sdept
```

例6-51　找出每个学生成绩超过他选修课程平均成绩的课程号。

```
SELECT  Sno,Cno
  FROM  SC  x
  WHERE Grade >=(SELECT AVG(Grade)            /*某学生的平均成绩*/
                 FROM  SC  y
                 WHERE y.Sno=x.Sno)
```

执行语句后，结果如图6-34所示。

Sno	Cno
201400001	1
201400001	3
201400002	2
201400003	1

图6-34　嵌套查询的结果

上述语句中，x是表SC的别名，又称为元组变量，可以用来表示SC的一个元组。内层查询是求一个学生所选修课程平均成绩的，至于是哪个学生的平均成绩要看参数x.Sno的值,而该值是与父查询相关的,因此此类查询为相关子查询。

可能的执行过程:

(1) 从外层查询中取出SC的一个元组x,将元组x的Sno值(201400001)传送给内层查询。

```
SELECT AVG(Grade)
  FROM SC y
  WHERE y.Sno='201400001'
```

(2) 执行内层查询,得到值"88"(近似值),用该值代替内层查询,得到外层查询:

```
SELECT Sno, Cno
  FROM  SC x
  WHERE Grade >=88
```

(3) 执行这个查询,得到结果:

(201400001,1)

(201400001,3)

(201400002,2)

(4) 外层查询取出下一个元组重复执行上述步骤(1)~(3),直到外层的SC元组全部处理完毕。最终结果为:

(201400001,1)

(201400001,3)

(201400002,2)

(201400003,1)

求解相关子查询不能像求解不相关子查询那样,一次将子查询求解出来然后求解父查询,相关子查询的内层查询由于与外层查询相关,因此必须反复求值。

3. 带有ANY(SOME)或ALL谓词的子查询

子查询返回单值时可以用比较运算符,返回多值时则要用ANY(有的系统用SOME)或ALL谓词修饰符,并且使用ANY或ALL谓词时必须同时使用比较运算符。

谓词语义:

(1) ANY:任意一个值。

(2) ALL:所有值。

和比较运算符的配合使用:

> ANY:大于子查询结果中的某个值。

> ALL:大于子查询结果中的所有值。

< ANY:小于子查询结果中的某个值。

< ALL:小于子查询结果中的所有值。

>= ANY:大于等于子查询结果中的某个值。

>= ALL:大于等于子查询结果中的所有值。

<= ANY:小于等于子查询结果中的某个值。

<= ALL:小于等于子查询结果中的所有值。

= ANY:等于子查询结果中的某个值。

=ALL:等于子查询结果中的所有值(通常没有实际意义)。

! =(或<>)ANY:不等于子查询结果中的某个值。

! =(或<>)ALL:不等于子查询结果中的任何一个值。

例 6-52　查询其他系中比计算机科学系某一学生年龄小的学生的姓名和年龄。

```
SELECT Sname,Sage
  FROM     Student
  WHERE Sage < ANY (SELECT   Sage
                      FROM     Student
                      WHERE Sdept='CS')
          AND Sdept < > 'CS'                 /* 父查询块中的条件 */
```

执行过程:

(1) 处理子查询,找出 CS 系中所有学生的年龄,构成一个集合(20,19)。

(2) 处理父查询,找出所有不是 CS 系且年龄小于 20 或 19 的学生。

本例也可用聚集函数实现:

```
SELECT Sname,Sage
  FROM    Student
  WHERE Sage <
                  (SELECT MAX(Sage)
                   FROM Student
                   WHERE Sdept='CS')
          AND Sdept <> 'CS'
```

例 6-53　查询其他系中比计算机科学系所有学生年龄都小的学生的姓名及年龄。

方法一:用 ALL 谓词。

```
SELECT Sname,Sage
  FROM Student
  WHERE Sage < ALL
                (SELECT Sage
                 FROM Student
                 WHERE Sdept='CS')
          AND Sdept <>'CS'
```

执行过程:

(1) 处理子查询,找出 CS 系中所有学生的年龄,构成一个集合(20,19)。

(2) 处理父查询,找出所有不是 CS 系且年龄小于 20,也小于 19 的学生。

本查询同样也可以用聚集函数实现。

方法二:用聚集函数。

```
SELECT Sname,Sage
  FROM Student
  WHERE Sage <
                (SELECT MIN(Sage)
                 FROM Student
                 WHERE Sdept = 'CS')
          AND Sdept <>'CS'
```

事实上,用聚集函数实现子查询通常比直接用 ANY 或 ALL 查询效率要高。ANY、ALL 与聚集函数的对应关系如表 6-2 所示。

表 6-2 谓词 ANY(或 SOME)、ALL 与聚集函数、谓词 IN 的等价转换关系

	=	<>或! =	<	<=	>	>=
ANY	IN	- -	<MAX	<= MAX	>MIN	>= MIN
ALL	- -	NOT IN	<MIN	<= MIN	>MAX	>= MAX

6.2.7 任务实践——实现"军校基层连队管理系统"中的数据查询

任务 6-6 查询连队编号为 002 和 003 学员的学号和姓名。

```
SELECT 学号,姓名,连队编号
  FROM 学员表
  WHERE 连队编号 IN ('002','003')
```

执行语句后,结果如图 6-35 所示。

学号	姓名	连队编号
20122015	张建东	003
20122026	娄志华	002
20122033	黄奎	002
20122047	王辉	003

图 6-35 查询值在集合内的结果

任务 6-7 查询既不是 002 连队也不是 003 连队学员的学号和姓名。

```
SELECT 学号,姓名,连队编号
  FROM 学员表
  WHERE 连队编号 NOT IN ('002','003')
```

执行语句后,结果如图 6-36 所示。

学号	姓名	连队编号
20122001	李阳	001
20122023	刘文超	001
20122059	袁禾	001

图6-36 查询值不在集合内的结果

任务6-8 在学员表中查询王姓学员的姓名。

```
SELECT 姓名
  FROM 学员表
  WHERE 姓名 LIKE '王%'
```

执行语句后,结果如图6-37所示。

姓名
王辉

图6-37 查询字符匹配的结果

任务6-9 查询选修了“军队公文写作”课程的学员的学号和成绩,查询结果按照分数的降序排列。

```
SELECT  学号,成绩
  FROM  选修表,课程表
  WHERE 课程名称='军队公文写作' AND
           课程表.课程编号=选修表.课程编号
  ORDER BY 成绩 DESC
```

执行语句后,结果如图6-38所示。

学号	成绩
20122015	82

图6-38 两表连接查询的结果

任务6-10 查询全体学员情况,查询结果按照所在连队的连队编号升序排列,同一连队的学员按年龄降序排列。

```
SELECT *
  FROM  学员表
  ORDER BY 连队编号, 出生日期 DESC
```

执行语句后,结果如图6-39所示。

学号	姓名	性别	出生日期	籍贯	连队编号
20122059	袁禾	男	1994-06-05	辽宁抚顺	001
20122001	李阳	男	1994-05-27	河南安阳	001
20122023	刘文超	男	1993-11-16	安徽六安	001
20122026	娄志华	男	1994-04-16	江苏镇江	002
20122033	黄奎	男	1993-09-22	安徽亳州	002
20122015	张建东	男	1994-08-19	山西大同	003
20122047	王辉	男	1994-02-19	河北邯郸	003

图 6-39　按不同列进行排序的结果

任务 6-11　计算选修了“高等数学”课程的所有学生的平均成绩。

```
SELECT AVG(成绩)
  FROM   选修表,课程表
  WHERE 课程名称='高等数学' AND
           选修表.课程编号=课程表.课程编号
```

执行语句后,结果如图 6-40 所示。

无列名
82

图 6-40　查询平均值的结果

任务 6-12　查询选修了“高等数学”课程的所有学员的最高分数。

```
SELECT MAX(成绩)
  FROM   选修表,课程表
  WHERE 课程名称='高等数学' AND
           选修表.课程编号=课程表.课程编号
```

执行语句后,结果如图 6-41 所示。

无列名
85

图 6-41　查询最大值的结果

任务 6-13　查询开设的各门课程的名称及相应的选课人数。

```
SELECT 课程名称,COUNT(学号) 选课人数
  FROM    课程表,选修表
  WHERE   课程表.课程编号=选修表.课程编号
  GROUP BY 课程名称
```

执行语句后,结果如图6-42所示。

课程名称	选课人数
大学语文	1
高等数学	2
大学英语	1
军队公文写作	1
军事运筹	1
炮兵武器装备概论	1

图6-42 对查询结果分组并统计选课人数

任务6-14 查询所有学员的信息及其选课记录,输出学员的姓名、连队编号及选课信息。将学员表作为左表,选修表作为右表,采用左外连接查询。

```
SELECT 姓名,连队编号,选修表.*
  FROM 学员表 LEFT JOIN 选修表 ON
        学员表.学号=选修表.学号
```

执行语句后,结果如图6-43所示。

姓名	连队编号	学号	课程编号	成绩
李阳	001	NULL	NULL	NULL
张建东	003	20122015	1	92
张建东	003	20122015	2	80
张建东	003	20122015	4	82
张建东	003	20122015	5	71
刘文超	001	NULL	NULL	NULL
娄志华	002	NULL	NULL	NULL
黄奎	002	20122033	2	85
黄奎	002	20122033	3	90
黄奎	002	20122033	6	70
王辉	003	NULL	NULL	NULL
袁禾	001	NULL	NULL	NULL

图6-43 两表连接查询

任务6-15 查询"002"和"003"连队学员的姓名和选修课程编号及成绩信息(利用并运算完成)。

```
SELECT  姓名,课程编号,成绩,连队编号
  FROM 学员表 JOIN 选修表 ON 学员表.学号=选修表.学号
```

```
WHERE 连队编号='002'
UNION
SELECT  姓名,课程编号,成绩,连队编号
FROM 学员表 JOIN 选修表 ON 学员表.学号=选修表.学号
WHERE 连队编号='003'
```

执行语句后,结果如图 6-44 所示。

姓名	课程编号	成绩	连队编号
黄奎	2	85	002
黄奎	3	90	002
黄奎	6	70	002
张建东	1	92	003
张建东	2	80	003
张建东	4	82	003
张建东	5	71	003

图 6-44 利用并运算完成查询

任务 6-16 查询"002"连队的学员中高等数学成绩比"003"连队的学员的高等数学成绩都要高的学员信息。

```
SELECT 学员表.学号,姓名,成绩
  FROM 学员表,选修表,课程表
  WHERE 学员表.学号=选修表.学号
          AND 课程表.课程编号=选修表.课程编号
          AND 连队编号='002'
          AND 课程名称='高等数学'
          AND 成绩>ALL
                (SELECT 成绩
                 FROM 学员表,选修表,课程表
                 WHERE 学员表.学号=选修表.学号
                 AND  课程表.课程编号=选修表.课程编号
                 AND  连队编号='003'
                 AND  课程名称='高等数学')
```

执行语句后,结果如图 6-45 所示。

学号	姓名	成绩
20122033	黄奎	85

图 6-45 带有 ALL 谓词的查询结果

任务 6-17 查询“高等数学”成绩高于其平均成绩的学员的信息。

```
SELECT 学员表.学号,姓名,课程编号,成绩
  FROM  学员表,选修表
  WHERE  学员表.学号=选修表.学号
  AND 成绩>=(SELECT AVG(成绩)
            FROM 选修表,课程表
            WHERE 课程名称='高等数学' AND
                  选修表.课程编号=课程表.课程编号)
```

执行语句后,结果如图 6-46 所示。

学号	姓名	课程编号	成绩
20122015	张建东	1	92
20122015	张建东	4	82
20122033	黄奎	2	85
20122033	黄奎	3	90

图 6-46 带子查询的结果

任务 6-18 查询“高等数学”科目成绩最高的学员的信息及成绩。

```
SELECT 学员表.*,成绩
  FROM 学员表,选修表,课程表
  WHERE 学员表.学号=选修表.学号
  AND 选修表.课程编号=课程表.课程编号
  AND 课程名称='高等数学'
  AND 成绩 IN ( SELECT  MAX(成绩)
             FROM  选修表,课程表
             WHERE 课程名称='高等数学'AND
             选修表.课程编号=课程表.课程编号
           )
```

执行语句后,结果如图 6-47 所示。

学号	姓名	性别	出生日期	籍贯	连队编号	成绩
20122033	黄奎	男	1993-09-22	安徽亳州	002	85

图 6-47 带子查询的嵌套查询

6.3 视图的基本概念

视图是从一个或几个基本表(或视图)导出的表。与基本表不同,视图是一个虚表,数据库中只存放视图的定义,而不存放对应的数据,这些数据仍存放在原来的基本表中。所以基本表中的数据发生变化,从视图中查询出的数据也就随之改变了。从这个意义上讲,视图就像一个窗口,透过它可以看到数据库中自己感兴趣的数据及其变化。

视图一经定义,就可以和基本表一样被查询、被删除。也可以在一个视图之上再定义新的视图,但对视图的更新(增、删、改)操作有一定的限制。

6.3.1 视图的作用

视图最终是定义在基本表之上的,对视图的一切操作也要转换为对基本表的操作,而且对非行列子集视图进行查询或更新时还有可能出现问题。既然如此,为什么要定义视图呢?这是因为合理使用视图能够带来许多好处。

1. 视图能够简化用户的操作

视图机制使用户可以将注意力集中在所关心的数据上。如果这些数据不是直接来自基本表,则可以通过定义视图使数据看起来结构简单、清晰,并且可以简化用户的数据查询操作。例如,那些定义了若干张表连接的视图就将表与表之间的连接操作对用户隐蔽起来了。换句话说,用户所做的只是对一个虚表的简单查询,而这个虚表是怎样得来的,用户无需了解。

2. 视图使用户能以多种角度看待同一数据

视图机制能使不同的用户以不同的方式看待同一数据,当许多不同种类的用户共享同一个数据库时,这种灵活性是非常重要的。

3. 视图对重构数据库提供了一定程度的逻辑独立性

第1章中已经介绍过数据的物理独立性与逻辑独立性的概念。数据的物理独立性是指用户的应用程序不依赖于数据库的物理结构。数据的逻辑独立性是指当数据重构造时,如增加新的关系或对原有关系增加新的字段等,用户的应用程序不会受影响。层次数据库和网状数据库一般能较好地支持数据的物理独立性,而对于逻辑独立性则不能完全地支持。

在关系数据库中,数据库的重构往往是不可避免的。重构数据库最常见的是将一个基本表“垂直”地分成多个基本表。例如,将学生关系 Student(Sno,Sname,Ssex,Sage,Sdept)

分为 SX(Sno,Sname,Sage)和 SY(Sno,Ssex,Sdept)两个关系,这时原表 Student 为 SX 表和 SY 表自然连接的结果。如果建立一个视图 Student:

```
CREATE VIEW Student(Sno,Sname,Ssex,Sage,Sdept)
  AS
  SELECT SX.Sno,SX.Sname,SY.Ssex,SX.Sage,SY.Sdept
  FROM SX,SY
  WHERE SX.Sno = SY.Sno
```

这样尽管数据库的逻辑结构改变了(变为 SX 和 SY 两个表),但应用程序不必修改,因为新建立的视图定义为用户原来的关系,使用户的外模式保持不变,用户的应用程序通过视图仍然能够查找数据。

当然,视图只能在一定程度上提供数据的逻辑独立性,比如由于对视图的更新是有条件的,因此应用程序中修改数据的语句可能仍会因基本表结构的改变而需要做相应修改。

4. 视图能够对机密数据提供安全保护

有了视图机制,就可以在设计数据应用系统时对不同的用户定义不同的视图,使机密数据不出现在不应看到这些数据的用户视图上。这样视图机制就自动提供了对机密数据的安全保护功能。例如,Student 表涉及全校 15 个院系的学生数据,可以在其上定义 15 个视图,每个视图只包含一个院系的学生数据,并只允许每个院系的主任查询和修改本院系的学生视图。

5. 适当利用视图可以更清晰地表达查询

例如,经常需要执行这样的查询:对每个同学找出他获得最高成绩的课程号。可以先定义一个视图,找到每个同学获得的最高成绩:

```
CREATE VIEW VMGRADE
  AS
  SELECT Sno,MAX(Grade) Mgrade
  FROM SC
  GROUP BY Sno
```

然后用如下的查询语句完成查询:

```
SELECT SC.Sno,Cno
  FROM SC,VMGRADE
  WHERE SC.Sno = VMGRADE.Sno AND SC.Grade = VMGRADE.Mgrade
```

6.3.2 定义视图

SQL 语言用 CREATE VIEW 命令建立视图,其一般语法格式为:

CREATE VIEW <视图名> [(〈列名〉[,〈列名〉]…)]

AS〈子查询〉

[WITH CHECK OPTION]

其中,子查询可以是任意复杂的 SELECT 语句,但通常不允许含有 ORDER BY 子句和 DISTINCT 短语。

WITH CHECK OPTION 表示对视图进行 UPDATE、INSERT 和 DELETE 操作时要保证更新、插入或删除的行满足视图定义中的谓词条件(即子查询中的条件表达式)。

组成视图的属性列名或者全部省略或者全部指定,没有第三种选择。如果省略了视图的各个属性名,则隐含该视图由子查询中 SELECT 子句目标列中的诸字段组成。但在下列三种情况下必须明确指定组成视图的所有列名:

(1) 某个目标列不是单纯的属性名,而是聚集函数或列表达式。

(2) 多表连接时选出了几个同名列作为视图的字段。

(3) 需要在视图中为了某个列启用新的更合适的名字。

例 6-54 建立信息系学生的视图。

```
CREATE VIEW IS_Student
  AS
  SELECT Sno,Sname,Sage
  FROM    Student
  WHERE   Sdept='IS'
```

执行语句后,结果如图 6-48 所示。

Sno	Sname	Sage
201400004	张立	19
201400006	欧阳一一	21

图 6-48 建立在单表上的视图

本例中省略了视图 IS_Student 的列名,隐含的列名由子查询中 SELECT 子句中的三个列名组成。

RDBMS 执行 CREATE VIEW 语句的结果只是把视图的定义存入数据字典,并不执行其中的 SELECT 语句。只是在视图查询时,才按视图的定义从基本表中将数据查出。

例 6-55 建立信息系学生的视图,并要求进行修改和插入操作时仍需保证该视图只有信息系的学生。

```
CREATE VIEW IS_Student
  AS
  SELECT Sno,Sname,Sage
  FROM  Student
  WHERE  Sdept='IS'
  WITH CHECK OPTION
```

由于在定义 IS_Student 视图时加上了 WITH CHECK OPTION 子句，则以后对该视图进行插入、修改和删除操作时，RDBMS 会自动加上 Sdept='IS'的条件。

若一个视图是从单个基本表导出的，并且只是去掉了基本表的某些行和某些列，但保留了主码，我们称这类视图为**行列子集视图**。IS_Student 视图就是一个行列子集视图。

视图不仅可以建立在单个基本表上，也可以建立在多个基本表上。

例 6-56 建立计算机科学系选修了 1 号课程的学生视图。

```
CREATE VIEW CS_S1(Sno,Sname,Grade)
  AS
  SELECT Student.Sno,Sname,Grade
  FROM   Student,SC
  WHERE  Sdept='CS' AND
         Student.Sno=SC.Sno AND
         SC.Cno='1'
```

由于视图 CS_S1 的属性列中包含了 Student 表与 SC 表的同名列 Sno，所以必须在视图名后面明确说明视图的各个属性名。

视图不仅可以建立在一个或多个基本表上，还可以建立在一个或多个已定义好的视图上，或建立在基本表与视图上。

例 6-57 建立计算机科学系选修了 1 号课程且成绩在 90 分以上的学生的视图。

```
CREATE VIEW CS_S2
  AS
  SELECT Sno,Sname,Grade
  FROM   CS_S1
  WHERE  Grade>=90
```

这里的视图 CS_S2 就是建立在视图 CS_S1 之上的。

定义基本表时，为了减少数据库中的冗余数据，表中只存放基本数据，由基本数据经过各种计算派生出的数据一般是不存储的。视图中的数据并不实际存储，所以定义视图时可以根据应用的需要，设置一些派生属性列。这些派生属性在基本表中并不实际存在，所以也称它们为**虚拟列**。带虚拟列的视图也称为**带表达式的视图**。

例 6-58 定义一个反映学生出生年份的视图。

```
CREATE  VIEW BT_S(Sno,Sname,Sbirth)
  AS
  SELECT Sno,Sname,2014-Sage
  FROM   Student
```

执行语句后，结果如图 6-49 所示。

Sno	Sname	Sbirth
201400001	李勇	1994
201400002	刘晨	1994
201400003	王敏	1996
201400004	张立	1995
201400006	欧阳一一	1993
201400007	欧阳一	1994

图 6-49 建立一个带表达式的视图

BT_S 视图是一个带表达式的视图,视图中出生年份的值是通过计算得到的。

还可以用带有聚集函数和 GROUP BY 子句的查询来定义视图,这种视图称为**分组视图**。

例 6-59 将学生的学号及他的平均成绩定义为一个视图。(假设 SC 表中成绩列"Grade"为数值型)

```
CREATE  VIEW S_G(Sno,Gavg)
  AS
  SELECT Sno,AVG(Grade)
  FROM  SC
  GROUP BY Sno
```

由于 AS 子句中 SELECT 语句的目标列平均成绩是通过作用聚集函数得到的,所以 CREATE VIEW 中必须明确定义组成 S_G 视图的各个属性列名,S_G 是一个分组视图。

例 6-60 将 Student 表中的所有女生记录定义为一个视图。

```
CREATE VIEW F_Student(F_Sno,Sname,Ssex,Sage,Sdept)
  AS
  SELECT *
  FROM  Student
  WHERE Ssex='女'
```

执行语句后,结果如图 6-50 所示。

F_Sno	Sname	Ssex	Sage	Sdept
201400002	刘晨	女	20	CS
201400003	王敏	女	18	MA
201400007	欧阳一	女	20	MA

图 6-50 建立和表属性对应的视图

这里视图 F_Student 是由子查询"SELECT *"建立的。F_Student 视图的属性列与 Student 表的属性列一一对应。如果以后修改了基本表 Student 的结构,则 Student 表与 F_Student 视图的映像关系就被破坏了,该视图就不能正确工作了。为避免出现这类问题,最好在修改基本表之后删除由该基本表导出的视图，然后重建这个视图。

6.3.3 查询视图

视图定义后，用户就可以像对基本表一样对视图进行查询了。

例 6-61 在信息系学生的视图中找出年龄小于 20 岁的学生。

```
SELECT  Sno,Sage
  FROM  IS_Student
  WHERE  Sage<20
```

RDBMS 执行对视图的查询时，首先进行有效性检查。检查查询中涉及的表、视图等是否存在。如果存在，则从数据字典中取出视图的定义，把定义中的子查询和用户的查询结合起来，转换成等价的对基本表的查询，然后再执行修正了的查询。这一转换过程称为**视图消解**(View Resolution)。

本例转换后的查询语句为：

```
SELECT  Sno,Sage
  FROM  Student
  WHERE  Sdept='IS' AND Sage<20
```

例 6-62 查询选修了 1 号课程的信息系学生。

```
SELECT  IS_Student.Sno,Sage
  FROM  IS_Student,SC
  WHERE  IS_Student .Sno=SC.Sno AND
  SC.Sno='1'
```

本查询涉及视图 IS_Student(虚表)和基本表 SC，通过这两个表的连接来完成用户请求。

在一般情况下，视图查询的转换是直截了当的。但有些情况下，这种转换不能直接进行，查询时就会出现问题，如下面的例 6-63。

例 6-63 在 S_G 视图(例 6-59 中定义的视图)中查询平均成绩在 80 分以上的学生的学号和平均成绩。

```
SELECT *
  FROM S_G
  WHERE Gavg>=80
```

执行语句后，结果如图 6-51 所示。

Sno	Gavg
201400001	88
201400002	85

图 6-51 查询求平均值的视图结果

在例 6-59 中定义的 S_G 视图,其子查询为:

```
SELECT Sno,AVG(Grade)
  FROM SC
  GROUP BY Sno
```

将本例中的查询语句与定义 S_G 视图的子查询结合,形成下列查询语句:

```
SELECT Sno,AVG(Grade)
  FROM SC
  WHERE AVG(Grade)>=80
  GROUP BY Sno
```

因为 WHERE 子句中是不能用聚集函数作为条件表达式的,因此执行修正后的查询时将会出现语法错误。正确转换的查询语句应该是:

```
SELECT Sno,AVG(Grade)
  FROM SC
  GROUP BY Sno
  HAVING AVG(Grade)>=80
```

目前多数关系数据库系统对行列子集视图的查询均能进行正确转换,但对非行列子集视图的查询就不一定能做转换了,因此这类查询应该直接对基本表进行。

6.3.4 更新视图

更新视图是指通过视图来插入(INSERT)、删除(DELETE)和修改(UPDATE)数据。

由于视图是不实际存储数据的虚表,因此对视图的更新,最终要转换为对基本表的更新。像查询视图一样,对视图的更新操作也是通过视图消解,转换为对基本表的更新操作。

为防止用户通过视图对数据进行增加、删除、修改时,有意无意地对不属于视图范围内的基本表数据进行操作,可在定义视图时加上 WITH CHECK OPTION 子句。这样在视图上增加、删除、修改数据时,RDBMS 会检查视图定义中的条件,若不满足条件,则拒绝执行该操作。

例 6-64 将信息系学生视图 IS_Student 中学号为 201400002 的学生姓名改为“刘辰”。

```
UPDATE IS_Student
  SET Sname='刘辰'
  WHERE Sno='201400002'
```

转换后的更新语句为:

```
UPDATE  Student
  SET Sname='刘辰'
  WHERE Sno='201400002' AND Sdept='IS'
```

例 6-65 向信息系学生视图 IS_Student 中插入一个新的学生记录,其中学号为

201400009，姓名为赵新，年龄为 20 岁。

```
INSERT
  INTO IS_Student
  VALUES ('201400009','赵新',20)
```

转换为对基本表的更新：

```
INSERT
  INTO Student(Sno,Sname,Sage,Sdept)
  VALUES ('201400009','赵新',2,'IS')
```

这里系统自动将系名“IS”放入 VALUES 子句中。

例 6-66 删除信息系学生视图 IS_Student 中学号为 201400009 的记录。

```
DELETE
  FROM IS_Student
  WHERE Sno='201400009'
```

转换为对基本表的更新：

```
DELETE
  FROM  Student
  WHERE Sno='201400009' AND Sdept='IS'
```

在关系数据库中，并不是所有的视图都是可更新的，因为有些视图的更新不能唯一地有意义地转换成相应基本表的更新。

例如，在例 6-59 中定义的视图 S_G 由学号和平均成绩两个属性列组成，其中平均成绩一项是由 Student 表中对元组分组后计算平均值得来的：

```
CREATE VIEW S_G(Sno,Gavg)
  AS
  SELECT Sno,AVG(Grade)
  FROM SC
  GROUP BY Sno
```

如果想把视图 S_G 中学号为 201400001 的学生的平均成绩改成 90 分，SQL 语句如下：

```
UPDATE S_G
  SET Gavg =90
  WHERE Sno='201400001'
```

执行语句后，结果如图 6-52 所示。

```
服务器: 消息 4403, 级别 16, 状态 1, 行 1
视图或函数 'S_G' 不可更新，因为它包含聚合。
```

图 6-52 不可更新视图的提示

这个对视图的更新无法转换成对基本表 SC 的更新，因为系统无法修改各科成绩，以使平均成绩成为 90，所以 S_G 视图是不可更新的。

一般来说，行列子集视图是可更新的。除行列子集视图外，还有些视图理论上是可更新的，但它们的确切特征还是尚待研究的课题。还有些视图从理论上就是不可更新的。

目前各个关系数据库系统一般都只允许对行列子集视图进行更新，而且各个系统对视图的更新还有更进一步的规定，由于各系统实现方法上的差异，这些规定也不尽相同。

例如 DB2 规定：

(1) 若视图是由两个以上基本表导出的，则此视图不可更新。

(2) 若视图的字段来自字段表达式或常数，则不允许对此视图执行 INSERT 和 UPDATE 操作，但允许执行 DELETE 操作。

(3) 若视图的字段来自聚集函数，则此视图不允许更新。

(4) 若视图定义中含有 GROUP BY 子句，则此视图不允许更新。

(5) 若视图定义中含有 DISTINCT 短语，则此视图不允许更新。

(6) 若视图定义中含有嵌套查询，并且内层查询的 FROM 子句中涉及的表也是导出该视图的基本表，则此视图不允许更新。例如将 SC 中成绩在平均成绩之上的元组定义成一个视图 GOOD_SC：

```
CREATE VIEW GOOD_SC
  AS
  SELECT Sno,Cno,Grade
  FROM SC
  WHERE Grade>
                (SELECT AVG(Grade)
                 FROM SC)
```

导出视图 GOOD_SC 的基本表是 SC，内层查询中涉及的表也是 SC，所以视图 GOOD_SC 是不允许更新的。

一个不允许更新的视图上定义的视图也不允许更新。应该指出的是，不可更新的视图和不允许更新的视图是两个不同的概念。前者指理论上已证明其是不可更新的视图。后者指实际系统中不支持更新，但它本身有可能是可更新的视图。

6.3.5 删除视图

删除视图语句的语法格式为：

DROP　VIEW〈视图名〉[CASCADE]

视图删除后视图的定义将从数据字典中删除。如果该视图上还导出了其他视图，则使用 CASCADE 级联删除语句，可把该视图和由它导出的所有视图一起删除。

基本表删除后，由该基本表导出的所有视图(定义)没有被删除，但均已无法使用了。删除这些视图(定义)需要显式地使用 DROP VIEW 语句。

例 6-67　删除视图 BT_S：

```
DROP VIEW BT_S
```

删除视图 CS_S1：

```
DROP VIEW CS_S1
```

执行此语句时，由于 CS_S1 视图上还导出了 CS_S2 视图，所以该语句被拒绝执行。

如果确要删除，则应使用级联删除：

```
DROP VIEW CS_S1 CASCADE  /* 删除视图 IS_S1 和由它导出的所有视图 */
```

6.3.6 任务实践——创建和管理"军校基层连队管理系统"视图

任务 6-19 定义一个视图，名称是"学员体检表"，该视图返回学员表字段的子集，定义的数据字段有：学号、姓名、性别、出生日期。

```
CREATE VIEW 学员体检表
  AS
  SELECT 学号,姓名, 性别,出生日期
  FROM 学员表
```

执行语句后，结果如图 6-53 所示。

学号	姓名	性别	出生日期
20122001	李阳	男	1994-05-27
20122015	张建东	男	1994-08-19
20122023	刘文超	男	1993-11-16
20122026	娄志华	男	1994-04-16
20122033	黄奎	男	1993-09-22
20122047	王辉	男	1994-02-17
20122059	袁禾	男	1994-06-05

图 6-53　建立在单表上的视图

任务 6-20 定义一个视图，名称是"二连学员信息表"，该视图返回所有 002 连队的学员信息，包含学员表中所有字段。

```
CREATE VIEW 二连学员信息表
  AS
  SELECT *
  FROM 学员表
  WHERE 连队编号='002'
```

执行语句后，结果如图 6-54 所示。

学号	姓名	性别	出生日期	籍贯	连队编号
20122026	娄志华	男	1994-04-16	江苏镇江	002
20122033	黄奎	男	1993-09-22	安徽亳州	002

图 6-54 建立和表属性对应的视图

任务 6-21 定义一个视图,名称是"二连学员成绩",该视图返回所有 002 连队学员的学号、姓名、课程名称、成绩 4 个字段。该视图的建立涉及学员表、课程表和选修表。

```
CREATE  VIEW 二连学员成绩
  AS
  SELECT 学员表.学号,姓名,课程名称, 成绩
  FROM 学员表,课程表,选修表
  WHERE 学员表.学号=选修表.学号
  AND 课程表.课程编号=选修表.课程编号
  AND 连队编号='002'
```

执行语句后,结果如图 6-55 所示。

学号	姓名	课程名称	成绩
20122033	黄奎	高等数学	85
20122033	黄奎	大学英语	90
20122033	黄奎	炮兵武器装备概论	70

图 6-55 建立在多表上的视图

任务 6-22 向学员体检表视图中插入一条记录:(20122035,于雷,男,1990-05-06)。

```
INSERT INTO 学员体检表
  VALUES('20122035','于雷','男','1990-05-06')
```

执行语句后,结果如图 6-56 所示。

学号	姓名	性别	出生日期
20122001	李阳	男	1994-05-27
20122015	张建东	男	1994-08-19
20122023	刘文超	男	1993-11-16
20122026	娄志华	男	1994-04-16
20122033	黄奎	男	1993-09-22
20122035	于雷	男	1990-05-06
20122047	王辉	男	1994-02-17
20122059	袁禾	男	1994-06-05

图 6-56 向视图中插入一条记录

任务 6-23 修改视图“学员体检表”，将学号为“20122035”的学员出生日期修改为“1991-05-06”。

```
UPDATE 学员体检表
  SET 出生日期='1991-05-06'
  WHERE 学号='20122035'
```

执行语句后，结果如图 6-57 所示。

学号	姓名	性别	出生日期
20122001	李阳	男	1994-05-27
20122015	张建东	男	1994-08-19
20122023	刘文超	男	1993-11-16
20122026	娄志华	男	1994-04-16
20122033	黄奎	男	1993-09-22
20122035	于雷	男	1991-05-06
20122047	王辉	男	1994-02-17
20122059	袁禾	男	1994-06-05

图 6-57 修改视图中满足单个条件的值

任务 6-24 修改视图“二连学员成绩”，将学号为“20122033”的学员的“高等数学”成绩改为“90”。

```
UPDATE 二连学员成绩
  SET 成绩=90
  WHERE 学号='20122033'AND 课程名称='高等数学'
```

执行语句后，结果如图 6-58 所示。

学号	姓名	课程名称	成绩
20122033	黄奎	高等数学	90
20122033	黄奎	大学英语	90
20122033	黄奎	炮兵武器装备概论	70

图 6-58 修改视图中满足多重条件的值

任务 6-25 删除视图“学员体检表”中学号为“20122035”的学员记录。

```
DELETE 学员体检表
  WHERE 学号='20122035'
```

对于基于多个表建立的视图，无法实现删除操作。

任务 6-26 删除“二连学员信息表”视图。

```
DROP  VIEW 二连学员信息表
```

本章小结

SQL 可以分为数据定义、数据查询、数据更新、数据控制四大部分。一般把数据更新称为数据操纵,或把数据查询与数据更新合称为数据操纵。本章主要讲解了 SQL 语言中的数据操纵内容:数据更新语句、查询语句以及视图的基本概念和对它们的基本操作。

在学习完本章后,应掌握以下内容:会使用 SQL 语句实现数据的更新操作,包括三部分,即插入数据、修改数据和删除数据;会使用 SQL 语句实现数据的查询操作,包括单表查询、使用 ORDER BY 子句排序查询结果、使用聚集函数进行统计或汇总、使用 GYOUP BY 子句分组查询结果、使用多表连接查询和嵌套查询;掌握视图的作用及在什么情况下创建视图;会使用 SQL 语句创建、修改和删除视图等。

思考与练习

1. 通常情况下,用户登录到 SQL Server 时,会自动连接到哪个数据库上? 如何将要使用的数据库切换到当前数据库?

2. 有两个关系 S(A,B,C,D)和 T(C,D,E,F),写出与下列查询等价的 SQL 表达式:(1) $\sigma_{A=10}(S)$;(2) $\pi_{A,B}(S)$;(3) $S \bowtie T$;(4) $S \underset{SC=TC}{\bowtie} T$;(5) $S \underset{A<E}{\bowtie} T$;(6) $\pi_{C,D}(S) \times T$。

3. SELECT 语句的格式通常如下:

```
SELECT   ?
  FROM   ?
  WHERE   ?
  ORDER BY   ?
```

请简述在问号(?)处应填写什么。

4. SELECT 语句中,何时使用分组子句? 何时不必使用分组子句?

5. 有两个关系:

C(CNO,CN,PCNO)

SC(SNO,CNO,G)

其中,C 为课程表关系,对应的属性分别是课号、课程名和选修课号,SC 为学生选课关系,对应的属性分别是学号、课号和成绩。用 SQL 语言完成以下操作:

(1) 对关系 SC 中课号等于 C1 的选择运算。

(2) 对关系 C 的课号、课程名的投影运算。

(3) 两个关系的自然连接运算。

(4) 查询每一课程的间接选修课(即选修课的选修课)。

6. 设有职工关系模式如下:

PEOPLE(PNO,PNAME,SEX,JOB,WAGE,DPTNO)

其中,PNO 为职工号,PNAME 为职工姓名,SEX 为性别,JOB 为职业,WAGE 为工资,

DPTNO 为所在部门号。请写出下列查询使用的 SQL 语句：

(1) 查询工资比其所在部门平均工资高的所有职工信息。

(2) 查询工资高于“赵明华”对应工资的所有职工信息。

7. 已知学生表 S 和学生选课表 SC，其关系模式如下：

S(SNO,SN,SD,PROV)

SC(SNO,CN,GR)

其中，SNO 为学号，SN 为姓名，SD 为系名，PROV 为省区，CN 为课程名，GR 为分数。试用 SQL 语言实现下列操作：

(1) 查询“信息系”的学生来自哪些省区。

(2) 按分数降序排序，输出“英语系”学生中选修了“计算机”课程的学生的姓名和分数。

8. 设有学生表 S(SNO,SN)，其中 SNO 为学生号，SN 为姓名；学生选修课程表 SC(SNO,CNO,CN,G)，其中 CNO 为课程号，CN 为课程名，G 为成绩。试用 SQL 语句完成以下操作：

(1) 建立一个视图 V-SSC(SNO,SN,CNO,CN,G)，并按 CNO 升序排序。

(2) 在视图 V-SSC 上查询平均成绩在 90 分以上的 SN、CN 和 G。

9. 设有如下 4 个关系模式：

S(SN,SNAME,CITY)

其中，S 表示供应商，SN 为供应商代号，SNAME 为供应商名字，CITY 为供应商所在城市，主关键字为 SN。

P(PN,PNAME,COLOR,WEIGHT)

其中，P 表示零件，PN 为零件代号，PNAME 为零件名字，COLOR 为零件颜色，WEIGHT 为零件重量，主关键字为 PN。

J(JN,JNAME,CITY)

其中，J 表示工程，JN 为工程代号，JNAME 为工程名字，CITY 为工程所在城市，主关键字为 JN。

SPJ(SN,PN,JN,QTY)

其中，SPJ 表示供应关系，SN 是为指定工程提供零件的供应商代号，PN 为所提供的零件代号，JN 为工程代号，QTY 表示提供的零件数量，主关键字为 SN、PN、JN，外关键字为 SN、PN、JN。

各关系模式的部分数据如图 6-59 所示。

写出实现以下功能的 SQL 语句：

(1) 取出所有工程的全部细节。

(2) 取出所在城市为上海的所有工程的全部细节。

(3) 取出重量最轻的零件代号。

(4) 取出为工程 J1 提供零件的供应商代号。

S 表

SN	SNAME	CITY
S1	N1	上海
S2	N2	北京
S3	N3	北京
S4	N4	上海
S5	N5	南京

P 表

PN	PNAME	COLOR	WEIGHT
P1	PN1	红	12
P2	PN2	绿	18
P3	PN3	蓝	20
P4	PN4	红	13
P5	PN5	蓝	11
P6	PN6	绿	15

J 表

JN	JNAME	CITY
J1	JN1	上海
J2	JN2	广州
J3	JN3	南京
J4	JN4	南京
J5	JN5	上海
J6	JN6	武汉
J7	JN7	上海

SPJ 表

SN	PN	IN	QTY
S1	P1	J1	200
S1	P1	J4	700
S2	P3	J1	400
S2	P3	J2	200
S2	P3	J3	200
S2	P3	J4	500
S2	P3	J5	600
S2	P3	J6	400
S2	P3	J7	800
S2	P5	J2	100
S3	P3	J1	200
S3	P4	J2	500
S4	P6	J3	300
S4	P6	J7	300
S5	P2	J2	200
S5	P2	J4	100
S5	P5	J5	500
S5	P5	J7	100
S5	P6	J2	200
S5	P1	J4	1000
S5	P3	J4	1200
S5	P4	J4	800
S5	P5	J4	400
S5	P6	J4	500

图 6-59

10. 为什么将 SQL 中的视图称为“虚表”?

11. 所有的视图是否都可以更新? 为什么?

实验3 数据库操作语言

1. 实验目的

(1) 掌握SQL Server查询分析器的使用方法,加深对Transact-SQL语言查询语句的理解。熟练掌握简单表的数据查询、数据排序、连接查询的操作方法,熟练掌握数据查询中分组、统计、计算和组合的使用方法,理解嵌套查询语句并了解嵌套查询的操作方法。

(2) 掌握SQL Server中数据插入、修改和删除的操作方法。

(3) 掌握SQL Server中视图创建、查询、修改和删除的方法,加深对视图作用的理解。

(4) 掌握数据库关系图的实现方法,加深对数据库关系图作用的理解。

2. 实验内容

(1) 使用SQL查询语句完成简单查询操作,包括投影、选择条件表达式、数据排序等。

(2) 使用SQL查询语句完成连接查询操作,包括等值连接、自然连接、求笛卡儿积、外连接、内连接、左连接、右连接和自然连接等。

(3) 使用SQL查询语句完成分组查询、函数查询、组合查询、计算和分组计算查询。

(4) 使用SQL语句完成各类更新操作,包括插入数据、修改数据、删除数据等。

(5) 使用SQL Server Management Studio和Transact-SQL语言创建、查看、修改和删除视图。

(6) 使用SQL Server Management Studio创建数据库关系图。

第7章　数据库安全与恢复

学习目标

【知识目标】

★ 理解登录名、用户、角色和权限的概念。
★ 掌握备份与还原数据库的方法。
★ 掌握复制数据库的方法。
★ 掌握数据导入和导出的方法。
★ 掌握事务的概念和特性。
★ 了解使用事务的方法。
★ 了解锁的类型和锁的作用。

【技能目标】

★ 学会使用 SQL Server 身份验证。
★ 学会创建和管理登录账户和用户账户。
★ 学会创建和管理服务器角色和数据库角色。
★ 学会授予、拒绝和撤销权限的方法。
★ 学会维护数据库。
★ 会查看和制造数据库锁。

任务陈述

(1) 军校基层连队管理系统数据库如何让队长和指导员能查看自己班级学员选修课程的情况？如何使得班长是数据库的所有者？如何使得某位学员可以在数据库中创建表、执行已创建的存储过程？

(2) 军校基层连队管理系统数据库允许每名学员每学期最多选修 15 门课程，学员网上报名选修课程时，如果超过 15 门，则希望程序能进行判断并自动处理。

(3) 在使用 SQL Server 过程中，如有多个人同时修改军校基层连队管理系统数据库中的选修表，或者多个人同时在网上报名选修课程，或者多个人同时查看选修课程的信息，即多人同时对数据库中的表进行修改、插入或查询时，如何保证选课数据不会出现问题？

(4) 李参谋作为军校基层连队管理系统数据库的管理员，非常关心该数据库的安全，他需要经常备份数据库，并在需要时进行还原。

7.1　数据库安全性

数据库是当今信息社会中数据存储和处理的核心，其安全性对于整个信息安全极为重要。

首先，数据库安全对于保护组织的信息资产非常重要，组织的绝大部分信息资产保存在数据库中，拥有信息资产的组织必须保证这些信息不被外部访问以及内部非授权访问。

其次，保护数据库系统所在网络系统和操作系统非常重要，但仅仅如此远不足以保证数据库系统的安全。很多有经验的安全专业人士有一种常见的误解——一旦评估和消除了服务器上的网络服务和操作系统的脆弱性，该服务器上所有应用就都是安全的了。实际上，现代数据库系统有很多特征可以被误用或利用来危及系统中的数据安全。

此外，数据库安全的不足不仅会损害数据库本身，还会影响到操作系统和整个网络基础设施的安全。例如，很多现代数据库都有内置的扩展存储过程，如果不加控制，攻击者就可以利用它来访问系统中的资源。

随着计算机技术和网络技术的进步，数据库运行环境也在不断变化。在新的环境中数据库系统需要面对更多的安全威胁，针对数据库系统的新攻击方法也层出不穷。数据库安全主要为数据库系统建立和采取技术与管理方面的安全保护，以保护数据库系统中的软件和其中的数据不因偶然和恶意的原因而遭到破坏、更改和泄露。

在信息战语义下，数据库传统的事务管理和数据恢复手段难以满足实战的要求。为在受到攻击时保障数据安全，必须在信息战的情报收集、检测、损害限界和修复阶段引入新的数据库安全技术。通过采用存储干扰及其对抗技术、入侵检测技术、损害限界和事务隔离技术及数据库修复技术，可以使数据库在信息战中大大增强安全性和稳定性。随着部队信息化建设的不断推进，我军院校开始进行人才培训任务转型，致力于培养大批信息化军事人才。数据库技术作为信息化建设的基础技术，在信息化建设中具有举足轻重的作用，如何加快数据库课程在军队院校的教学改革，使数据库课程教学适应我军信息化建设，使教学内容具有时代性，对军队院校加快人才培训任务转型，又好又快地培养信息化军事人才大有裨益。

7.1.1　数据库安全威胁

在数据库环境中，不同用户可以通过数据库管理系统访问同一组数据集合，这样减少了数据的冗余，消除了不一致问题，同时也免去了程序对数据结构的依赖，然而，这也会导致数据库面临更严重的安全威胁。

根据违反数据库安全性所导致的后果,安全威胁可以分为以下几类:

(1) 非授权的信息泄露。未授权的用户有意或无意得到信息。通过对授权访问的数据进行推导分析获取非授权的信息也包含在这一类中。

(2) 非授权的数据修改。包括所有通过数据处理和修改而违反信息完整性的行为。非授权修改不一定会涉及非授权的信息泄露,因为即使不读数据也可以进行破坏。

(3) 拒绝服务:包括会影响用户访问数据或使用资源的行为。

根据发生的方式,安全威胁可以分为有意和无意的。无意的安全威胁即日常的事故主要包括以下几类:

(1) 自然或意外灾害。如地震、火灾、水灾等。这些事故可能会破坏系统的软硬件,导致完整性破坏和拒绝服务。

(2) 系统软硬件中的错误。这会导致应用实施的错误,从而导致非授权的信息泄露、数据修改或拒绝服务。

(3) 人为错误。无意的违反安全策略,导致的后果与软硬件错误类似。

而在有意的威胁中,威胁主体决定进行欺诈并造成损失。这里的威胁主体可以分为两类:

(1) 授权用户:他们滥用自己的特权造成威胁。

(2) 恶意代理:病毒、特洛伊木马和后门是这类威胁中的典型代表。病毒是自身可以复制、传播并且可以对其传播环境造成持久或不可恢复破坏的代码。特洛伊木马是看似具有常见功能的恶意程序,实际上却收集自己需要的信息或进行破坏,它们可能由授权用户无意安装,除了具有用户期望的功能,还会利用用户的特权导致安全威胁。后门是隐藏在程序中的代码段,通过特定的输入可以将其激活并绕过保护措施访问其权限外的系统资源。

数据库安全方面面临的威胁,如图 7-1 所示。

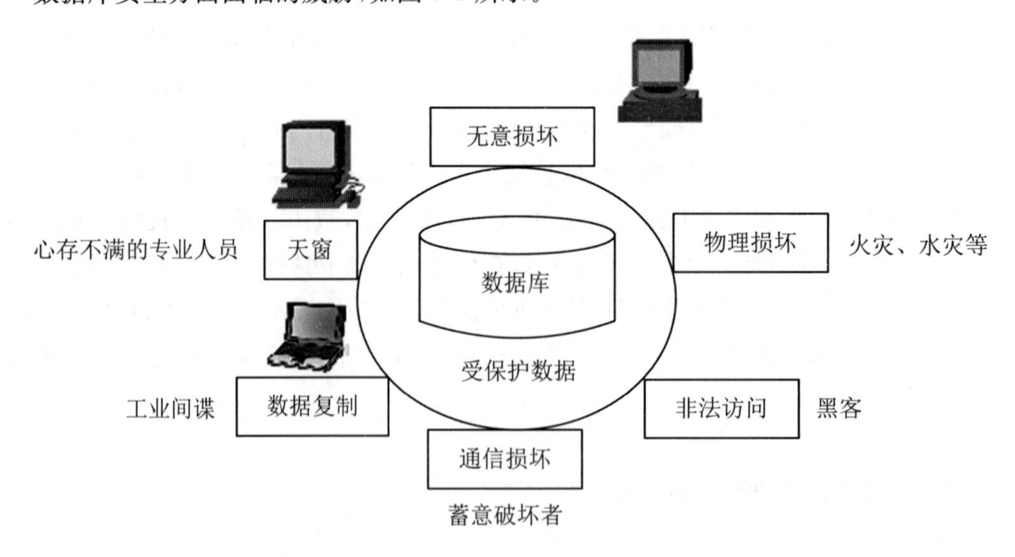

图 7-1 数据库安全威胁

7.1.2　数据库系统的安全需求

与其他计算机系统(如操作系统)的安全需求类似,数据库系统的安全需求可以归纳为完整性、保密性和可用性三个方面。

1. 数据库的完整性

数据库系统的完整性主要包括物理完整性和逻辑完整性。

物理完整性是指保证数据库的数据不受物理故障(如硬件故障、掉电等)的影响,并有可能在灾难性毁坏时重建和恢复数据库。

逻辑完整性是指对数据库逻辑结构的保护,包括数据的语义完整性与操作完整性。前者主要指数据存取在逻辑上满足完整性约束,后者主要指在并发事务中保证数据的逻辑一致。

2. 数据库的保密性

数据库的保密性是指不允许未经授权的用户存取数据。数据库管理系统必须根据用户或应用的授权来检查访问请求,以保证仅允许授权的用户访问数据库,同时,还应能够对用户的访问操作进行跟踪和审计。此外,还应该控制用户通过推理的方式从经过授权的已知数据获取未经授权的数据,造成信息泄漏。

3. 数据库的可用性

数据库的可用性是指不应拒绝授权用户对数据库的正常操作,同时保证系统的运行效率并提供用户友好的人机交互。

7.1.3　数据库系统的安全标准

为降低进而消除对系统的安全攻击,尤其是弥补原有系统在安全保护方面的缺陷,人们在计算机安全技术方面逐步建立了一套可信标准。在目前各国所引用或制定的一系列安全标准中,最重要的当推1985年美国国防部(DoD)正式颁布的《DoD可信计算机系统评估标准》。1991年4月美国NCSC(国家计算机安全中心)颁布了《可信计算机系统评估标准关于可信数据库系统的解释》(*Trusted Database Interpretation*,简称TDI,即紫皮书),将TC-SEC扩展到数据库管理系统。TDI中定义了数据库管理系统的设计与实现中需满足和用以进行安全性级别评估的标准。以下着重介绍TDI/TCSEC标准的基本内容。

TDI与TCSEC一样,从四个方面来描述安全性级别划分的指标:安全策略、责任、保证和文档,每个方面又细分为若干项。根据计算机系统对上述各项指标的支持情况,TCSEC(TDI)将系统划分为四组(Division)七个等级,依次是D;C(C1,C2);B(B1,B2,B3);A(A1),相应系统可靠或可信程度逐渐增高。TCSEC中建立的安全级别之间具有一种偏序向下兼容的关系，即较高安全性级别提供的安全保护要包含较低级别的所有保护要求，同时提供更多或更完善的保护能力。

下面简略地对各个等级做一个介绍。

D级 D级是最低级别。保留D级的目的是为了将一切不符合更高标准的系统统统归于D组。如DOS就是操作系统中安全标准为D的典型例子，它具有操作系统的基本功能，如文件系统、进程调度等，但在安全性方面几乎没有什么专门的机制来保障。

C1级 只提供了非常初级的自主安全保护，能够实现对用户和数据的分离，进行自主存取控制(DAC)，保护或限制用户权限的传播。现有的商业系统往往稍做改进即可满足要求。

C2级 实际是安全产品的最低档次，提供受控的存取保护，即将C1级的DAC进一步细化，以个人身份注册负责，并实施审计和资源隔离。很多商业产品已得到该级别的认证。达到C2级的产品在其名称中往往不突出"安全"(Security)这一特色，如操作系统中Microsoft的Windows NT 3.5，数字设备公司的Open VMS VAX 6.0和6.1；数据库产品有Oracle公司的Oracle 7，Sybase公司的SQL Server 11.0.6等。

B1级 标记安全保护。对系统的数据加以标记，并对标记的主体和客体实施强制存取控制(MAC)以及审计等安全机制。B1级能够较好地满足大型企业或一般政府部门对于数据的安全需求，这一级别的产品被认为是真正意义上的安全产品。满足此级别的产品前一般多冠以"安全"(Security)或"可信的"(Trusted)字样，作为区别于普通产品的安全产品出售。

B2级 结构化保护。建立形式化的安全策略模型并对系统内的所有主体和客体实施DAC和MAC。

从互联网上的最新资料看，经过认证的、B2级以上的安全系统非常稀少。例如，符合B2标准的操作系统只有Trusted Information Systems公司的Trusted XENIX一种产品，符合B2标准的网络产品只有Cryptek Secure Communications公司的LLC VSLAN一种产品，而数据库方面则没有符合B2标准的产品。

B3级 安全域。该级的TCB必须满足访问监控器的要求，审计跟踪能力更强，并提供系统恢复过程。

A1级 验证设计。提供B3级保护的同时给出系统的形式化设计说明和验证以确信各安全保护真正实现。

CC(Common Criteria)项目：1993年起，多个国家开始联合行动，为解决原标准概念和技术中的差异，将各自独立的准则集合成一组单一的、能被广泛使用的IT安全准则，这一行动被称为CC项目。CC提出了目前国际上公认的表述信息技术安全性的结构，即把对信息产品的安全要求分为安全功能要求和安全保证要求。CC评估保证级划分见表7-1。

CC的文本由三部分组成：简介和一般模型、安全功能要求、安全保证要求。

表 7-1　CC评估保证级划分

评估保证级	定义	TCSEC安全级别（近似相当）
EAL1	功能测试	
EAL2	结构测试	C1
EAL3	系统的测试和检查	C2
EAL4	系统的设计、测试和复查	B1
EAL5	半形式化设计和测试	B2
EAL6	半形式化验证的设计和测试	B3
EAL7	形式化验证的设计和测试	A1

20世纪90年代后期，《信息技术安全评价通用准则》（*Common Criteria*，简称CC）被ISO接受为国际标准，确立了现代信息安全标准的框架，这些标准指导了安全数据库系统的研究及其应用系统的开发。

在安全数据库需求及信息安全标准的推动下，国外各大主流数据库厂商相继推出了各自的安全数据库产品，如Sybase公司的Secure SQL Server（最早通过B1级安全评估）、Oracle公司的Trusted Oracle 7、Informix公司的Informix－online/Secure 5.0等。近几年来，Oracle公司的Oracle 10g和Oracle 11g从用户认证、访问控制、加密存储和审计策略等方面进一步加强了安全控制功能。

我国从20世纪80年代开始进行数据库技术的研究和开发，从90年代初开始进行安全数据库理论的研究和实际系统的研制。2001年，中国军方提出了我国最早的数据库安全标准——《军用数据库安全评估准则》。2002年，公安部发布了公安部行业标准——GA/T 389—2002《计算机信息系统安全等级保护/数据库管理系统技术要求》。90年代以来，华中理工大学（现华中科技大学）、中国人民大学和东北大学等单位对数据库安全技术进行了研究和实践，并开发出了相应的安全数据库软件，如基本达到B1级安全要求的DM3数据库、COBASE（KingBase）数据库2.0可信版本及OpenBase Secure等。2003年，中科院信息安全国家重点实验室基于开放源代码的数据库管理系统Postgre SQL开发出安全数据库系统LOIS。2005年，全国信息安全标准技术委员会发布了GB/T 20009—2005《信息安全技术数据库管理系统安全评估准则》。

7.1.4　数据库的安全性控制

安全模型中，用户要求进入计算机系统时，系统首先根据输入的用户标识进行用户身份鉴定，只有合法的用户才被准许进入计算机系统。对已进入系统的用户，DBMS还要进行存取控制，只允许用户执行合法操作。操作系统一般也会有自己的保护措施，数据最后还可以以密码形式存储到数据库中。操作系统一般的安全保护措施可参考操作系统的有关书籍，这里不再详叙。另外对于强力逼迫透露口令、盗窃物理存储设备等行为而采取的保安措施，例如出入机房登记、加锁等,也不在本书讨论之列。

数据库安全机制是用于实现数据库的各种安全策略的功能集合,正是由这些安全机制来实现安全模型,进而实现保护数据库系统安全的目标的。近年来,对用户的认证与鉴别、存取控制、数据库加密及推理控制等安全机制的研究取得了不少新的进展。

1. 用户身份鉴别

用户身份鉴别指用户向系统出示自己的身份证明。由于数据库用户的安全等级是不同的,因此分配给他们的权限也是不一样的,数据库系统必须建立严格的用户认证机制。身份的标识和鉴别是 DBMS 对访问者授权的前提,并且通过审计机制使 DBMS 保留追究用户行为责任的能力。功能完善的标识与鉴别机制也是访问控制机制有效实施的基础,特别是在一个开放的多用户系统的网络环境中,识别与鉴别用户是构筑 DBMS 安全防线的第一个重要环节。

最简单的用户身份鉴别方法是输入用户 ID 和密码。标识机制用于唯一标志进入系统的每个用户的身份,因此必须保证标识的唯一性。鉴别是指系统检查验证用户的身份证明,用于检验用户身份的合法性。标识和鉴别功能保证了只有合法的用户才能存取系统中的资源。

近年来标识与鉴别技术发展迅速,一些实体认证的新技术在数据库系统集成中得到应用。目前,常用的方法有通行字认证、数字证书认证、智能卡认证和个人特征识别等。

通行字也称为“口令”或“密码”,它是一种根据已知事物验证身份的方法,也是一种最广泛研究和使用的身份验证方法。在数据库系统中往往对通行字采取一些控制措施,常见的有最小长度限制、次数限定、选择字符、有效期、双通行字和封锁用户系统等。一般还需考虑通行字的分配和管理,以及在计算机中的安全存储。通行字多以加密形式存储,攻击者要得到通行字,必须知道加密算法和密钥。算法可能是公开的,但密钥应该是秘密的。也有的系统存储通行字的单向 Hash 值,攻击者即使得到密文也难以推出通行字的明文。

数字证书是认证中心颁发并进行数字签名的数字凭证,它实现实体身份的鉴别与认证、信息完整性验证、机密性和不可否认性等安全服务。数字证书可用来证明实体所宣称的身份与其持有的公钥的匹配关系,使得实体的身份与证书中的公钥相互绑定。

智能卡(有源卡、IC 卡或 Smart 卡)作为个人所有物,可以用来验证个人身份。典型智能卡主要由微处理器、存储器、输入输出接口、安全逻辑及运算处理器等组成。在智能卡中引入了认证的概念,认证是智能卡和应用终端之间通过相应的认证过程来相互确认合法性。在卡和接口设备之间只有相互认证之后才能进行数据的读写操作,目的在于防止伪造应用终端及相应的智能卡。

根据被授权用户的个人特征来进行认证是一种可信度更高的验证方法,个人特征识别应用了生物统计学(Biometrics)的研究成果,即利用个人具有唯一性的生理特征来实现。个人特征都具有因人而异和随身携带的特点,不会丢失并且难以伪造,非常适合于个人身份认证。目前已得到应用的个人生理特征包括指纹、语音声纹(Voice-print)、DNA、视网膜、虹膜、脸型和手型等。一些学者已开始研究基于用户个人行为方式的身份识别技术,如用户签名和敲击键盘的方式等。

个人特征一般需要应用多媒体数据存储技术来建立档案，相应地需要基于多媒体数据的压缩、存储和检索等技术作为支撑。目前已有不少基于个人特征识别的身份认证系统成功地投入应用。如美国联邦调查局(FBI)成功地将小波理论应用于压缩和识别指纹图样，从而可以将一个10 MB的指纹图样压缩成500 KB，从而大大减少了数百万指纹档案的存储空间和检索时间。

2. 存取控制

数据库安全性所关心的主要是DBMS的存取控制机制。数据库安全最重要的一点就是确保只授权给有资格的用户访问数据库的权限，同时令所有未被授权的人员无法接近数据，这主要通过数据库系统的存取控制机制实现。

存取控制机制主要包括两部分：定义用户权限和合法权限检查。

用户权限是指不同的用户对于不同的数据对象允许执行的操作权限。系统必须提供适当的语言定义用户权限，这些定义经过编译后存放在数据字典中，被称作安全规则或授权规则。

每当用户发出存取数据库的操作请求后(请求一般应包括操作类型、操作对象和操作用户等信息)，DBMS查找数据字典，根据安全规则进行合法权限检查，若用户的操作请求超出了定义的权限，系统将拒绝执行此操作。

用户权限定义和合法权检查机制一起组成了DBMS的安全子系统。

C2级的数据库管理系统支持自主存取控制(Discretionary Access Control ，DAC)，B1级的数据库管理系统支持强制存取控制(Mandatory Access Control，MAC)。

(1) 自主存取控制

在自主存取控制方法中，同一用户对于不同的数据对象有不同的存取权限，不同的用户对同一对象也有不同的权限，而且用户还可将其拥有的存取权限转授给其他用户。非常灵活，属C2级。自主存取控制的缺点在于数据的“无意泄露”，这是因为它仅通过对数据的存取权限来进行安全控制，而数据本身并无安全标记。

(2) 强制存取控制

在强制存取控制中，每一个数据对象被标以一定的密级，每一个用户也被授予某一个级别的许可证。对于任意一个对象，只有具有合法许可证的用户才可以存取。比较严格，属B1级。

在MAC中，DBMS所管理的全部实体被分为主体和客体两大类。

访问控制的目的是确保用户对数据库只能进行经过授权的有关操作。在存取控制机制中，主体是系统中的活动实体，包括DBMS所管理的实际用户、代表用户的各进程。客体一般是指被访问的资源，是受主体操纵的，包括文件、基表、索引、视图。

对于主体和客体，DBMS为它们每个实例(值)指派一个敏感度标记(Label)。敏感度标记分成若干级别(由强到弱)：绝密(Top Secret)、机密(Secret)、可信(Confidential)、公开(Public)。主体的敏感度标记称为许可证级别(Clearance Level)，客体的敏感度标记称为密级(Classification Level)。MAC机制是通过对比主体的Label和客体的Label,最终确定主体是否能够存取客体的。

强制存取控制规则是当某一用户(或某一主体)以标记Label注册入系统时,系统要求他对任何客体的存取必须遵循下面两条规则:一是仅当主体的许可证级别大于或等于客体的密级时,该主体才能读取相应的客体;二是仅当主体的许可证级别等于客体的密级时,该主体才能写相应的客体。这两条规则的共同点是禁止了拥有高许可证级别的主体更新低密级的数据对象,从而防止了敏感数据的泄露。

强制存取控制具备下列特点:① 是对数据本身进行密级标记;② 无论数据如何复制,标记与数据是一个不可分的整体;③ 只有符合密级标记要求的用户才可以操纵数据,从而提供了更高级别的安全性。

在DAC机制中,用户对不同的数据对象有不同的存取权限,而且还可以将其拥有的存取权限转授给其他用户。DAC访问控制完全基于访问者和对象的身份。MAC机制对于不同类型的信息采取不同层次的安全策略,对不同类型的数据进行访问授权。在MAC机制中,存取权限不可以转授,所有用户必须遵守由数据库管理员建立的安全规则,其中最基本的规则为"向下读取,向上写入"。显然,与DAC相比MAC机制比较严格。

DAC与MAC共同构成DBMS的安全机制。系统先进行DAC检查,对通过DAC检查的允许存取的数据对象再由系统自动进行MAC检查,只有通过MAC检查的数据库对象方可存取。

3. 授权:授予与回收

授权机制是关系数据库实现安全与保护的重要途径,也是数据库安全最早研究解决的问题之一。授权机制的目标是提供保护与安全控制:允许授权用户合法地访问信息。SQL中使用GRANT语句和REVOKE语句向用户授予或回收对数据的操作权限。

(1) GRANT语句

GRANT语句的语法格式为:

```
GRANT <权限>[,<权限>]…
  ON <对象类型><对象名>[,<对象类型><对象名>]…
  TO <用户>[,<用户>]
  [WITH GRANT OPTION]
```

其功能为:将对指定操作对象的指定操作权限授予指定的用户。

发出GRANT命令的授权者,可以是DBA、数据库对象创建者、已经拥有该权限的用户。接收权限的用户可以是一个或多个具体用户,也可以是全体用户(PUBLIC)。

如果指定了WITH GRANT OPTION子句,则获得某种权限的用户还可以把这种权限再授予其他的用户;如果没有指定WITH GRANT OPTION子句,则获得某种权限的用户只能使用该权限,无权传播该权限。

SQL标准允许具有WITH GRANT OPTION的用户把相应权限或其子集传递授权给其他用户,但不允许循环授权,即被授权者不能把权限再授权给授权者或者其祖先,如图7-2

所示。

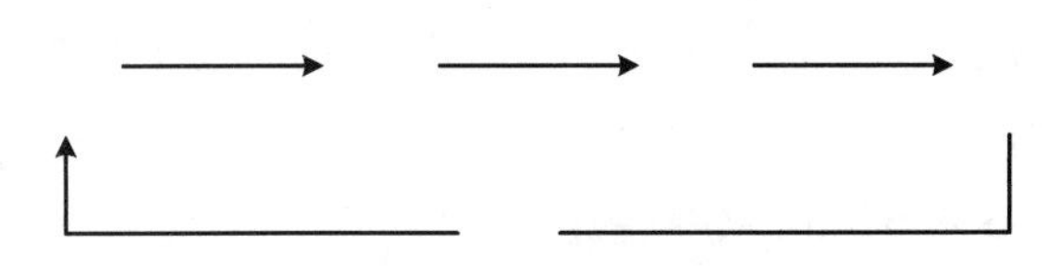

图 7-2　不允许循环授权

例 7-1　把查询 Student 表的权限授给用户 U1。

```
GRANT SELECT
  ON TABLE Student
  TO U1
```

例 7-2　把对 Student 表和 Course 表的全部操作权限授予用户 U2 和 U3。

```
GRANT ALL PRIVIEGES
  ON TABLE Student,Course
  TO U2,U3
```

例 7-3　把对表 SC 的查询权限授予所有用户。

```
GRANT SELECT
  ON TABLE SC
  TO PUBLIC
```

例 7-4　把查询 Student 表和修改学员学号的权限授给用户 U4。

```
GRANT UPDATE(Sno),SELECT
  ON TABLE Student
  TO U4
```

注意,对属性列的授权必须明确指出相应属性列名。

例 7-5　把对表 SC 的 INSERT 权限授予 U5 用户,并允许其将此权限再授予其他用户。

```
GRANT INSERT
  ON TABLE SC
  TO U5
  WITH GRANT OPTION
```

执行此 SQL 语句后,U5 不仅拥有了对表 SC 的 INSERT 权限,还可以传播此权限,即 U5 用户可再次使用 GRANT 命令将此 INSER 权限授予其他用户,例如将此权限授予 U6,如例 7-6 所示。

例 7-6　权限的传播。

```
GRANT INSERT
  ON TABLE SC
  TO U6
  WITH GRANT OPTION
```

同样,U6 还可以将此权限授予 U7。

GRANT 语句不仅可以实现对基本表的授权,同样可以实现对视图的授权。

例 7-7 建立计算机系学员的视图,把对该视图的 SELECT 权限授予王平,把该视图上所有操作的权限授予张明。

```
CREATE VIEW CS_Studen //建立视图
  AS  SELECT *  FROM  Student  WHERE  Sdept='CS'
GRANT  SELECT ON  CS_Student  TO  王平;//定义存取权限
GRANT  ALL PRIVLEGESON  CS_Student  TO  张明
```

(2) REVOKE 命令

授予用户的权限可以由数据库管理员或其他授权者用 REVOKE 语句收回。REVOKE 语句的一般格式为:

```
REVOKE <权限>[,<权限>]…
  ON <对象类型><对象名> [,<对象类型><对象名>]…
  FROM <用户>[,<用户>]…  [CASADE|RESTRICT]
```

例 7-8 把用户 U4 修改学员学号的权限收回。

```
REVOKE UPDATE(Sno)
  ON TABLE Student
  FROM U4
```

例 7-9 收回所有用户对表 SC 的查询权限。

```
REVOKE SELECT
  ON TABLE SC
  FROM PUBLIC
```

例 7-10 把用户 U5 对 SC 表的 INSERT 权限收回。

```
REVOKE INSERT
  ON TABLE SC
  FROM U5 CASCADE
```

将用户 U5 的 INSERT 权限收回的时候必须级联(CASCADE),不然系统将拒绝(RESTRICT)。

(3) 授权的检查

授权和撤销属于运行时的动态管理,用户访问控制授权经常变化,所以授权的检查不能在编译时进行。这意味着在表上执行每个操作前,均需要检查用户的授权。访问是经常性的操作,而撤销比较少见,因此好的授权检查算法需要区分操作,减少重新计算用户授权表的时间。

对于事务,通常只需计算一次授权表。执行事务时,系统首先检查用户是否被授权访问这些关系并执行这些操作。如果用户是表的创建者,授权模块返回 YES。否则,系统征询 SYSAUTH 检查用户是否具有要求的权限,如果可以授权执行有关操作,则返回 YES。否则,返回 NO 和出错码。随后,系统将在内存中保存授权表,相同事务的后续授权检查直接通过缓存实现。授权后执行的撤销不会影响事务执行。

4. 数据库角色

近年来 RBAC(Role-based Access Control,基于角色的存取控制)受到了广泛的关注。RBAC 在主体和权限之间增加了一个中间桥梁——角色,权限被授予角色,而管理员通过指定用户为特定角色来为用户授权,从而大大简化了授权管理,具有强大的可操作性和可管理性。角色可以根据组织中的不同工作创建,然后根据用户的责任和资格分配角色,用户可以轻松地进行角色转换。随着新应用和新系统的增加,角色可以分配更多的权限,也可以根据需要撤销相应的权限。

数据库角色是被命名的一组与数据库操作相关的权限,角色是权限的集合。因此,可以为一组具有相同权限的用户创建一个角色,从而简化授权的过程。

在 SQL 中,先用 GRANT ROLE 语句创建角色,然后用 GRANT 语句给角色授权,用 REVOKE 语句回收授予角色的权限。

(1) 角色的创建

创建角色的 SQL 语句格式是:

GRANT ROLE ＜角色名＞

说明:刚创建的角色是空的,没有任何内容。可以用 GRANT 为角色授权。

(2) 给角色授权

给角色授权的 SQL 语句格式是:

GRANT ＜权限＞[,＜权限＞]…
　ON ＜对象类型＞＜对象名＞
　TO ＜角色＞[,＜角色＞]…

说明:DBA 和用户可以利用 GRANT 语句将权限授予某一个或几个角色。

(3) 将一个角色授予其他的角色或用户

GRANT ＜角色 1＞[,＜角色 2＞]…
　ON ＜角色 3＞[,＜用户 1＞]…
　[WITH ADMIN OPTION]

说明:① WITH ADMIN OPTION 子句:获得某种权限的角色或用户还可以把这种权限再授予其他的角色。② 一个角色包含的权限包括直接授予这个角色的全部权限加上其他角色授予这个角色的全部权限。

(4) 角色权限的收回

REVOKE ＜权限＞[,＜权限＞]…
　ON ＜对象类型＞＜对象名＞
　FROM ＜角色＞[,＜角色＞]…

说明:回收角色的权限,从而修改角色拥有的权限。

例 7-11　通过角色来实现将一组权限授予多个用户。

① 创建角色 R1:

GRANT ROLE R1

② 授予权限：

```
GRANT SELECT,UPDATE,INSERT
  ON TABLE Student
  TO R1
```

③ 将这个角色授予王平、张明、赵玲：

```
GRANT R1
  TO 王平,张明,赵玲
```

④ 一次性通过 R1 收回王平的所有权限：

```
REVOKE R1
  FROM 王平
```

例 7-12 使角色 R1 在原来的基础上增加对 Student 表的 DELETE 权限。

```
GRANT DELETE
  ON TABLE Student
  TO R1
```

例 7-13 回收 R1 的 DELETE 权限。

```
REVOKE SELECT
  ON TABLE Student
  FROM R1
```

7.1.5 任务实践——实现“军校基层连队管理系统”的安全性

任务 7-1 基层连队新来了一位指导员 initiator，使登录名 initiator 成为军校基层连队管理系统数据库的用户，并授予用户 initiator 军校基层连队管理系统数据库 dbo（数据库所有者）的权限。

具体操作步骤如下：

(1) 在“对象资源管理器”窗口中展开服务器。

(2) 展开“安全性”选项，右击“登录名”选项，然后在弹出的快捷菜单中选择“新建登录名”命令，打开“登录名 - 新建”窗口。

(3) 在“登录名”文本框中输入 SQL Server 登录名，这里输入“initiator”。

(4) 选中“SQL Server 身份验证”单选按钮。

(5) 在“密码”文本框中输入密码，这里输入“001”。

(6) 在“确认密码”文本框中输入确认密码，这里输入“001”。

(7) 取消选择“强制实施密码策略”复选框。

(8) “默认数据库”选项和“默认语言”选项使用系统提供的默认值。

(9) 在左上角的“选项页”选项组中选中“用户映射”选项，然后在弹出的“登录属性 - initiator”对话框中选中军校基层连队管理系统数据库，在“数据库角色成员身份”列表框中选中“db_owner”和“public”复选框。这样 initiator 便拥有了军校基层连队管理系统数据库的所有操作权限。

（10）如果希望授予 initiator 访问军校基层连队管理系统数据库的指定权限，则不要选中 db_owner 复选框，只选中 public 复选框即可。为了测试后面的权限设置，读者可照此设置。

（11）在左上角的“选项页”选项组中选中“状态”选项，将“是否允许连接到数据库引擎”设置为“授予”，将“登录”设置为“启用”。

（12）单击“确定”按钮，完成操作。

任务 7-2　由于职务的变更，要撤销登录名 initiator 作为军校基层连队管理系统数据库 dbo（数据库所有者）的权限，改为只授予其对 Course 表的 Select 权限。

具体操作步骤如下：

（1）在“对象资源管理器”窗口中展开军校基层连队管理系统数据库。展开“安全性”选项，再展开“用户”选项。

（2）右击 initiator 用户，在弹出的快捷菜单中选择“属性”命令，在“数据库角色成员身份”列表框中取消选中 db_owner 复选框。

（3）在左上角的“选项页”选项组中选择“安全对象”选项。

（4）单击“添加”按钮。

（5）选中“特定对象”单选按钮，单击“确定”按钮。

（6）单击“对象类型”按钮。

（7）在“对象类型”列表框中选中“表”复选框，单击“确定”按钮。

（8）单击“浏览”按钮，从中选中“[dbo].[Course]”复选框，单击“确定”按钮。

（9）返回到“数据库用户-initiator”窗口，在“dbo. Course 的显式权限”列表框中选中 Select 行中的“授予”复选框，单击“确定”按钮，表示授予用户 initiator 对 Course 表进行 Select 操作的权限。

（10）如果还想限制只能对 Course 表的某些列具有 Select 权限，可单击“列权限”按钮，打开“列权限”对话框，在“列权限”列表框选择 CouName 行和 CouNo 行中的“授予”复选框，表示对 CouName 列和 CouNo 列具有 Select 权限，单击“确定”按钮。

（11）单击“确定”按钮完成操作。

任务 7-3　指导员 initiator 调离了该岗位，要删除其 Windows 用户身份验证的登录名。

具体操作步骤如下：

（1）在“对象资源管理器”窗口中展开服务器。

（2）展开“安全性”选项，再展开“登录名”选项。

（3）右击要删除的登录名，这里右击 initiator 登录名，在弹出的快捷菜单中选择“删除”命令。

（4）在弹出的对话框中单击“确定”按钮，完成删除操作。

删除登录名 initiator 后，用户 initiator 映射的登录名将不存在，也就不具备任何实质的权限了。

在未删除用户的情况下删除登录名是允许的，当然，也可以在删除登录名之前在各数据库中删除该登录名的所有用户。

任务 7-4　使用 Transcact－SQL 语句，为基层连队队长创建名为 captain、密码为 002 的 SQL Server 身份验证的登录名，将 captain 指定为军校基层连队管理系统数据库的所有者(dbo)，并授予 captain 创建表，查看 Student 表，对 StuCou 表进行添加、修改或删除的权限。

具体操作步骤如下：

(1) 使用 CREATE LOGIN 语句创建登录名。在查询窗口中执行如下 SQL 语句：

```
CREATE LOGIN captain WITH PASSWORD='002'
```

(2) 在军校基层连队管理系统数据库中创建名为 captain 的用户。它表明以登录名 captain 连接到数据库引擎后，将具有其映射用户 captain 所具有的权限。

在查询窗口中执行如下 SQL 语句：

```
Use 军校基层连队管理系统
GO
CREATE USER captain
GO
```

(3) 使用 sp_addrolemember 授予 captain 具备 dbo 角色权限。

在查询窗口中执行如下 SQL 语句：

```
Use 军校基层连队管理系统
GO
sp_addrolemember db_owner，captain
GO
```

此时，可使用登录名 captain 连接到数据库引擎，它具有军校基层连队管理系统数据库的 dbo 角色权限。

(4) 使用 sp_droprolemember 收回用户 captain 的 dbo 角色权限。

在查询窗口中执行如下 SQL 语句：

```
Use 军校基层连队管理系统
GO
sp_droprolemember db_owner，captain
GO
```

此时，仅可使用登录名 captain 连接到数据库引擎，但对军校基层连队管理系统数据库并无任何实质权限。

(5) 授予 captain 创建表的权限。在查询窗口中执行如下 SQL 语句：

```
Use 军校基层连队管理系统
GO
GRANT CREATE TABLE TO captain
GO
```

此时,可使用登录名 captain 连接到数据库引擎,具有在军校基层连队管理系统数据库中创建表的权限。

(6) 授予 captain 其他权限。在查询窗口中执行如下 SQL 语句:

```
Use 军校基层连队管理系统
GO
GRANT SELECT ON Student TO captain
GO
GRANT INSERT,UPDATE,DELETE ON StuCou TO captain
GO
```

此时,可使用登录名 captain 连接到数据库引擎,并增加了对军校基层连队管理系统数据库查询 Student 表,以及插入、更新、删除 StuCou 表的权限。

(7) 测试。测试过程如下:

使用登录名 captain 连接数据库引擎。

在该连接下新建一个查询窗口,在查询窗口中执行如下 SQL 语句:

```
Use 军校基层连队管理系统
GO
SELECT * FROM Student
GO
```

执行结果正常,因为 captain 具有查询 Student 表的权限。

在查询窗口中执行如下 SQL 语句:

```
Use 军校基层连队管理系统
GO
SELECT * FROM Course
GO
```

执行结果显示,captain 没有查询 Course 表的权限。

测试完毕后,重新使用具备管理员身份权限的登录名连接到数据库引擎。

任务 7-5　收回已授予用户 captain 的 CREATE TABLE 权限。

在查询窗口中执行如下 SQL 语句:

```
Use 军校基层连队管理系统
GO
REVOKE CREATE TABLE FROM captain
GO
```

任务 7-6　使用 DROP LOGIN 删除登录名 captain。

在查询窗口中执行如下 SQL 语句:

```
Use 军校基层连队管理系统
GO
DROP USER captain      /* 先删除该登录名映射的用户 */
```

DROP LOGIN captain

7.2 数据库恢复

尽管数据库系统中采取了各种保护措施来防止数据库中的安全性和完整性被破坏，但是数据库中的数据遭到破坏还是在所难免，如硬件故障、系统软件出错、操作失误等都可能造成数据库中数据遭到意想不到的破坏。为了减少损失，计算机必须有一套从破坏状态恢复到正确状态的功能，这就是数据库恢复。恢复子系统是数据库系统的一个重要组成部分。

7.2.1 事务

在讨论数据库恢复技术之前先讲解事务的基本概念和事务的特性。

1. 事务概念

事务(Transaction)是用户定义的一个数据库操作序列，这些操作要么全做，要么全不做，是一个不可分割的工作单位。例如，在关系数据库中，一个事务可以是一条SQL语句、一组SQL语句或整个程序。

事务和程序是两个概念。一般来讲，一个程序中包含多个事务。

吉姆·格雷(Jim Gray) 事务概念的提出者，1944年生，美国加州大学博士。先后在贝尔实验室、IBM、DEC等公司工作，是数据库、数据仓库和数据挖掘等领域的领军人物。格雷提出了事务概念及相关技术。保证了数据出现故障后，数据库能自动从故障中恢复，从而保障了数据的完整性、安全性、并行性。由于在数据库和事务处理研究方面的原创性贡献，格雷于1998年获得图灵奖。

事务的开始与结束可以由用户显式控制。如果用户没有显式定义事务，由DBMS按缺省规定自动划分事务。在SQL中，定义事务的语句有三条：

BEGIN TRANSACTION

COMMIT

ROLLBACK

事务通常是以BEGIN TRANSACTION开始，以COMMIT或ROLLBACK结束。COMMIT表示提交，即提交事务的所有操作，具体地说就是将事务中所有对数据库的更新写回到磁盘上的物理数据库中去，事务正常结束。ROLLBACK表示回滚，即在事务运行的过程中发生了某种故障，事务不能继续执行，系统将事务中对数据库的所有已完成的操作全部撤销，回滚到事务开始时的状态。这里的操作指对数据库的更新操作。

2. 事务的特性

事务有四个特性：原子性（Atomicity）、一致性（Consistency）、隔离性（Isolation）、持续性（Durability ），这四个特性简称为 ACID 特性（ACID Properties）。

（1）原子性

事务是数据库的逻辑工作单位，事务中包括的所有操作要么都做，要么都不做。

（2）一致性

事务执行的结果必须是使数据库从一个一致性状态变到另一个一致性状态。因此当数据库只包含成功事务提交的结果时，就说数据库处于一致性状态。如果数据库系统运行中发生故障，有些事务尚未完成就被迫中断，这些未完成事务对数据库所做的修改有一部分已写入物理数据库，这时数据库就处于一种不准确的状态，或者说是不一致的状态。

例如某公司在银行中有 A、B 两个账号，现在公司想从账号 A 中取出一万元，存入账号 B。那么就可以定义一个事务，该事务包括两个操作：第一个操作是从账号 A 中减去一万元，第二个操作是向账号 B 中加入一万元。这两个操作要么全做，要么全不做，数据库都处于一致性状态。如果只做一个操作，用户逻辑上就会发生错误，少了一万元，这时数据库就处于不一致性状态。可见一致性与原子性是密切相关的。

（3）隔离性

一个事务的执行不能被其他事务干扰，即一个事务内部的操作及使用的数据对其他并发事务是隔离的，并发执行的各个事务之间不能互相干扰。

（4）持续性

也称永久性（Permanence）。指一个事务一旦提交，它对数据库中数据的改变就应该是永久性的，接下来的其他操作或故障不应该对其执行结果有任何影响。

保证事务的 ACID 特性是事务管理的重要任务。事务 ACID 特性可能遭到破坏的因素有：

① 多个事务并行运行时，不同事务的操作交叉执行。

② 事务在运行过程中被强行停止。

在第一种情况下，数据库管理系统必须保证多个事务的交叉运行不影响这些事务的原子性。在第二种情况下，数据库管理系统必须保证被强行终止的事务对数据库和其他事务没有任何影响。

3. 事务操作

下面对事务操作语句进行介绍。

(1) BEGIN TRANSACTION：标记一个显式本地事务的开始。语法格式如下：

BEGIN TRANSACTION [transaction_name]

其中，transaction_name 为事务名称。

(2) COMMIT TRANSACTION：标志一个事务的结束，提交事务。语法格式如下：

COMMIT TRANSACTION [transaction_name]

其中，transaction_name 为在 BEGIN TRANSACTION 语句中给出的事务名称。

(3) ROLLBACK TRANSACTION：回滚事务，将显式事务或隐式事务回滚到事务的起点或事务内的某个保存点。语法格式如下：

ROLLBACK TRANSACTION [transaction_name]

其中，transaction_name 为在 BEGIN TRANSACTION 语句中给出的事务名称。不带 transaction_name 的 ROLLBACK TRANSACTION 可回滚到事务的起点。

例 7-14 定义一个事务，向 StuCou 表中插入多行数据，若报名课程超过 3 门，则回滚事务，即报名无效，否则成功提交。

(1) 在查询窗口中执行如下 SQL 语句：

```
USE 军校基层连队管理系统
Go
BEGIN TRANSACTION
/*报 3 门课程*/
INSERT StuCou(StuNo,CouNO,WillOrder) VALUES('00000025','001',1)
INSERT StuCou(StuNo,CouNO,WillOrder) VALUES('00000025','002',2)
INSERT StuCou(StuNo,CouNO,WillOrder) VALUES('00000025','003',3)
DECLARE @CountNum INT
SET @CountNum = (SELECT COUNT(*) FROM StuCou WHERE StuNo
='00000025')
IF @CountNum>3
BEGIN
ROLLBACK TRANSACTION
PRINT '报名的课程门数超过所规定的 3 门，所以报名无效。'
END
ELSE
BEGIN
  COMMIT TRANSACTION
  PRINT '恭喜，选修课程报名成功！'
END
```

这里，该学员报了 3 门课程，故最后事务成功提交，并显示报名成功信息。

(2) 测试。执行如下 SQL 语句：

```
SELECT *
FROM StuCou
WHERE StuNo='00000025'
```

可以验证确实已经添加了 3 行数据。

(3) 为了后面测试数据的方便，需将上面添加的 StuNo='00000025'的数据行删除。

```
DELETE
```

```
FROM StuCou
WHERE StuNo='00000025'
```

(4) 在查询窗口中执行如下 SQL 语句：

```
USE 军校基层连队管理系统
Go
BEGIN TRANSACTION
/*报5门课程*/
INSERT StuCou(StuNo,CouNO,WillOrder) VALUES('00000025','001',1)
INSERT StuCou(StuNo,CouNO,WillOrder) VALUES('00000025','002',2)
INSERT StuCou(StuNo,CouNO,WillOrder) VALUES('00000025','003',3)
INSERT StuCou(StuNo,CouNO,WillOrder) VALUES('00000025','004',4)
INSERT StuCou(StuNo,CouNO,WillOrder) VALUES('00000025','005',5)
DECLARE @CountNum INT
SET @CountNum = (SELECT COUNT(*) FROM StuCou WHERE StuNo
='00000025')
IF @CountNum>3
BEGIN
  ROLLBACK TRANSACTION
  PRINT '报名的课程门数超过所规定的3门,所以报名无效。'
END
ELSE
BEGIN
  COMMIT TRANSACTION
  PRINT '恭喜,选修课程报名成功!'
END
```

这里,该学员报了5门课程,故最后事务被回滚,并显示"报名的课程门数超过所规定的3门,所以报名无效。"信息。

(5) 测试。执行如下 SQL 语句：

```
SELECT *  FROM StuCou  WHERE StuNo='00000025'
```

可以验证,确实没有添加5行数据。

7.2.2 数据库故障的种类

数据库系统中可能发生各种各样的故障,大致可以分为以下几类：

1. 事务内部故障

事务内部故障是指事务运行没有达到预期的终点,未能成功地提交事务,使数据库处于不正确状态。事务内部故障有的可以通过事务程序本身发现，是可预期的故障，但更多的是不可预期的故障，如数据溢出等。当发生事务内部故障时，可强行回滚（ROLLBACK）该事务，这类恢复操作称为撤销（UNDO）。

2．系统范围故障

造成系统停止运行的任何事件都称为系统故障，系统故障又称软故障，如停电、操作系统故障。这类故障造成正在运行的事务非正常终止，数据库缓冲区中的数据丢失。若发生系统范围的故障，恢复子系统必须在系统重新启动时让所有非正常终止的事务回滚；若事务只做一半便发生故障，必须先撤销该事务，然后重做。

3．存储介质故障

存储介质故障又称为硬故障。硬故障发生的可能性小，但破坏性极大，如硬盘损坏等。

4．计算机病毒

计算机病毒主要破坏计算机软件系统，由计算机病毒引起的故障属于系统范围的故障。

各种故障对数据的影响有两种可能，一是数据库本身被破坏；二是数据库没有破坏，但数据不正确。

7.2.3 恢复的实现技术

恢复机制涉及的两个关键问题是：如何建立冗余数据；如何利用这些冗余数据实施数据库恢复。

建立冗余数据最常用的技术：数据转储和登录日志文件。通常在一个数据库系统中，这两种方法是一起使用的。

1．数据转储

数据转储是数据库恢复技术中采用的基本技术。所谓转储是指 DBA 定期将整个数据库复制到磁带或另一个磁盘上保存起来的过程。这些备用的数据文本称为后备副本或后援副本。当数据库遭到破坏时，可以利用后备副本来恢复数据库，但只能恢复到转储时的状态，在这以后所运行的事务必须重新运行才能恢复到故障时的状态。

转储可分为静态转储和动态转储两种。

静态转储是指转储期间不允许对数据库进行任何存取和更新操作，如图 7-3 所示。

图 7-3 中 T_a～T_b为静态转储阶段，从 T_a时刻开始转储，到 T_b时刻转储完毕。若 T_f时刻发生故障，则重装后备副本，只能将数据库恢复到 T_b时刻的状态，然后重新运行 T_b～T_f时段的所有更新事务，这样就可把数据库恢复到故障发生前的一致状态。

动态转储是指转储期间允许对数据库进行存取和更新燥作，即转储和用户事务可以并发执行。

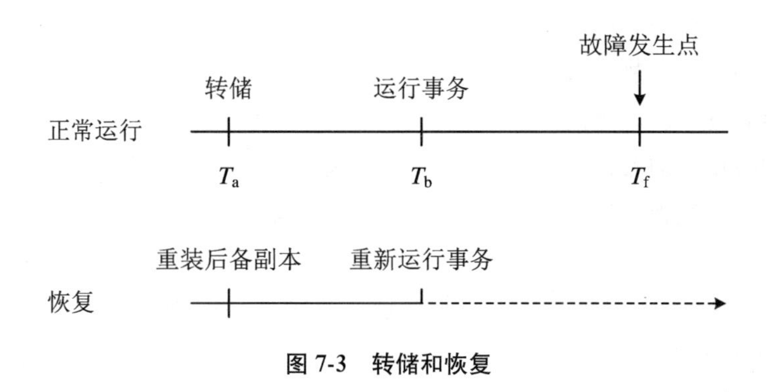

图 7-3　转储和恢复

动态转储可以克服静态转储的缺点，它不用等待正在运行的用户事务结束，也不会影响新事务的运行。但是，转储结束时后备副本上的数据并不能保证正确有效。例如，在转储期间的某个时刻 T_c，系统把数据 A = 100 转储到磁带上，而在下一个时刻 T_d，某一事务将 A 改为 200，转储结束后，后备副本上的 A 已是过时的数据了。

为此，必须把转储期间各事务对数据库的修改活动登记下来，建立日志文件（log file）。这样，后备副本加上日志文件就能把数据库恢复到某一时刻的正确状态。

转储还可分为海量转储和增量转储。海量转储是指每次转储全部数据库。增量转储则指每次只转储上次转储后更新过的数据。综上所述，转储可分两种方式和两种状态，相互结合，总共有 4 种类型，如表 7-2 所示。

表 7-2　数据转储分类

转储状态 / 转储方式	动态转储	静态转储
海量转储	动态海量转储	静态海量转储
增量转储	动态增量转储	静态增量转储

2. 登记日志文件（Logging）

（1）日志文件的格式和内容

日志文件（Log）是用来记录事务对数据库的更新操作的文件。不同数据库系统采用的日志文件格式并不一样。概括起来日志文件主要有两种格式：以记录为单位的日志文件和以数据块为单位的日志文件。

以记录为单位的日志文件，日志文件中需要登记的内容包括：

① 各个事务的开始（BEGIN TRANSACTION）标记。

② 各个事务的结束（COMMIT 或 ROLLBACK）标记。

③ 各个事务的所有更新操作。

这里每个事务的开始标记、每个事务的结束标记和每个更新操作均作为日志文件中的一个日志记录（Log Record）。

每个日志记录的内容主要包括：

① 事务标识(表明是哪个事务)。

② 操作类型(插入、删除或修改)。

③ 操作对象(记录内部标识)。

④ 更新前数据的旧值(对插入操作而言此项为空值)。

⑤ 更新后数据的新值(对删除操作而言此项为空值)。

对于以数据块为单位的日志文件,日志记录的内容包括事务标识和被更新的数据块。由于将更新前的整个块和更新后的整个块都放入日志文件中,操作类型和操作对象等信息就不必再放入日志记录中。

(2) 日志文件的作用

日志文件在数据库恢复中起着非常重要的作用,可以用来进行事务故障恢复和系统故障恢复,并协助后备副本进行介质故障恢复。具体作用是:

① 事务故障恢复和系统故障恢复必须用到日志文件。

② 在动态转储方式中必须建立日志文件,后备副本和日志文件结合起来才能有效地恢复数据库。

③ 静态转储方式也可以建立日志文件。当数据库毁坏后可重新装入后备副本把数据库恢复到转储结束时刻的正确状态,然后利用日志文件,对已完成的事务进行重做处理,对故障发生时刻未完成的事务进行撤销处理,这样不必重新运行已经完成的事务,就可把数据库恢复到故障前某一时刻的正确状态,如图 7-4 所示。

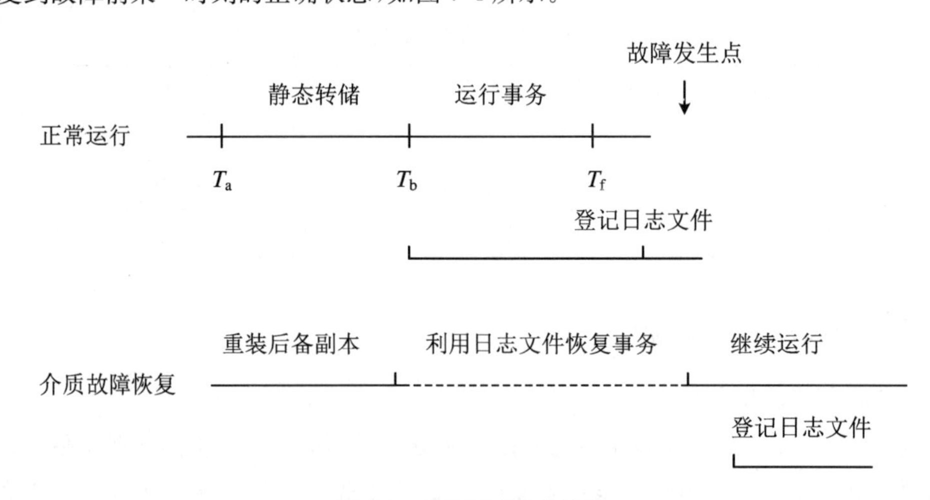

图 7-4 利用日志文件恢复

为保证数据库是可恢复的,登记日志文件时必须遵循两条原则:

① 登记的次序严格按并行事务执行的时间次序。

② 必须先写日志文件,后写数据库。

把对数据的修改写到数据库中和把表示这个修改的日志记录写到日志文件中是两个不同的操作。有可能在这两个操作之间发生故障,即这两个写操作只完成了一个。如果先写了数据库修改,而在运行记录中没有登记这个修改,则以后就无法恢复这个修改了。如果先写日志,但没有修改数据库,按日志文件恢复时只不过是多执行一次不必要的 UNDO 操作,并不会影响数据库正确性。所以为了安全，一定要先写日志文件，即首先把日志记录写到日志文件中，然后写数据库的修改，这就是“先写日志文件”的原则。

7.2.4　恢复策略

利用后备副本和日志文件可把数据库恢复到故障发生前的某个一致性状态。但不同的故障，其恢复的策略也不一样。

1. 事务故障的恢复

事务故障的恢复由系统自动完成，对用户是透明的。系统的恢复步骤是：

(1) 反向扫描日志文件(即从最后向前扫描日志文件)，查找该事务的更新操作。

(2) 对该事务的更新操作执行逆操作，即将日志记录中“更新前的值” 写入数据库。这样，如果记录是插入操作，则相当于做删除操作(因此“更新前的值”为空)；如果记录中是删除操作，则做插入操作；若是修改操作，则用修改前的值代替修改后的值。

(3) 继续反向扫描日志文件，查找该事务的其他更新操作，并做同样处理。

(4) 如此处理下去，直至读到此事务的开始标记，事务故障恢复就完成了。

2. 系统故障恢复策略

系统故障造成数据库不一致状态原因有两个：一是未完成事务对数据的更新可能已经写入数据库，二是提交的事务对数据库的更新可能还留在缓冲区没来得及写入数据库。因此，恢复操作必须先撤销故障发生时未完成的事务，重做已完成的事务。

系统故障的恢复在系统重新启动时自动完成，其恢复步骤如下：

(1) 正向扫描日志文件，找出故障发生前已经提交的事务，将其事务标识记入重做(REDO)队列，同时找出故障发生时尚未完成的事务，将其事务标识记入撤销(UNDO)队列。

(2) 对撤销队列中的各个事务进行撤销(UNDO)处理。

(3) 对重做队列中的各个事务进行重做(REDO)处理。

3. 介质故障恢复策略

发生介质故障后，磁盘上的物理数据和日志文件被破坏，这是最严重的一种故障。恢复方法是重装数据库，然后重做已完成的事务。

(1) 装入最近的数据库后备副本，即故障前最后一次转储的数据库副本，使数据库恢复到最后转储时的一致性状态。

(2) 打开存储器中的日志文件，正向扫描日志文件，找出故障发生时已提交事务的标识，将其记入重做队列，然后对重做队列中的所有事务进行重做。

这样便可把数据库恢复到故障前某一时刻的一致性状态。不过按照这种方法进行恢复存在着严重的弊端。一方面需要搜索整个日志文件，耗费大量的时间；另一方面需要重做大量已经成功地将其更新操作结果写入数据库的事务。

7.2.5 数据库维护

1. 备份数据库

备份数据库是指对数据库或者事务日志做复制，当系统、磁盘或者数据库文件损坏时可以使用备份文件进行恢复，防止数据丢失，提高数据的安全性。

数据库备份可以分为以下四种类型：

(1) 全库备份

创建数据库中所有内容的副本。由于是复制数据库中的所有内容，所以该备份占用的存储空间最多，需用时间最长，适用于备份容量较小或数据库中数据的修改较少的数据库。一般一周做一次全库备份。

使用BACKUP进行全库备份的语法格式为：

BACKUP DATABASE 数据库名称 TO 备份设备名称 [WITH [NAME='备份名称'][,INIT|NOINIT]]

其中备份设备名称采用“备份设备类型=设备名称”的形式；INIT表示新备份的数据将覆盖当前备份设备上的内容，即原来此备份设备上的数据信息都不存在了；NOINIT表示新的备份数据添加到备份设备已有内容的后面。

(2) 差异备份

只备份在上次数据库备份后发生更改的数据。该备份类型备份的数据量小，而且备份速度快，所以可经常进行该类型备份，减小数据丢失的危险，适用于修改频繁的数据库。一般每天做一次差异备份。

使用BACKUP进行差异备份的语法格式为：

BACKUP DATABASE 数据库名称 TO 备份设备名称 WITH DIFFERENTIAL [NAME='备份名称'][,INIT|NOINIT]

其中，WITH DIFFERENTIAL子句的作用是指明备份时只对在最后一次数据库备份后数据库中发生变化部分进行备份。

(3) 事务日志备份

备份自上次事务日志备份以来对数据库执行的所有事务的一系列记录，即事务日志文件的信息，可以使用该类型备份将数据库恢复到特定的时点或者恢复到故障点。为了使数据库具有鲁棒性，推荐每小时一次甚至更频繁地备份事务日志。

使用BACKUP进行事务日志备份的语法格式为：

BACKUP LOG 数据库名称 TO 备份设备名称[WITH [NAME='备份名称'][,INIT|NOINIT]]

(4) 文件或文件组备份

备份数据库文件或者数据库的文件组。使用该类型备份，恢复时可以只恢复特定的数据库文件或者数据文件组，从而加快恢复速度。

使用 BACKUP 进行文件或文件组备份的语法格式为：

BACKUP DATABASE 数据库名称 FILE = '文件的逻辑名称' | FILEGROUP = '文件组的逻辑名称' TO 备份设备名称 [WITH [NAME = '备份名称'][,INIT|NOINIT]]

不同的备份类型使用的场合和范围也不一样。全库备份，可以一次完成库中数据的全部备份，但是执行时间和占用空间最多。差异备份和事务日志备份，必须依赖全库备份文件才能使用，不能单独作为备份集。文件或文件组备份，必须与事务日志备份结合才有意义，每一种备份类型都有不足之处，要根据实际需要来选择备份类型。在实际应用中，数据库的备份通常是各种备份类型的组合使用，如全库备份与差异备份、全库备份与事务日志备份、文件或文件组备份与事务日志备份等。

2. 备份设备

备份设备是创建备份和恢复数据库的前提条件，即备份文件的存储设备。备份设备分为磁盘设备、磁带设备、物理设备和逻辑设备四种类型。其中，在备份数据库时前三种备份设备只需选择相应的设备即可，而逻辑设备是物理设备的别名或者公用名称，逻辑设备名称永久地存储在 SQL Server 内的系统表中。

(1) 创建备份设备

磁盘设备、磁带设备和物理设备在备份时选择相应的设备即可，这里主要介绍创建逻辑设备的方法。

使用 Microsoft SQL Server management Studio 创建备份设备的步骤如下：

① 打开 Microsoft SQL Server management Studio，展开服务器对象，在服务器对象下右击“备份设备”文件夹，在弹出菜单中选择“新建备份设备”命令，如图 7-5 所示，弹出“备份设备”对话框，如图 7-6 所示。

图 7-5 “新建备份设备”命令

图 7-6　“备份设备”对话框

② 在“备份设备”对话框中输入备份设备的名称，输入或设置备份设备所使用的本地计算机上的物理文件位置。

③ 单击“确定”按钮，完成备份设备的创建。

使用系统存储过程 sp_addumpdevice 创建备份设备的语法格式如下：

[EXECUTE] sp_addumpdevice '设备类型','逻辑名称','物理名称'

其中，第一个参数指定备份设备的类型，包括磁盘文件、命名管道和磁带设备三种类型，分别用 disk、pipe 和 tape 表示。第二个参数指定备份设备的逻辑名称，逻辑名称没有默认值，不能为 NULL。第三个参数指定逻辑名称对应的物理备份设备的名称，如果是一个磁盘设备，则物理名称是备份设备在本地或者网络上的物理名称，如“D:\BACKUP\db. bak”。

(2) 删除备份文件

当备份设备不需要时，可以将备份设备删除，可以使用 Microsoft SQL Server management Studio 和系统存储过程 sp_dropdevice 两种方法删除备份设备。

使用 Microsoft SQL Server management Studio 删除设备的步骤如下：

① 打开 Microsoft SQL Server management Studio，展开服务器对象，双击服务器对象下的“备份设备”文件夹，会显示所有的备份设备。

② 右击要删除的备份设备，在弹出的菜单中选择“删除”命令，或者单击选中要删除的备份设备，使用“编辑”菜单中的“删除”命令。在弹出的确认对话框中单击“是”按钮完成备份设备的删除。如图 7-7 所示。

使用存储过程 sp_dropdevice 删除备份设备的语法格式如下：

[EXECUTE] sp_dropdevice '备份设备逻辑名称'

其中，数据库设备或者备份设备的逻辑名称在 master. dbo. sysdevice 表中列出。

注意：使用 sp_droppdevice 删除备份设备时，备份设备的逻辑名称和物理名称都要给出。如果不给出备份设备的物理名称，执行删除操作后，备份设备对应的物理文件仍旧存在。

3. 还原数据库

还原数据库是在备份数据库的基础上操作的，只有在数据库备份后，才能通过备份文件

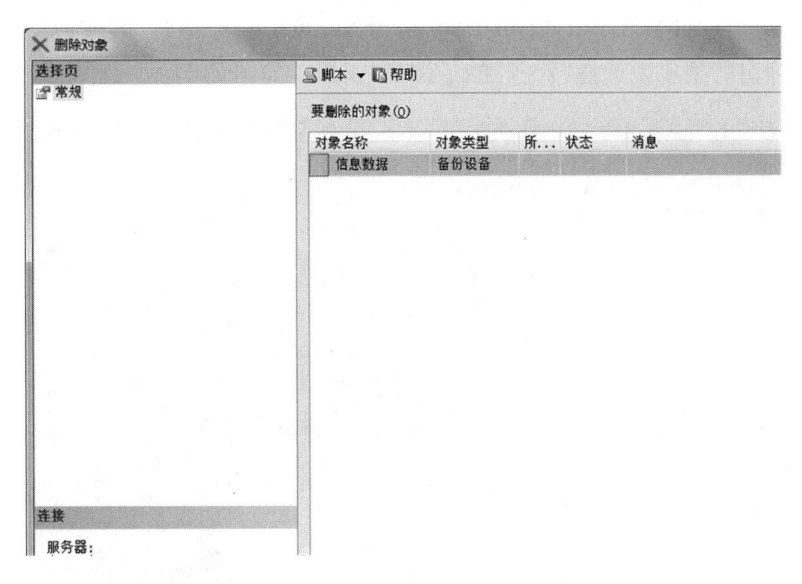

图 7-7　使用 Microsoft SQL Server management Studio 删除备份设备

对数据库进行还原操作。在计算机受到各种因素的影响导致数据丢失、不完整或数据错误时，通过对数据库的恢复，将数据恢复到备份的数据库中的某个时间，以便减少损失。

在 SQL Server 中，有完全恢复、大容量日志恢复和简单恢复三种恢复模型。

① 完全恢复。通过使用数据库备份和事务日志备份将数据库恢复到发生故障的时刻。完全恢复模型几乎没有数据丢失，适用于因存储介质损坏引起数据丢失的情况。

② 大容量日志恢复。适用于因媒体故障引起数据丢失的情况，对某些大规模或者大容量复制操作有最好的恢复性能且占用最少的日志使用空间。

③ 简单恢复。数据库恢复时仅涉及数据库备份或差异备份，而不涉及事务日志备份。选择简单恢复模型时使用的备份策略是进行全库备份，然后进行差异备份。

三种恢复模型各自的使用场合相互之间存在区别。简单恢复可将数据库恢复到上一次备份的状态，但由于不是用事务日志备份进行恢复，所以无法将数据库恢复到失败点状态；完全恢复能将数据库恢复到故障点状态，但是使用这种恢复模型，所有的数据操作都要写入事务日志文件；大容量恢复在性能上要比简单恢复和完全恢复好，能尽最大努力减少操作所需的存储空间。

(1) 使用 Microsoft SQL Server management Studio 恢复数据库

当多种因素造成数据库中的数据丢失或者损坏时，或者数据库需要在其他数据库服务器上复制时，就可以使用备份文件对数据库进行恢复操作。在进行数据库恢复之前，需要进行以下几个方面的了解和操作：

① 断开所有用户与数据库的连接，限制数据库的访问权限。

② 进行事务日志备份，对上一次备份后发生的更改进行备份，以便恢复到最近的状态点。

③ 对备份的时间和备份类型进行了解，针对不同的备份类型采用不同的恢复方法。

使用 Microsoft SQL Server management Studio 恢复数据库的步骤如下：

① 打开 Microsoft SQL Server management Studio，展开“数据库”文件夹，右击要备份的数据库，在弹出的菜单中选择“任务”的子命令“还原”，如图 7-8 所示。

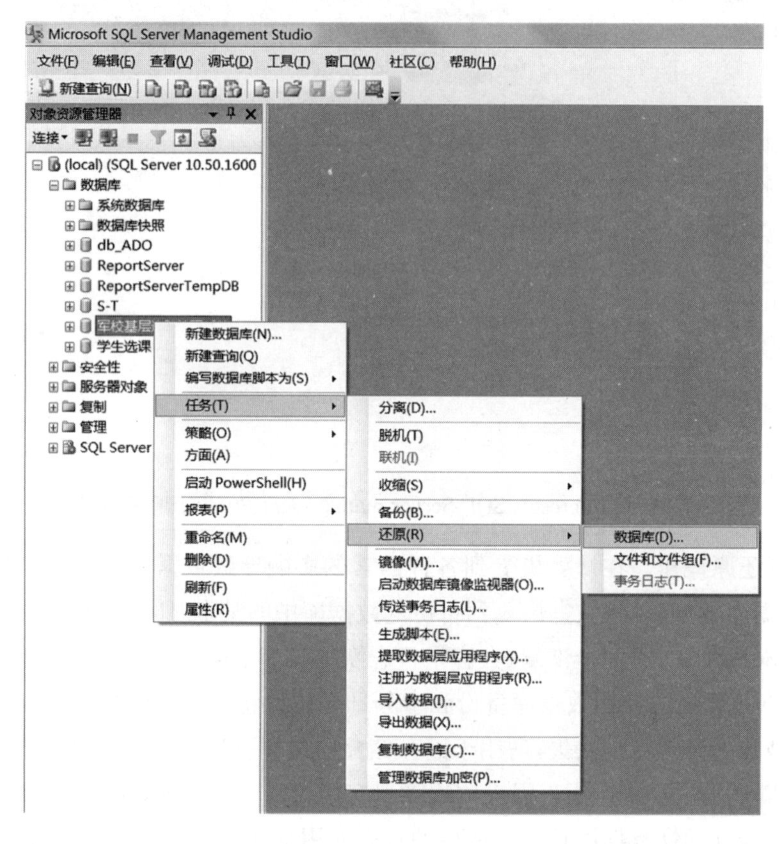

图 7-8 “还原”命令

② 弹出“还原数据库”对话框，如图 7-9 所示。在“常规”选项卡“目标数据库”下拉列表中选择要还原的目标数据库，该数据库可以是不同于备份数据库的另外的数据库，即可以将一个数据库的备份恢复到另一个数据库中，可以从下拉列表中选择已存在的数据库，也可以输入一个新的数据库名称，SQL Server 将自动按照新输入的名字新建一个数据库，并将备份数据恢复到新建的数据库中。

③ 可以单击“选项”选项卡，设置还原操作时采用的不同形式以及恢复完成状态。

④ 设置完成后，单击“确定”按钮开始还原数据库操作。

(2) 使用 RESTORE 语句恢复数据库

RESTORE 语句可以完成对数据库的恢复，其语法和 BACKUP 语法相似，可以对不同类型的备份文件进行还原。

① 恢复数据库

恢复数据库时，RESTORE 语句的语法格式为：

RESTORE DATABASE 数据库名称 FROM 备份设备名称 = [WITH [FILE = n][,
RECOVERY|NORECOVERY][,REPLACE]]

其中，FILE = n 指定从备份设备上的第几个备份文件中恢复数据库，如同一个备份设备上有

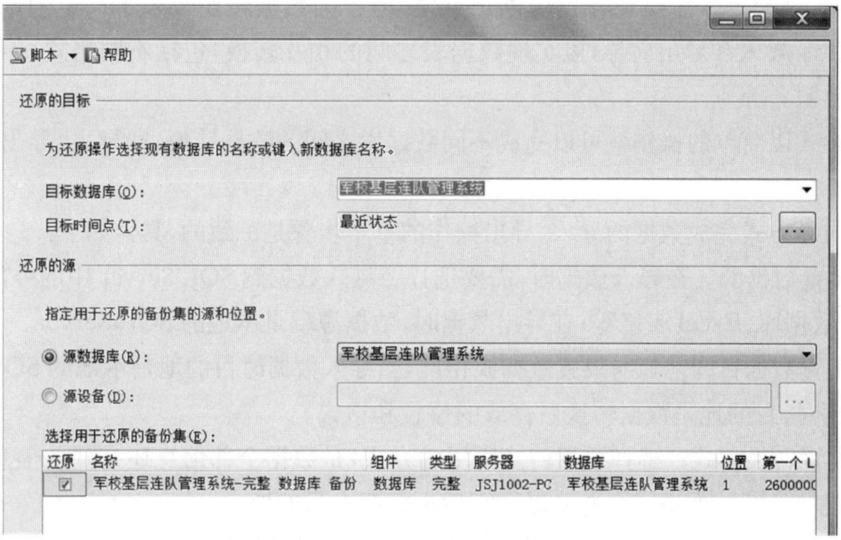

图 7-9 “还原数据库”对话框

多个对数据库的备份，如果选择第3个备份文件来恢复数据库，则 FILE = 3。RECOVERY 指定在数据库恢复完成后，SQL Server 回滚数据库中所有未曾提交的事务，以保持数据库的一致性，RECOVERY 选项用于最后一个备份的恢复。如果使用 NORECOVERY 选项，SQL Server 不回滚未曾提交的事务，所以当不是使用最后一个备份做恢复时应使用 NORECOVERY 选项。REPLACE 选项指定 SQL Server 创建一个新的数据库，并将备份恢复到这个新建数据库，如果服务器上已经存在一个同名的数据库，则原来的数据库被替换。

从全库备份或者差异备份中恢复数据都使用上述语法格式。

② 恢复事务日志

恢复事务日志时，RESTORE 语句的语法格式为：

RESTORE LOG 数据库名称 FROM 备份设备名称 [WITH [FILE = n][,RECOVERY|NORECOVERY]]

语法格式中的各选项与恢复整个数据库中各选项的意义相同。

③ 恢复文件或文件组

恢复文件或文件组时，RESTORE 语句的语法格式为：

RESTORE DATABASE 数据库名称 FILE = 文件名称 | FILEGROUP = 文件组名称 FROM 备份设备名称 [WITH PARTIAL [,FILE = n][,RECOVERY | NORECOVERY][,REPLACE]]

其中 WITH PARTIAL 表示此次恢复只恢复数据库的一部分。其他选项的含义与前面相同。

4. 数据的导入/导出

在数据库开发中，由于各种数据库的大小和用途不同，往往会根据开发需要选择不同的数据库系统,这为实际需要和开发提供了方便,但也为数据转换带来了一定的困难。SQL Server 提供了导入和导出向导,以实现数据表之间的相互转换,包括不同格式、不同数据源之间的转换服务等。

向导方式以简单的操作就可以完成不同数据库之间的数据转换,如导入、导出数据表的操作。

使用向导方式完成数据的导入、导出操作的基本步骤是一致的,具体如下:

(1) 设置数据源。在导入数据时,需要选择要导入数据到 SQL Server 中的外部数据源,如 Access 数据库、Excel 表格等;在导出数据时,数据源就是本地的 SQL Server。

(2) 设置数据目的地。与设置数据源相反,当导入数据时目的地是本地的 SQL Server;而导出数据时,目的地是数据转换后存放的位置和格式。

(3) 设置转换方式。选择数据转换所用的方式,是数据全部信息还是部分信息的复制,也可以对要转换的数据进行合并或者运算后再保存在目的地中。

(4) 保存、调度和复制包。对于完成的导入、导出操作能够生成 SSIS 包,SQL Server 可以调度此包,定期地完成数据的导入、导出操作。

7.2.6 任务实践——维护"军校基层连队管理系统"数据库

任务 7-7 李参谋为保证军校基层连队管理系统的正常使用,非常关心该数据库的安全,他需要经常备份数据库,在需要时对数据库进行还原,并在不需要时对备份进行删除。如果你是该数据库的管理员,该如何进行以上的操作呢?

操作 1:使用 sp_addumpdevice 创建本地磁盘备份设备。

EXECUTE sp_addumpdevice 'disk', 'bakdevice','c:\Program Files(x86)\Microsoft SQL Server\Backup'

其中,创建的备份设备类型为 disk,即磁盘;bakdevice 为备份设备的逻辑名称;c:\Program Files(x86)\Microsoft SQL Server\Backup 为备份设备的物理名称。如图 7-10 所示。

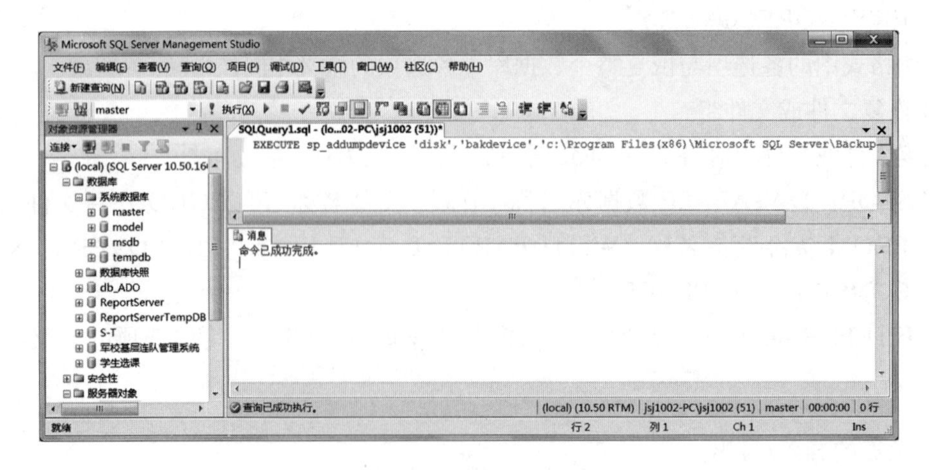

图 7-10 磁盘数据备份

系统存储过程 sp_addumpdevice 将备份设备添加到 master. dbo. sysdevices 表中，可以通过该表查看备份设备的存储情况。使用该存储过程还可以创建远程磁盘备份设备和磁带备份设备。

操作 2：使用 sp_addumpdevice 创建远程磁盘备份设备。

EXEC sp_addumpdevice 'disk', 'netbakdevice','\\servername\sharename\filepath\filename. ext'

操作 3：使用 sp_addumpdevice 创建磁带备份文件。

EXEC sp_addumpdevice 'tape', 'tapedevice', '\\. . \tape0'

操作 4：使用 sp_dropdevice 删除备份设备。

EXECTUE sp_droppdevice 'bakdevice', 'c:\Program Files (x86)\Microsoft SQL Server\MSSQL. 1\MSSQL\Backup'

操作 5：使用 BACKUP 语句备份数据库。

/ * 对军校基层连队管理系统进行全库备份 * /

BACKUP DATABASE 军校基层连队管理系统 TO DISK = 'bakdevice'

WITH INIT, NAME = '基层连队 Backup1'

/ * 对军校基层连队管理系统进行差异备份 * /

BACKUP DATABASE 军校基层连队管理系统 TO DISK = 'bakdevice'

WITH DIFFERENTIAL, NOINIT, NAME = '基层连队 backup2'

/ * 对军校基层连队管理系统进行日志备份 * /

BACKUP LOG 军校基层连队管理系统 TO DISK = 'bakdevice'

WITH NOINIT, NAME = 'Stubackup1'

/ * 将军校基层连队管理系统数据库的文件备份到磁盘设备 * /

BACKUP DATABASE 军校基层连队管理系统 FILE = '军校基层连队管理系统_Data' TO DISK = 'fileback'

操作 6：使用 RESTORE 语句还原数据库。

/ * 还原"军校基层连队管理系统"整个数据库 * /

RESTORE DATAABASE 军校基层连队管理系统 FROM bakdevice WITH RECOVERY，REPLACE

/ * 还原事务日志 * /

RESTORE LOG 军校基层连队管理系统 FROM bakdevice

任务 7-8　在早期没有使用"军校基层连队管理系统"数据库时，有关的信息比如学员表、课程表等都存放在 Access 数据库中，现在需要把这些数据表导入到军校基层连队管理系统中。

Access 数据库是使用比较广泛的小型数据库，使用向导可以将 Access 数据表导入到 SQL Server 数据库中。导入 Access 数据库中的数据表的步骤如下：

(1) 打开 Microsoft SQL Server management Studio，展开"数据库"。

(2) 右击"军校基层连队管理系统"文件夹，在弹出的菜单中选择"任务"下的"导入数据”命令，如图 7-11 所示，弹出“SQL Server 导入和导出向导”对话框。

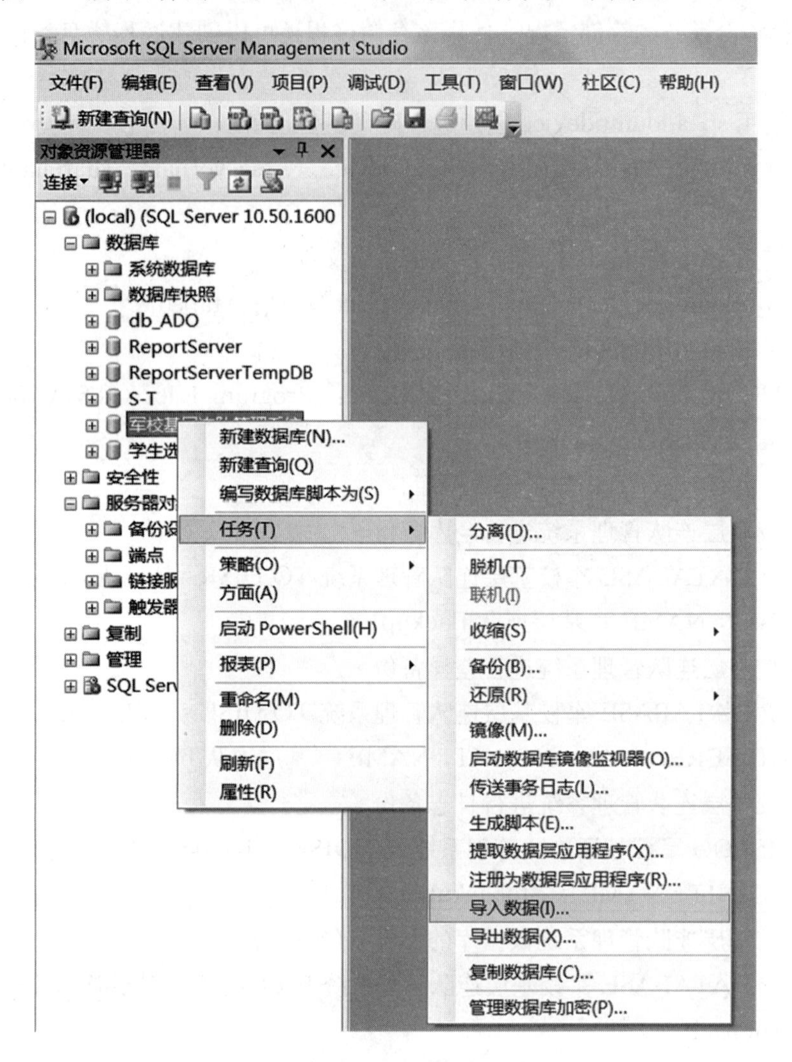

图 7-11 “导入数据”命令

(3) 单击“下一步”按钮，设置数据源，选择“Microsoft Access”作为数据源，并设置选择导入数据源的文件的目录位置，如果需要，还需要输入“用户名”和“密码”。如图 7-12 所示。

(4) 单击“下一步”按钮，设置目标数据库，如图 7-13 所示。在“目标”框中选择 SQL Server Native Client 10.0，并选择“使用 Windows 身份验证”选项，在“数据库”下拉列表中选择数据表要导入的数据库名称。

注意：如果不选择导入的目标数据库，系统将数据表导入 master 系统数据库中。

(5) 单击“下一步”按钮，进入“指定表复制或查询”界面，如图 7-14 所示。其中有两个可选项，选择第一个。

(6) 单击“下一步”按钮，进入“选择源表和源视图”界面，如图 7-15 所示。

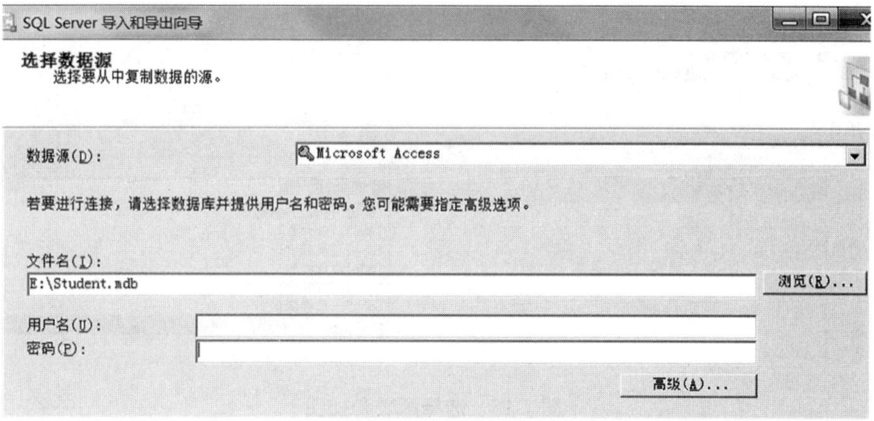

SQL Server 导入和导出向导

选择数据源

选择要从中复制数据的源。

数据源(D): Microsoft Access

若要进行连接，请选择数据库并提供用户名和密码。您可能需要指定高级选项。

文件名(I): E:\Student.mdb 浏览(R)...

用户名(U):

密码(P):

高级(A)...

图 7-12 选择数据源

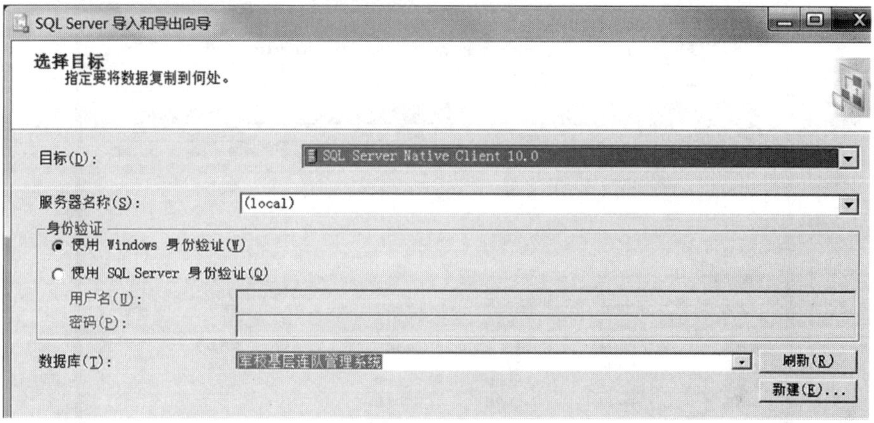

SQL Server 导入和导出向导

选择目标

指定要将数据复制到何处。

目标(D): SQL Server Native Client 10.0

服务器名称(S): (local)

身份验证

使用 Windows 身份验证(W)

使用 SQL Server 身份验证(Q)

用户名(U):

密码(P):

数据库(T): 军校基层连队管理系统 刷新(R)

新建(E)...

图 7-13 选择目标

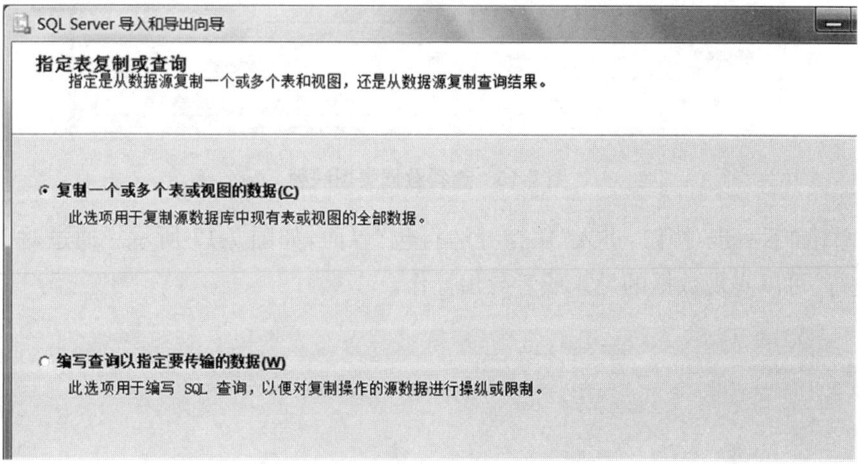

SQL Server 导入和导出向导

指定表复制或查询

指定是从数据源复制一个或多个表和视图，还是从数据源复制查询结果。

复制一个或多个表或视图的数据(C)

此选项用于复制源数据库中现有表或视图的全部数据。

编写查询以指定要传输的数据(W)

此选项用于编写 SQL 查询，以便对复制操作的源数据进行操纵或限制。

图 7-14 指定表复制或查询

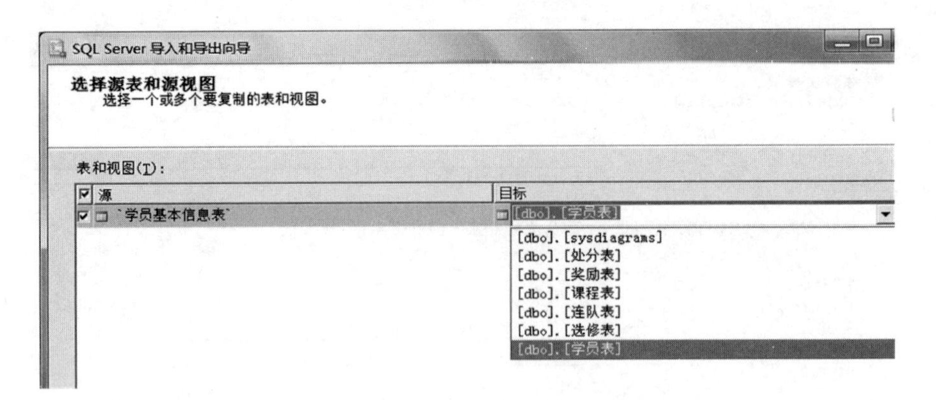

图 7-15 选择源表和视图

(7) 单击“下一步”按钮,进入“查看数据类型映射”界面,如图 7-16 所示。

图 7-16 查看数据类型映射

(8) 单击“下一步”按钮,进入“保存并运行包”界面,如图 7-17 所示。通过对 DTS 包的保存和运行,可以实现数据的导入或者导出操作。

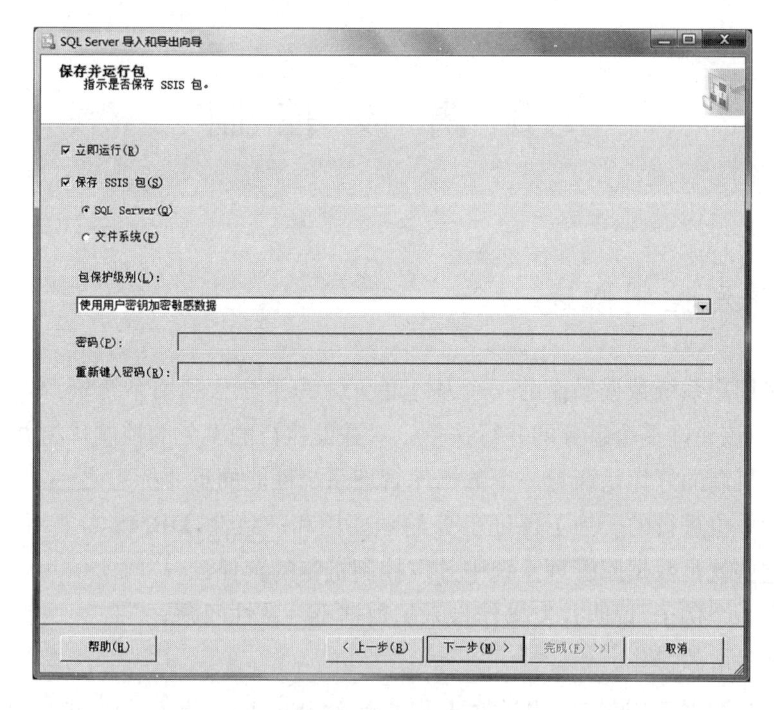

图 7-17　保存并运行包

(9) 单击“下一步”按钮，进入“完成该向导”界面，如图 7-18 所示。单击“完成”按钮完成导入 Access 数据库中数据表的操作。

图 7-18　“完成该向导”提示框

7.3 并发控制

7.3.1 并发控制概述

事务是多用户系统数据操作的一个基本单元。为了充分利用系统资源，发挥数据共享资源的特点，应该允许多个事务的并行执行。对并发执行的事务的控制称为并发控制。

并发控制机制的好坏是衡量一个数据库管理系统性能的重要标志之一。DBMS并发控制是以事务为单位进行的。为了保证事务的隔离性和一致性，DBMS需要对并发操作进行正确调度。这些就是数据库管理系统中并发控制机制的责任。

下面来看一个例子，说明并发操作带来的数据不一致性问题。

案例 并发取款操作。

假设存款余额R=1000元，甲事务T_1取走存款100元，乙事务T_2取走存款200元，如果正常操作，即甲事务T_1执行完毕再执行乙事务T_2，存款余额更新后应该是700元。但是如果按照如下顺序操作，则会有不同的结果。

(1) 甲事务T_1读取存款余额R=1000元；

(2) 乙事务T_2读取存款余额R=1000元；

(3) 甲事务T_1取走存款100元，修改存款余额R=R-100=900，把R=900写回数据库；

(4) 乙事务T_2取走存款200元，修改存款余额R=R-200=800，把R=800写回数据库。

结果两个事务共取走存款300元，而数据库中的存款却只少了200元。

得到这种错误的结果是由甲、乙两个事务并发操作引起的。在并发操作情况下，对甲、乙两个事务的操作序列的调度是随机的。若按上面的调度序列执行，甲事务的修改会被丢失。这是由于第4步中乙事务修改R并写回后覆盖了甲事务的修改。

仔细分析，并发操作造成的数据不一致情况主要包括三类：

1. 丢失修改

当两个事务T_1和T_2读入同一数据做修改，并发执行时，T_2把T_1或T_1把T_2的修改结果覆盖掉了，造成数据的丢失修改(Lost Update)问题，导致数据的不一致。

以案例中的操作进行分析，其过程如表7-3所示。

表 7-3　丢失修改问题

时间	事务 T_1	数据库中 R 的值	事务 T_2
t_0		1000	
t_1	FIND R		
t_2			FIND R
t_3	R = R - 100		
t_4			R = R - 200
t_5	UPDATE R		
t_6		900	UPDATE R
t_7		800	

数据库中 R 的初值是 1000。事务 T_1包含三个操作:读入 R 的初值(FIND R),计算(R = R - 100),更新 R(UPDATE R)。事务 T_2也包含三个操作:读入 R 的初值(FIND R),计算(R = R - 200),更新 R(UPDATE R)。如果事务 T_1和 T_2顺序执行,则更新后 R 的值是 700。但如果 T_1和 T_2按照表 7-3 所示并发执行,R 的值是 800,得到错误的结果,原因在于在 t_7时刻丢失了事务 T_1对数据库的更新操作。因此,这个并发操作不正确。

2. 读"脏"数据

事务 T_1更新了数据 R,事务 T_2读取了更新后的数据 R,事务 T_1由于某种原因被撤销,修改无效,数据 R 恢复原值,事务 T_2得到的数据与数据库的内容不一致,这种情况称为读"脏"数据(Dirty Read)。当事务读取未被提交的数据时,就会发生这种事件。

在表 7-4 中,事务 T_1把 R 的值改为 900,但此时尚未做 COMMIT 操作,事务 T_2将修改过的值 900 读出来,之后事务 T_1执行 ROLLBACK 操作,R 的值恢复为 1000,而事务 T_2此时仍在使用已被撤销了的 R 值 900。原因在于 t_4时刻事务 T_2读取了 T_1未提交的更新操作结果,这种值是不稳定的,因为事务 T_1在结束前随时可能执行 ROLLBACK 操作。这些未提交的随后又被撤销的更新数据称为"脏"数据。这里事务 T_2在 t_4时刻读取的就是"脏"数据。

表 7-4　读"脏"数据问题

时间	事务 T_1	数据库中 R 的值	事务 T_2
t_0		1000	
t_1	FIND R		
t_2	R = R - 100		
t_3	UPDATE R		
t_4		900	FIND R
t_5	ROLLBACK		
t_6		1000	

3. 不可重复读

事务 T_1读取了数据 R，事务 T_2读取并更新了数据 R，当事务 T_1再次读取数据 R 以进行核对时，得到的两次读取值不一致，这种情况称为“不可重复读”(Unrepeatable Read)。

表 7-5 不可重复读问题

时间	事务 T_1	数据库中 R 的值	事务 T_2
t_0		1000	
t_1	FIND R		
t_2			FIND R
t_3			R = R - 200
t_4			UPDATE R
t_5		800	

在表 7-5 中，t_1时刻事务 T_1读取 R 的值为 1000，事务 T_2在 t_4时刻将 R 的值更新为 800，则在 t_5 时刻 T_1使用的值已经与数据库中的值不一致。

产生上述三类数据不一致问题的主要原因就是并发操作破坏了事务的隔离性。并发控制就是要求 DBMS 提供并发控制功能以正确的方式并发事务，避免并发事务之间的相互干扰造成数据的不一致，保证数据库的完整性。

实现并发控制的方法主要有两种：封锁(Locking)技术和时标(Timestamping)技术。这里只介绍封锁技术。

7.3.2 封锁

数据库是一个多用户使用的共享资源。当多个用户并发地存取数据时，在数据库中就会产生多个事务同时存取同一数据的情况。若对并发操作不加控制就可能会读取和存储不正确的数据，破坏数据库的一致性。封锁是实现数据库并发控制的一个非常重要的技术。

所谓封锁就是事务 T 在对某个数据对象例如表、记录等操作之前，先向系统发出请求，对其加锁。加锁后事务就对该数据对象有了一定的控制，在该事务释放锁之前，其他的事务不能对此数据对象进行更新操作。

封锁是使事务对它要操作的数据有一定的控制能力，封锁机制是事务并发控制的重要手段。封锁有三个环节：第一个环节是申请加锁，即事务在操作前要对它将使用的数据提出加锁请求；第二个环节是获得锁，即当条件成熟时，系统允许事务对数据加锁，从而事务获得数据的控制权；第三个环节是释放锁，即完成操作后事务放弃数据的控制权。为了达到封锁的目的，在使用时事务应选择合适的锁，并要遵从一定的封锁协议。

在数据库中有两种基本的锁类型：排他锁(Exclusive Locks，即 X 锁)和共享锁(Share Locks，即 S 锁)。当数据对象被加上排他锁时，其他的事务不能对它进行读取和修改。加了共享锁的数据对象可以被其他事务读取，但不能修改。数据库利用这两种基本的锁类型来对数据库的事务进行并发控制。

排他锁:又称写锁,若事务T对数据对象A加上X锁,则只允许T读取和修改A,其他任何事务都不能再对A加任何类型的锁,直到T释放A上的X锁。

共享锁:又称读锁,若事务T对数据对象A加上S锁,则事务T可以读A但不能修改A,其他事务只能再对A加S锁,而不能加X锁,直到T释放A上的S锁。

排他锁和共享锁的控制方式可以用如图7-19所示的相容矩阵(Compatibility Matrix)来表示。图中最左边表示T_1已经获得的锁的类型,最上面表示T_2的封锁请求。－表示没有加锁。Y = Yes表示相容的请求,N = No表示不相容的请求。

T_1 \ T_2	S	X	－
S	Y	N	Y
X	N	N	Y
－	Y	Y	Y

图7-19　相容矩阵

7.3.3　封锁协议

封锁可以保证合理地进行并发控制,保证数据的一致性。实际上,锁是一个控制块,其中包括被加锁记录的标识符及持有锁的事务标识符等。在封锁时,要考虑一定的封锁规则,例如,何时开始封锁、封锁多长时间、何时释放等,这些封锁规则被称为封锁协议(Lock Protocol)。对封锁方式规定不同的规则,就形成了各种不同的封锁协议。封锁协议在不同程度上对正确控制并发操作提供了一定的保证。

前面讲述过并发操作可能带来的丢失修改、读"脏"数据和不可重复读等数据不一致性问题,这些问题可以通过三级封锁协议在不同程度上给予解决,下面介绍三级封锁协议。

1. 一级封锁协议

一级封锁协议的内容是:事务T在修改数据对象之前必须对其加X锁,直到事务结束。具体地说,就是任何企图更新记录R的事务必须先执行"XLOCK R"操作,以获得对该记录进行寻址的能力并对它取得X封锁。如果未获准"X封锁",该事务进入等待状态,一直到获准"X封锁",该事务才继续执行下去。

该协议规定事务在更新记录R时必须获得排他性封锁,使得两个同时要求更新R的并行事务之一必须在一个事务更新操作执行完成之后才能获得X封锁,这样就避免了两个事务读到同一个R值而先后更新时所发生的丢失更新问题。

利用一级封锁协议可以解决表7-3中的数据丢失修改问题,如表7-6所示。

表 7-6 无丢失修改问题

时间	事务 T_1	数据库中 R 的值	事务 T_2
t_0	XLOCK R	1000	
t_1	FIND R		
t_2			XLOCK R
t_3	R = R - 100		WAIT
t_4			WAIT
t_5	UPDATE R		WAIT
t_6	UNLOCK X	900	XLOCK R
t_7			R = R - 200
t_8			UPDATE R
t_9		700	UNLOCK X

在表 7-6 中，事务 T_1先对 R 进行 X 封锁(XLOCK)，事务 T_2执行“XLOCK R”操作，未获准“X 封锁”，则进入等待状态，直到事务 T_1更新 R 值以后，解除 X 封锁操作(UNXLOCK)。此后事务 T_2再执行“XLOCK R”操作，获准“X 封锁”，并对 R 值进行更新(此时 R 已是事务 T_1更新过的值，R = 900)。这样就能得出正确的结果。

一级封锁协议只有当修改数据时才进行加锁，如果只是读取数据并不加锁，所以它不能解决读“脏”数据和不可重复读问题。

2. 二级封锁协议

二级封锁协议的内容是：在一级封锁协议的基础上，事务 T 在读取数据 R 之前必须先对其加 S 锁，读完后释放 S 锁。

二级封锁协议不但可以解决更新时发生的数据丢失问题，还可以进一步防止读“脏”数据。

利用二级封锁协议可以解决表 7-4 中的读“脏”数据问题，如表 7-7 所示。

表 7-7 无读“脏”数据问题

时间	事务 T_1	数据库中 R 的值	事务 T_2
t_0	XLOCK R	1000	
t_1	FIND R		
t_2	R = R - 100		
t_3	UPDATE R		
t_4		900	SLOCK R
t_5	ROLLBACK		WAIT
t_6	UNLOCK R	1000	SLOCK R
t_7			FIND R
t_8			UNLOCK S

在表 7-7 中，事务 T_1 先对 R 进行 X 封锁(XLOCK)，把 R 的值改为 900，但尚未提交。这时事务 T_2 请求对数据 R 加 S 锁，因为 T_1 已对 R 加了 X 锁，T_2 只能等待，直到事务 T_1 释放 X 锁。之后事务 T_1 因某种原因撤销，数据 R 恢复原值 1000，并释放 R 上的 X 锁。事务 T_2 对数据 R 加 S 锁，读取 R = 1000，得到了正确的结果，从而避免了事务 T_2 读取到"脏"数据。

二级封锁协议在读取数据之后，立即释放 S 锁，所以它仍然不能解决不可重复读问题。

3. 三级封锁协议

三级封锁协议的内容是：在一级封锁协议的基础上，事务 T 在读取数据 R 之前必须先对其加 S 锁，读完后并不释放 S 锁，直到事务 T 结束才释放。

三级封锁协议除了可以解决丢失修改问题和读"脏"数据问题外，还可以进一步解决不可重复读问题，彻底解决了并发操作所带来的三个不一致性问题。利用三级封锁协议可以解决表 7-5 中的不可重复读问题，如表 7-8 所示。

表 7-8　可重复读

时间	事务 T_1	数据库中 R 的值	事务 T_2
t_0		1000	
t_1	SLOCK R		
t_2	FIND R		
t_3			XLOCK R
t_4	COMMIT	WAIT	
t_5	UNLOCK S	800	WAIT
t_6			XLOCK R
t_7			FIND R
t_8			R = R − 200
t_9			UPDATE R
t_{10}			UNLOCK X

在表 7-8 中，事务 T_1 读取 R 的值之前先对其加 S 锁，这样其他事务只能对 R 加 S 锁，而不能加 X 锁，即其他事务只能读取 R，而不能对 R 进行修改。事务 T_2 在 t_3 时刻申请对 R 加 X 锁时被拒绝，使其无法执行修改操作，所以 R 的值与开始所读取的数据是一致的，即可重复读。在事务 T_1 释放 R 上的 S 锁后，事务 T_2 才可以对 R 加 X 锁，进行更新操作，这样便保证了数据的一致性。

7.3.4　并发调度的可串行性

DBMS 对并发事务不同的调度可能会产生不同的结果，那么什么样的调度才是正确的呢？显然，串行调度是正确的。执行结果等价于串行调度的调度也是正确的。这样的调度叫作可串行化调度。

1. 可串行化调度

定义 多个事务的并发执行是正确的，当且仅当其结果与按某一次序串行地执行这些事务时的结果相同，称这种调度策略为可串行化(Serializable)的调度。

可串行性(Serializability)是并发事务正确调度的准则。按这个准则规定，一个给定的并发调度，当且仅当它是可串行化的，才认为是**正确调度**。

例 7-22 现在有两个事务，分别如下：

事务 T_1：读 B；A = B + 1；写回 A。

事务 T_2：读 A；B = A + 1；写回 B。

图 7-20 给出了对这两个事务不同的调度策略。

T_1	T_2	T_1	T_2	T_1	T_2	T_1	T_2
Slock B			Slock A	Slock B		Slock B	
Y=R(B)=2			X=B(A)=2	Y=R(B)=2		Y=R(B)=2	
Unlock B			Unlock A		Slock A	Unlock B	
Xlock A			Xlock B		X=R(A)=2	Xlock A	
A=Y+1=3			B=X+1=3	Unlock B			Slock A
W(A)			W(B)		Unlock A	A=Y+1=3	等待
Unlock A			Unlock B	Xlock A		W(A)	等待
	Slock A	Slock B		A=Y+1=3		Unlock A	等待
	X=R(A)=3	Y=R(B)=3		W(A)			X=R(A)=3
	Unlock A	Unlock B			Xlock B		Unlock A
	Xlock B	Xlock A			B=X+1=3		Xlock B
	B=X+1=4	A=Y+1=4			W(B)		B=X+1=4
	W(B)	W(A)		Unlock A			W(B)
	Unlock B	Unlock A			Unlock B		Unlock B
(a)串行调度		(b)串行调度		(c)不可串行化的调度		(d)可串行化的调度	

图 7-20 并发事务的不同调度

假设 A、B 的初值均为 2。按 $T_1 \rightarrow T_2$ 次序执行结果为 A = 3，B = 4，按 $T_2 \rightarrow T_1$ 次序执行结果为 B = 3，A = 4。

图 7-20 中(a)和(b)为两种不同的串行调度策略，虽然执行结果不同，但它们都是正确的调度；(c)的执行结果与(a)、(b)的结果都不同，所以是错误的调度；(d)的执行结果与串行调度(a)的执行结果相同，所以是正确的调度。

2. 冲突可串行化调度

具有什么样性质的调度是可串行化调度呢？如何判断调度是可串行化调度呢？本节给出判断可串行化调度的**充分条件**。

首先介绍冲突操作的概念。

冲突操作是指不同的事务对同一个数据的读写操作和写写操作：

$R_i(x)$与$W_j(x)$/* 事务T_i读x，T_j写x */

$W_i(x)$与$W_j(x)$/* 事务T_i写x，T_j写x */

其他操作是不冲突操作。

不同事务的冲突操作和同一事务的两个操作是不能交换(Swap)的。对于$R_i(x)$与$W_j(x)$，若改变两者的次序，则事务T_1看到的数据库状态就发生了改变，自然会影响到事务T_i后面的行为。对于$W_i(x)$与$W_j(x)$，改变两者的次序，会影响数据库的状态，x的值由等于T_j的结果变成了等于T_i的结果。

一个调度Sc在保证冲突操作的次序不变的情况下，通过交换两个事务不冲突操作的次序得到另一个调度Sc′，如果Sc′是串行的，称调度Sc为冲突可串行化的调度。一个调度如果是冲突可串行化的，则一定是可串行化的调度。可以用这种方法来判断一个调度是否是可串行化的调度。

例7-23　今有调度$Sc1 = R_1(A)W_1(A)R_2(A)\underline{W_2(A)}R_1(B)W_1(B)R_2(B)W_2(B)$。

可以将$W_2(A)$与$R_1(B)W_1(B)$交换，得

$$R_1(A)W_1(A)\underline{R_2(A)}R_1(B)W_1(B)\underline{W_2(A)}R_2(B)W_2(B)$$

再把$R_2(A)$与$R_1(B)W_1(B)$交换，得

$$Sc2 = R_1(A)W_1(A)R_2(B)W_1(B)\underline{R_2(A)}W_2(A)R_2(B)W_2(B)$$

Sc2等价于一个串行调度T_1，T_2，所以Sc1是冲突可串行化的调度。

应该指出的是，冲突可串行化调度是可串行化调度的充分条件，但不是必要条件。还有不满足冲突可串行化条件的可串行化调度。

例7-24　有3个事务$T_1 = W_1(Y)W_1(X)$，$T_2 = W_2(Y)W_2(X)$，$T_3 = W_3(X)$。

调度$L_1 = W_1(Y)W_1(X)W_2(Y)W_2(X)W_3(X)$是一个串行调度。

调度$L_2 = W_1(Y)W_2(Y)W_2(X)W_1(X)W_3(X)$不满足冲突可串行化，但是调度$L_2$是可串行化的，因为$L_2$执行的结果与调度$L_1$相同，Y的值都等于$T_2$的值，X的值都等于$T_3$的值。

前面已经讲到，商用DBMS的并发控制一般采用封锁的方法来实现，那么如何使封锁机制能够产生可串行化调度呢？下面讲解的两段封锁协议就可以实现可串行化调度。

7.3.5　两段锁协议

为了保证并发调度的正确性，DBMS的并发控制机制必须提供一定的手段来保证调度是可串行化的。目前DBMS普遍采用两段锁(Two-phase Locking，简称2PL)协议的方法实现并发调度的可串行性，从而保证调度的正确性。

在运用封锁方法时，对数据对象加锁时需要约定一些规则，例如何时申请封锁、持锁时间、何时释放封锁等，我们称这些规则为封锁协议(Locking Protocol)。约定不同的规则，就形成了各种不同的封锁协议。两段封锁协议是最常用的一种封锁协议，理论上已经证明使用两段封锁协议产生的是可串行化调度。

所谓两段锁协议是指所有事务必须分两个阶段对数据项进行加锁和解锁：

· 在对任何数据进行读、写操作之前，首先要申请并获得对该数据的封锁。

· 在释放一个封锁之后，事务不再申请和获得任何其他封锁。

所谓“两段”的含义是，事务分为两个阶段，第一个阶段是获得封锁，也称为扩展阶段。在这一阶段，事务可以申请获得任何数据项上的任何类型的锁，但是不能释放任何锁。第二个阶段是释放封锁，也称为收缩阶段。在这一阶段，事务可以释放任何数据项上的任何类型的锁，但是不能再申请任何锁。

例如，事务 T_1 遵守两段锁协议，其封锁序列是：

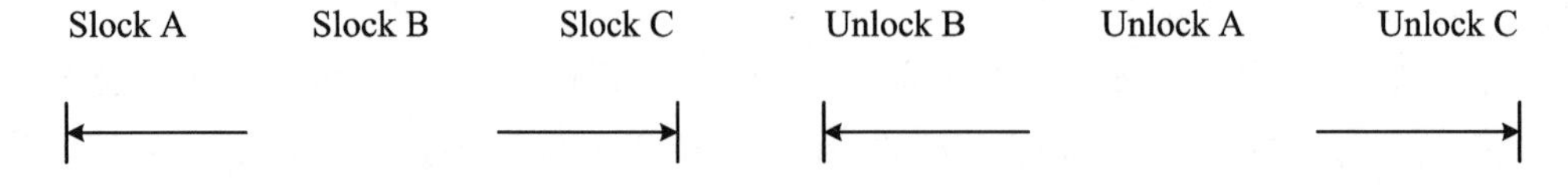

又如，事务 T_i 不遵守两段锁协议，其封锁序列是：

Slock A　Unlock A　Slock B　Xlock C　Unlock C　Unlock B;

可以证明，若并发执行的所有事务均遵守两段锁协议，则对这些事务的任何并发调度策略都是可串行化的。

例如，如图 7-21 所示的调度是遵守两段锁协议的，因此一定是一个可串行化调度。可以验证如下：忽略图中的加锁操作和解锁操作，按时间的先后次序可得到如下的调度：

$$L_1 = R_1(A)R_2(C)W_1(A)W_2(C)R_1(B)W_1(B)R_2(A)W_2(A)$$

事务 T_1	事务 T_2
Slock(A)	
R(A=260)	
	Slock(C)
	R(C=300)
Xlock(A)	
W(A=160)	
	Xlock(C)
	W(C=250)
	Slock(A)
Slock(B)	等待
R(B=1000)	等待
Xlock(B)	等待
W(B=1100)	等待
Unlock(A)	等待
	R(A=160)
	Xlock(A)
Unlock(B)	
	W(A=210)
	Unlock(C)

图 7-21　遵守两段锁协议的可串行化调度

通过交换两个不冲突操作的次序(先把 $R_2(C)$ 与 $W_1(A)$ 交换,再把 $R_1(B)W_1(B)$ 与 $R_2(C)W_2(C)$ 交换),可得到:

$$L_2 = R_1(A)W_1(A)R_1(B)W_1(B)R_2(C)W_2(C)R_2(A)W_2(A)$$

需要说明的是,事务遵守两段锁协议是可串行化调度的充分条件,但不是必要条件。也就是说,若并发事务都遵守两段锁协议,则对这些事务的任何并发调度策略都是可串行化的;但是,若并发事务的一个调度是可串行化的,不一定所有事务都符合两段锁协议。例如图 7-20 中(d)是可串行化调度,但 T_1 和 T_2 不遵守两段锁协议。

另外要注意两段锁协议和防止死锁的一次封锁法的异同之处。一次封锁法要求每个事务必须一次将所有要使用的数据全部加锁,否则就不能继续执行,因此一次封锁法遵守两段协议;但是两段封锁协议并不要求事务必须一次将所有要使用的数据全部加锁,因此遵守两段锁协议的事务可能发生死锁,如图 7-22 所示。

T_1	T_2
Slock B	
R(B) = 2	
	Slock A
	读 A = 2
Xlock A	
等待	Xlock A
等待	等待

图 7-22　遵守两段锁协议的事务可能发生死锁

7.3.6　封锁粒度

封锁对象的大小称为封锁粒度(Lock Granularity)。封锁对象可以是逻辑单元,也可以是物理单元。以关系数据库为例,封锁对象可以是这样一些逻辑单元:属性值、属性值的集合、元组、关系、索引项、整个索引直至整个数据库;也可以是这样一些物理单元:页(数据页或索引页)、物理记录等。

封锁粒度与系统的并发度和并发控制的开销密切相关。直观地看,封锁的粒度大,数据库所能够封锁的数据单元就少,并发度就小,系统开销也小;反之,封锁的粒度小,并发度高,但系统开销也就越大。

因此,如果在一个系统中能同时支持多种封锁粒度供不同的事务选择是比较理想的,这种封锁方法称为**多粒度封锁**(Multiple Granularity Locking)。在实际应用中,选择封锁粒度时应同时考虑封锁开销和并发度两个因素,适当选择封锁粒度以求得最佳的效果。一般来说,需要处理大量元组的事务可以以关系为封锁粒度;需要处理多个关系的大量元组的事务可以以数据库为封锁粒度;而对于一个处理少量元组的用户事务,以元组为封锁粒度就比较合适了。

1. 多粒度封锁

下面讨论多粒度封锁，首先定义**多粒度树**。多粒度树的根节点是整个数据库，表示最大的数据粒度，叶节点表示最小的数据粒度。图 7-23 给出了一个三级粒度树，根节点为数据库，数据库的子节点为关系，关系的子节点为元组。也可以定义 4 级粒度树，例如数据库、数据分区、数据文件、数据记录。

然后来讨论多粒度封锁的封锁协议。多粒度封锁协议允许多粒度树中的每个节点被独立地加锁。对一个节点加锁意味着这个节点的所有后裔节点也被加以同样类型的锁。因此，在多粒度封锁中一个数据对象可能以两种方式封锁，显式封锁和隐式封锁。

显式封锁是应事务的要求直接加到数据对象上的封锁；**隐式封锁**是该数据对象没有独立加锁，但由于其上级节点加锁而使该数据对象加上了锁。

多粒度封锁方法中，显式封锁和隐式封锁的效果是一样的，因此系统检查封锁冲突时不仅要检查显式封锁还要检查隐式封锁。例如事务 T 要对关系 R_1加 X 锁，系统必须上下搜索其上级节点数据库、关系 R_1以及 R_1的下级节点（即 R_1 中的每一个元组），如果其中某一个数据对象已经加了不相容锁，则 T 必须等待。

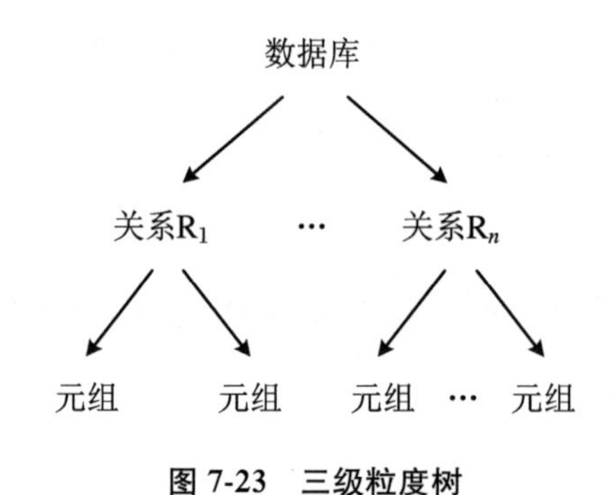

图 7-23　三级粒度树

一般来说，对某个数据对象加锁，系统要检查该数据对象上是否有显式封锁与之冲突；要检查其所有上级节点，看本事务的封锁是否与该数据对象上的隐式封锁（继承上级节点已加的封锁）冲突；还要检查其所有下级节点，看上面的显式封锁是否与本事务的封锁（将加到下级节点成为下级节点的隐式封锁）冲突。显然，这样的检查方法效率很低。为此人们引进了一种新型锁，称为**意向锁**（Intention Lock）。有了意向锁，DBMS 就无需逐个检查下一级节点的显式封锁了。

2. 意向锁

意向锁的含义是如果对一个节点加意向锁，则说明该节点的下层节点正在被加锁；对任一节点加锁时，必须先对它的上层节点加意向锁。

例如，对任一元组加锁时，必须先对它所在的数据库和关系加意向锁。

下面介绍三种常用的意向锁：意向共享锁（Intent Share Lock，简称 IS 锁）；意向排他锁（Intent Exclusive Lock，简称 IX 锁）；共享意向排他锁（Share Intent Exclusive Lock，简称

SIX 锁)。

(1) IS 锁

如果对一个数据对象加 IS 锁,表示它的后裔节点拟(意向)加 S 锁。例如,事务 T_1 要对 R_1 中某个元组加 S 锁,则要首先对关系 R_1 和数据库加 IS 锁。

(2) IX 锁

如果对一个数据对象加 IX 锁,表示它的后裔节点拟(意向)加 X 锁。例如,事务 T_1 要对 R_1 中某个元组加 X 锁,则要首先对关系 R_1 和数据库加 IX 锁。

(3) SIX 锁

如果对一个数据对象加 SIX 锁,表示对它加 S 锁,再加 IX 锁,即 SIX = S + IX。例如对某个表加 SIX 锁,则表示该事务要读整个表(所以要对该表加 S 锁),同时会更新个别元组(所以要对该表加 IX 锁)。

图 7-24(a)给出了这些锁的相容矩阵,从中可以发现这 5 种锁的强度,有如图 7-24(b)所示的偏序关系。所谓锁的强度是指它对其他锁的排斥强度。一个事务在申请封锁时以强锁代替弱锁是安全的,反之则不然。

具有意向锁的多粒度封锁方法中,任意事务 T 要对一个数据对象加锁,必须先对它的上层节点加意向锁。申请封锁时应该按自上而下的次序进行,释放封锁时则应该按自下而上的次序进行。

例如,事务 T_1 要对关系 R_1 加 S 锁,则要首先对数据库加 IS 锁。检查数据库和 R_1 是否已加了不相容的锁(X 或 IX),不再需要搜索和检查 R_1 中的元组是否加了不相容的锁(X 锁)。

具有意向锁的多粒度封锁方法提高了系统的并发度,减少了加锁库和解锁的开销,它已经在实际的数据库管理系统产品中得到广泛应用。

	S	X	IS	IX	SIX	–
S	Y	N	Y	N	N	Y
X	N	N	N	N	N	Y
IS	Y	N	Y	Y	Y	Y
IX	N	N	Y	Y	N	Y
SIX	N	N	Y	N	N	Y
–	Y	Y	Y	Y	Y	Y

Y = Yes,表示相容的请求;N = No,表示不相容的请求

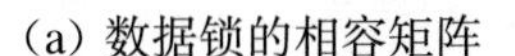
(a) 数据锁的相容矩阵

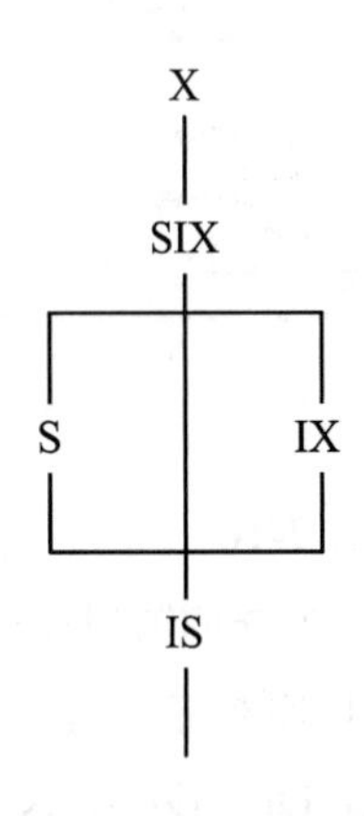

(b) 锁的强度偏序关系

图 7-24　加上意向锁后锁的相容矩阵与偏序关系

7.3.7 任务实践——制造和查看“军校基层连队管理系统”数据库锁

任务 7-8 使用 SQL Server Management Studio 查看目前系统中的锁。

具体操作步骤如下。

(1) 在“对象资源管理器”窗口中展开“管理”选项。

(2) 双击“活动监视器”选项。

(2) 查看“进程信息”“按进程分类的锁”和“按对象分类的锁”。

任务 7-9 使用 sp_lock 系统存储过程显示 SQL Server 中当前持有的所有锁的信息。

在查询窗口中执行如下 SQL 语句：

```
USE master
Go
EXEC sp_lock
Go
```

返回结果如图 7-25 所示。

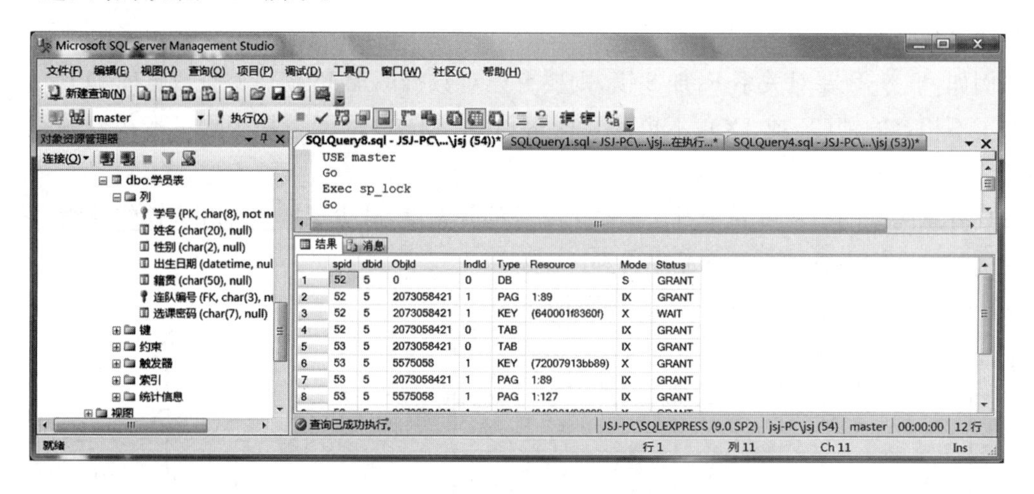

图 7-25 SQL Server 中当前持有的所有锁信息的返回结果

任务 7-10 人为制造死锁示例。

(1) 在查询窗口中输入并执行如下 SQL 语句，这里称为事务 1。如图 7-26 所示。

```
USE 军校基层连队管理系统
SET DEADLOCK_PRIORITY LOW
BEGIN TRANSACTION
/ * 事务中，系统自动为学员表 Student 中学号 StuNO = '20122015' 的数据行加锁 * /
UPDATE Student SET Pwd = '1111111'    WHERE StuNO = '20122015'
```

(2) 单击工具栏上的“新建查询”按钮，新建一个查询窗口（这里称为事务 2），如图 7-27 所示，在新建查询窗口中输入并执行如下语句：

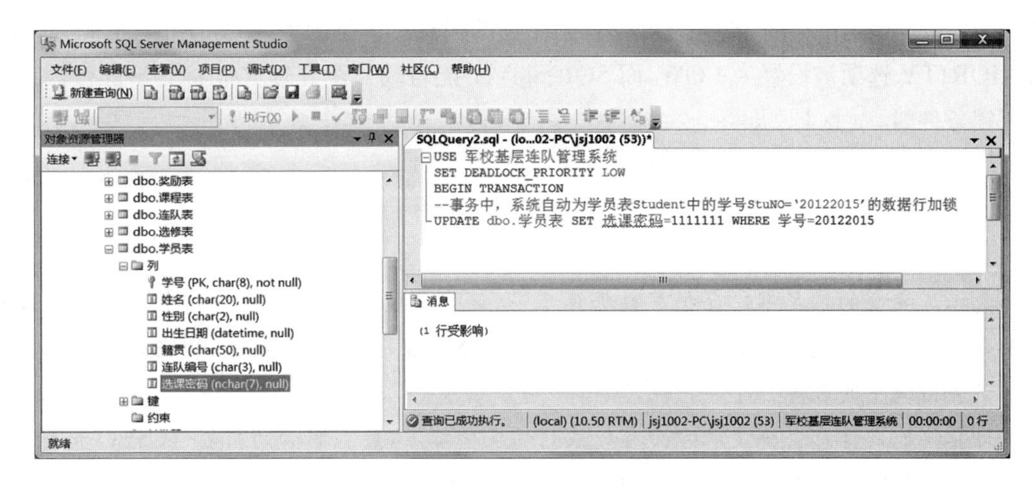

图 7-26　第一个查询窗口

BEGIN TRANSACTION

/＊事务中，系统自动为课程表 Course 中课程编号 CouNO='2'的数据行加锁＊/

UPDATE Course SET 学分= 3　WHERE　CouNO='2'

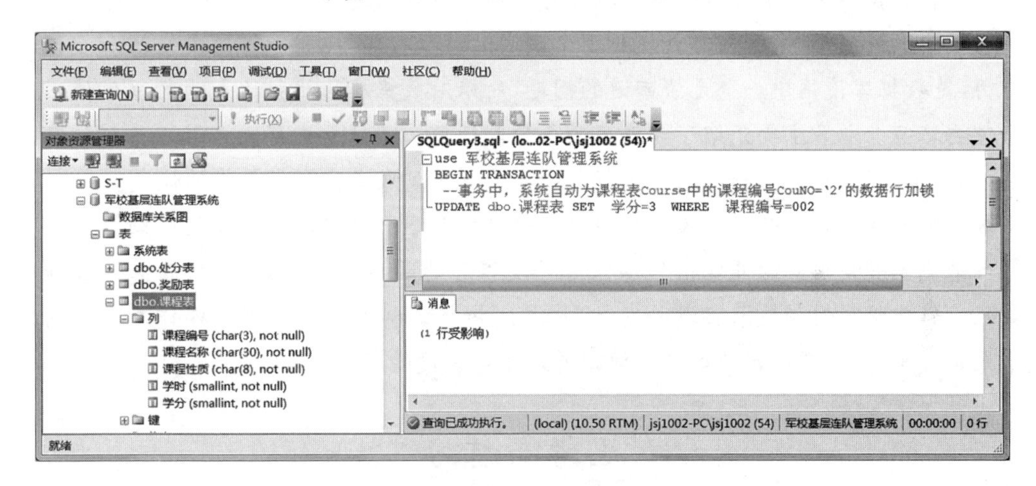

图 7-27　第二个查询窗口

(3) 切换到第一个查询窗口，输入并执行下列语句：

/＊事务中，系统自动为课程表 Course 中课程编号 CouNO='2'的数据行加锁＊/

UPDATE Course SET 学分=4　WHERE　CouNO='2'

这时，由于事务 1 和事务 2 都锁住了 Course 表中 CouNO='2'的数据行，所以事务 1 被事务 2 阻止，但还没有发生死锁。

(4) 切换到第二个查询窗口，输入并执行下列语句：

/＊事务中，系统自动为学员表 Student 中学号 StuNO='20122015'的数据行加锁＊/

UPDATE Student SET 选课密码='9999999'　WHERE StuNO='20122015'

这时，事务 1 需要等待事务 2 释放 Course 表中 CouNO='2'的数据行的锁，这样互相等待，便会发生死锁。

(5) 切换到第一个窗口,这时可以看到死锁的消息。这是因为,事务 1 的 DEADLOCK_PRIORITY 选项被设置为 LOW,而 SQL Server 能自动监测死锁并能将其解除。因此发现死锁条件时,事务 1 立即终止。

本章小结

数据库安全的不足不仅会损害数据库本身,还会影响到操作系统和整个网络基础设施的安全,例如,很多现代数据库都有内置的扩展存储过程,如果不加控制,攻击者就可以利用它来访问系统中的资源。

计算机以及信息安全技术方面有一系列的安全标准,最有影响的当推 TCSEC 和 CC 这两个标准。目前 CC 已基本取代了 TCSEC,成为评估信息产品安全性的主要标准。实现数据库系统安全性的技术和方法有多种,最重要的是存取控制技术、视图技术和审计技术。自主存取控制功能一般是通过 SQL 的 GRANT 语句和 REVOKE 语句来实现的。对数据库模式的授权则由 DBA 在创建用户时通过 GRANT USER 语句来实现。数据库角色是一组权限的集合。使用角色来管理数据库权限可以简化授权的过程。

在数据库的使用中,如何避免各种因素造成的数据破坏,提高数据的安全性和数据的恢复能力,是数据库使用中一个无法回避的问题,所以对数据库的维护已成为数据库使用中的一个重要环节。本章主要介绍了数据库的备份和还原。备份是恢复数据最容易和最有效的方法,在数据库遭到破坏的时候,将数据库的备份加载到服务器完成数据的恢复。

数据库的重要特征是它能为多个用户提供数据共享。数据库管理系统必须提供并发控制机制来协调并发用户的并发操作以保证并发事务的隔离性和一致性,从而保证数据库的一致性。通常使用封锁技术实现并发控制,并发控制机制调度并发事务操作是否正确的判别准则是可串行性,两段锁协议可以保证并发事务调度的正确性。

思考与练习

1. 谈谈你对登录名、用户和角色关系的理解。
2. 简述授予一个用户可以查看某个表的权限的步骤。
3. 什么是事务?
4. 事务的四个属性是什么? 给出每个属性的解释。
5. 什么情况下需要使用事务?
6. 死锁的主要原因是什么? 发生死锁时,数据库引擎是如何处理的?
7. 如何尽量避免死锁?
8. 简述本章介绍的数据备份方法,各种方法分别适用于哪些情形?
9. 谈谈联机备份数据的重要性,哪些方法可以实现联机备份数据?
10. 数据库备份的类型有哪些? 分别适用于什么场合?
11. 数据库还原类型有哪些?

12. 数据的导入/导出操作的基本步骤是什么？

实验4　管理与维护数据库

1. 实验目的

(1) 使学员加深对数据库安全性的理解，掌握SQL Server中有关用户、角色及操作权限的管理方法，学会分别使用SQL Server Management Studio和Transact-SQL语句创建与管理登录账户。

(2) 使学员了解SQL Server的数据库备份和恢复机制，掌握SQL Server中数据库备份与还原的方法。

2. 实验内容

(1) 在SQL Server Management Studio中使用Transact-SQL语句创建新账户和数据库用户。

(2) 在SQL Server Management Studio中使用Transact-SQL语句创建数据库用户，定义数据库角色及授予权限。

(3) 使用SQL Server Management Studio平台对"军校基层连队管理系统"数据库进行备份和还原。

(4) 使用Transact-SQL语句将"军校基层连队管理系统"数据库备份到"基层连队管理.bak"。

(5) 使用Transact-SQL语句将备份文件"基层连队管理.bak"还原。

第8章　数据库系统开发实例——军校研究生管理系统

学习目标

【知识目标】

通过实践,掌握本课程介绍的数据库设计方法,学会在一个实际的RDBMS软件平台上创建数据库,利用合适的应用系统开发工具开发一个数据库应用系统。从系统分析、总体设计、数据库设计等几个方面,对整个系统进行全面设计。通过实践,给出数据库设计各个阶段的详细设计报告,写出系统的主要功能和使用说明,并提交运行系统。

任务陈述

针对军队院校研究生教育层次多、管理工作繁杂的具体情况,通过分析军校研究生教育管理过程中的信息关系,建立完整的"军队院校研究生教育网络自动化管理系统"。

主要任务包括:

(1) 针对MIS的发展现状,提出切实可行的设计开发方案。

(2) 以最优的方式组织研究生教育管理过程中的数据信息,并建立起研究生教育管理的数据库模型。

(3) 立足校园网,开发"军校研究生教育管理信息系统(AGMIS)"。

通过对该系统开发过程的详细介绍,让学员掌握数据库设计的方法。

8.1 需求分析

8.1.1 系统建设目标

结合当前MIS和教育信息化发展的需求,AGMIS建设的总体目标是:建立起具有军队特色的研究生教育信息化管理体系。具体内容包括：

（1）建成一个完整统一、安全可靠的基于 Internet/Intranet 的教育管理信息系统。

在为有关部门提供优质、高效的业务管理和事务处理的同时，采用安全可靠的现代化处理和控制技术，及时、准确、可靠地采集和传输信息，建立完备、可靠的信息处理系统。

（2）实现研究生教育全程科学、高效的信息管理。

在研究生教育管理部门内部，各业务口包括招生、学籍、培养、学位和毕业等业务工作能顺畅高效地完成，能轻松完成各业务口的信息资源共享。

（3）支持网上及时的信息发布和查询，为网络用户提供信息资源。

在校园网络环境下，实现研究生教育管理信息的发布，提供按访问权限访问、浏览、查询有关业务信息的功能。同时，建立研究生处网站，发布研究生教育网上主页，以此作为研究生教育的网上窗口，通过校园网为研究生处网站访问者提供全面及时的信息和数据，如课程设置、网上选课、入学考试查询等。

8.1.2　系统需求

1. 需求说明书

需求分析的第一步是了解用户的情况，发现用户对目标系统的基本需求。接下来对用户的基本需求反复细化逐步求精，以得出对目标系统的完整、准确和具体的需求。具体地说，应该确定系统必须具有的功能、性能、可靠性和可用性，必须实现的出错处理需求、接口需求和逆向需求，必须满足的约束条件，并且预测系统的发展前景。最后归纳总结，形成软件需求说明书。图 8-1 为一个示例模板。

Ⅰ. 引言
- A. 系统参考文献
- B. 整体描述
- C. 软件项目结束

Ⅱ. 信息描述
- A. 信息内容表示
- B. 信息流表示
  - 1. 数据流
  - 2. 控制流

Ⅲ. 功能描述
- A. 功能划分
- B. 功能描述
  - 1. 处理说明
  - 2. 限制/局限
  - 3. 性能需求
  - 4. 设计约束口
  - 5. 支撑图
- C. 控制描述
  - 1. 控制规约
  - 2. 设计约束

Ⅳ. 行为描述
- A. 系统状态
- B. 事件和动作

Ⅴ. 校验和校准
- A. 性能范围
- B. 测试的类
- C. 期望的软件响应
- D. 特殊的考虑

Ⅵ. 参考书目

Ⅶ. 附录

图 8-1　软件需求规格说明书模板

2. 系统需求分析

军校研究生教育管理信息系统(AGMIS)是为了适应校园网环境下的军校研究生教学管理任务而开发设计的应用系统,它以校园网为媒介提供对各种教务、教学信息的处理功能,对提高教育管理的工作效率、管理和决策水平将起到积极的作用。

军事院校研究生学员的政治思想、行政管理、教学管理、教学保障、生活保障、毕业分配等工作,相关组织机构及管理工作人员职责如图 8-2、图 8-3、图 8-4 所示。

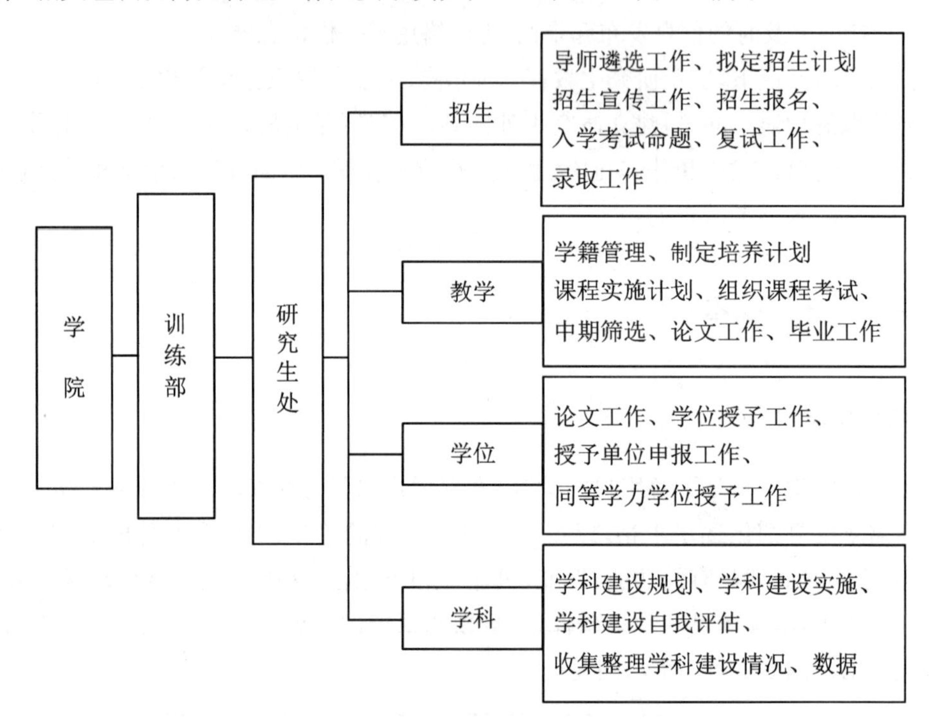

图 8-2 研究生处组织机构示意图

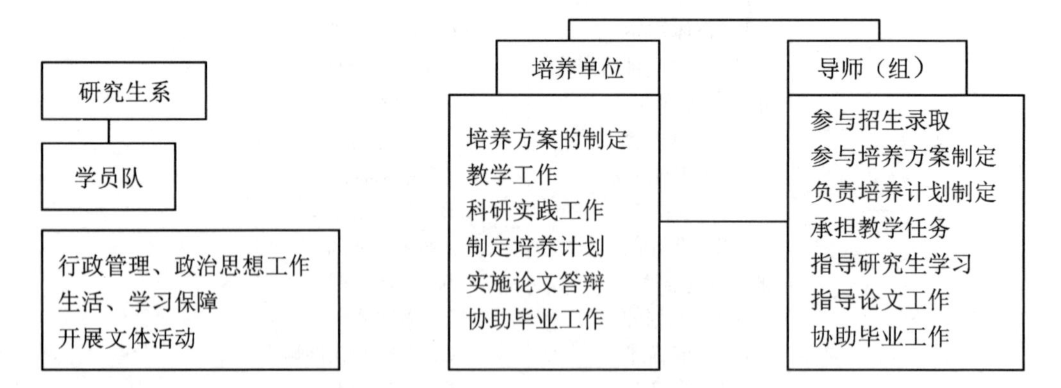

图 8-3 研究生系职能示意图

图 8-4 培养单位、导师职能示意图

(1) 研究生处组织机构

研究生处主要负责学校研究生的招生、培养、学科建设、学位申请等工作。

(2) 研究生系职能

研究生系负责研究生学员行政管理、思想政治、日常学习、生活保障等工作。

(3) 研究生教育培养单位及导师职能

研究生教育培养单位主要负责研究生学员的培养:制定培养方案,安排教学、学术科研活动,参与培养计划的执行;导师参与招生工作,参与培养方案的制定,负责指导、制定、检查研究生课程学习、教学科研实践活动,指导学位论文的写作等。

3. 系统服务对象

根据前述的系统调查可知,研究生教育是以研究生学员为服务、管理的主体,研究生处组织、导师、培养单位、系各单位配合的教育管理活动。该系统包含多类服务对象,各类服务对象所拥有的服务权限不同,其服务需求也各不相同,在本系统的服务对象分析中对服务需求进行确认,确定系统对学员、领导、导师等不同对象提供的不同信息范围,如表 8-1 所示。

表 8-1 系统服务对象及服务对象需求分析表

服务对象	服务对象需求
学员	入学成绩、录取信息、学籍信息、学科信息、导师信息、课程设置、选课信息、选课成绩、论文信息、学位信息、毕业信息
领导	学科信息、导师信息、学员总体情况、研究生教育总体情况
研究生处	招生信息、学员全程信息、培养方案信息、导师信息、学科建设信息、学位授予信息、历届学员信息、经费信息
导师	导师信息、学科建设信息、学员所有信息、课程信息
教员（教研室）	课程信息、教学任务信息、学员选课信息、学员成绩、学科信息、学员论文信息
学员队	学员学籍信息、毕业信息
其他用户	研究生教育总体情况、论文信息、招生信息、入学考试信息、学位信息

8.1.3 开发方法

1. 应用开发方法

应用开发方法是指在应用系统开发的整个过程中进行组织协调、过程监控和质量管理的方法。包括需求分析、构建结构、系统开发三个阶段。

(1) 需求分析阶段是对用户提出的需求进行分析,并将当前的处理流程系统化,提出适合于计算机系统的解决方案。

(2) 构建结构阶段针对需求分析的结果确定应当采用的应用开发工具,确定应用系统的构成以及各个部分之间的关系,确定应用系统的接口定义等细节问题。

(3) 系统开发阶段则是在构建了解决方案的基础上所做的进一步开发,需要对系统设计、过程实施进行计划和监督。

2. 本课题应用开发方法

(1) 将研究生教育需求部门进行实例化,通过相应的需求分析得出相应的客体对象,如不同类型的业务用户对象。

(2) 将用于演示目标系统的原型作为实现原型的途径,经过初步分析获得一组基本的需求后,快速地用原型加以实现,作为开发人员和研究生管理部门工作人员沟通的基础和实践的场所。

(3) 通过"假想用户"的使用,对原型系统进行修改和扩充。同时,开发者随着对系统理解的逐渐加深,不断修改扩充原型,直到用户满意。

8.2 系统概要设计

8.2.1 系统结构分析

研究生教育管理部门为实现、完成规定的研究生教育管理任务,其本身具有一定的功能,分管研究生政治思想、学籍、教学、保障、毕业分配等工作的不同组织部门都有其各自不同的功能,形成研究生教育管理部门的功能结构。如图 8-5 所示。

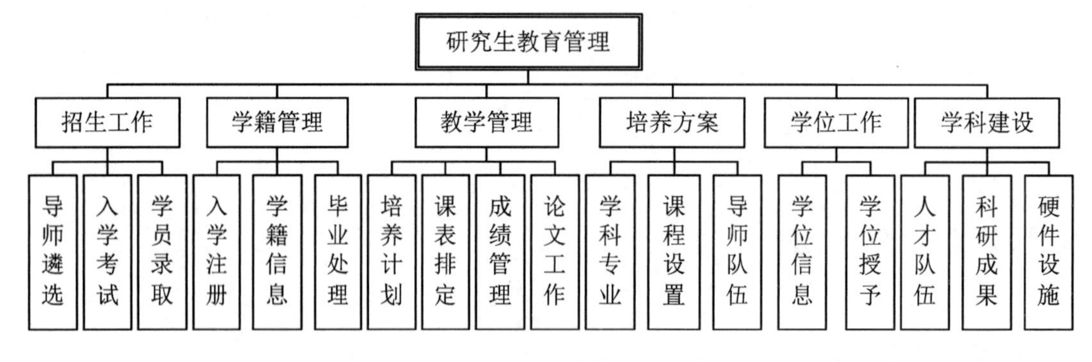

图 8-5 军校研究生教育管理功能结构图

8.2.2 系统功能分析

1. 系统结构分析

研究生教育是以研究生学员为服务、管理的主体,研究生处组织、导师、培养单位、系各单位配合的教育管理活动。整个管理过程由招生、学籍管理、培养计划的制定与实施、学位的授予、毕业五个主要环节构成,其他的业务活动都是以这五项工作为中心展开的。

研究生教育管理基本业务流程如图8-6所示,其中,将研究生教育部门的业务主管作为数据流交互的主要节点。在系统调查中,已知业务主管分为四类,即招生主管、教学主管、学位主管、学科主管。

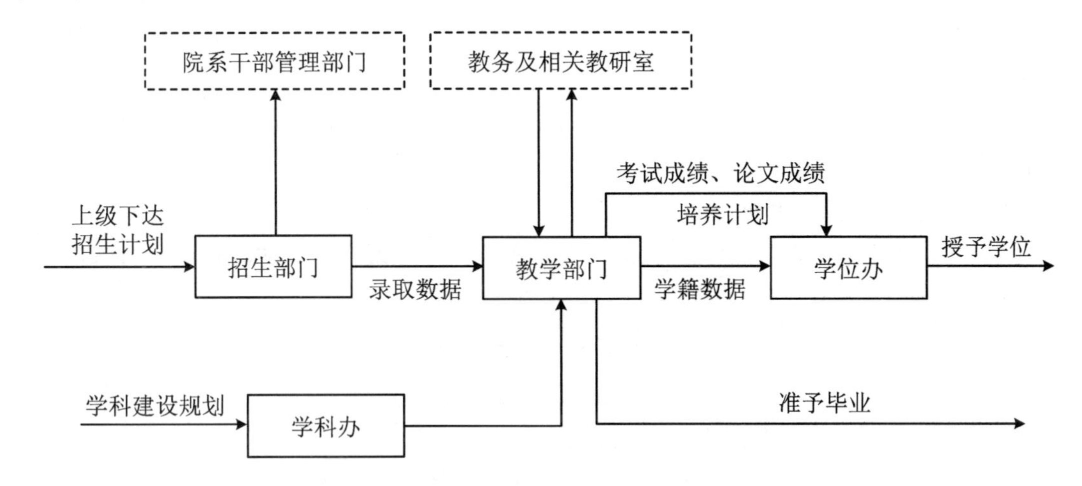

图8-6 研究生教育管理基本业务流程示意图

从图8-6可以看出,研究生教育活动流程中各类用户之间信息交互频繁,而且数据的动态变化不可避免,需要及时反馈给相关部门的相关用户,因而必须建立起畅通的数据流通渠道,从而实现对研究生教育管理各个环节的动态管理、动态跟踪和动态控制。

2. 系统功能分析

根据各类管理者的职能和部门分布,以及被管理者的位置分布,将系统的功能主要分为两大类:

(1) 面向管理者的功能要求

① 可协助业务主管对业务进行管理,包括招生工作、学籍管理、教学工作、学位工作、学科建设等日常事务。

② 要求系统能对研究生入学考试试卷进行管理,主要包括试题库建设、试卷生成等。

③ 系统可以导入管理部门下发的数据,生成上报的数据。

④ 能根据学员选课情况,面对个体完成课表的排定,生成各类课表。

⑤ 要求能够完成各种情况的查询统计和报表输出。

(2) 基于被管理用户及服务对象的功能要求

① 查询学院研究生教育统计信息,以及研究生招生、教学相关情况。

② 可以上传学员、导师基本信息。

③ 获取相关表格。

3. 系统功能模型设计

从需求分析的功能要求可知,系统信息的采集与处理主要分为两种途径:

① 由研究生教育管理部门统一下发信息采集表进行数据采集，人工录入后处理。

② 通过校园网分散采集并提交相关服务器处理。

如图 8-7 所示，研究生教育管理终端分为以下 7 个子系统：

(1) 招生工作子系统

辅助完成研究生入学试题的抽取、学员录取数据的导入，并对录取情况进行数据分析。

(2) 学籍管理子系统

学籍管理模块完成入学注册、学员学籍信息管理、学员考评筛选、毕业数据处理、经费管理、学籍信息查询等工作。

(3) 培养方案管理子系统

实现对学院研究生培养方案的管理，含学院硕士研究生教育开设的所有课程的信息。

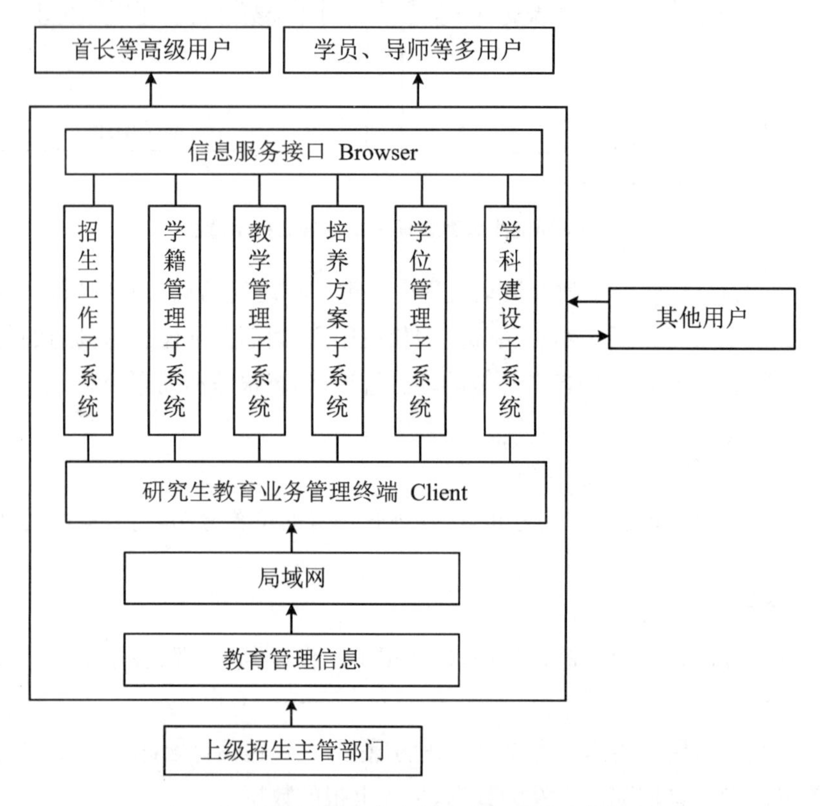

图 8-7 军校研究生教育管理信息系统功能模型

(4) 教学管理子系统

实现学员培养计划的制定及实施，学员课程的选择，研究生课表的排定和登记考试成绩、学分管理，可以查询学员在读期间的教学、实践情况。

(5) 学位管理子系统

协助学位参谋进行学位申请资格的审定工作，并能完成学位授予情况的查询、统计。

(6) 学科建设管理子系统

完成导师队伍、科研学术成果信息的管理，进行教学情况的查询统计。

(7) 系统维护子系统

应用生物识别技术,综合采用对密码进行公私钥加密的手段,进行用户管理。

8.2.3 系统平台设计

对于我们的目标系统 AGMIS 来说,它的体系结构表达了一个由多个层级构成的软件系统。

AGMIS 中两种不同的模式分别负责处理的主要功能及子模块如表 8-2 所示,根据 AGMIS 体系结构划分各功能模块,得到系统功能结构如图 8-8 所示。

表 8-2 采用混合体系结构的 AGMIS 功能划分

	C/S 端	B/S 端
功能模块划分	试题库及试题抽取、导师遴选、学员录取、新生信息导入、注册编号、学籍信息变更、毕业信息处理、研究生经费管理、学员考评筛选管理、学科专业信息管理、课程设置、课表排定、学员成绩(单)查询、培养计划输出、教学监视、学员论文管理、学员成果管理、学位管理、导师信息管理、导师成果管理、硬件设备登记管理……	学科信息查询、导师信息上传、导师信息查询、入学考试成绩查询、学员信息上传、课程查询、学员选课(培养计划的制定)、学员选课成绩登记、学员论文查询、考评筛选打分、研究生教育总体情况查询……
开发工具	面向对象的可视化开发工具	相应 Web 开发工具

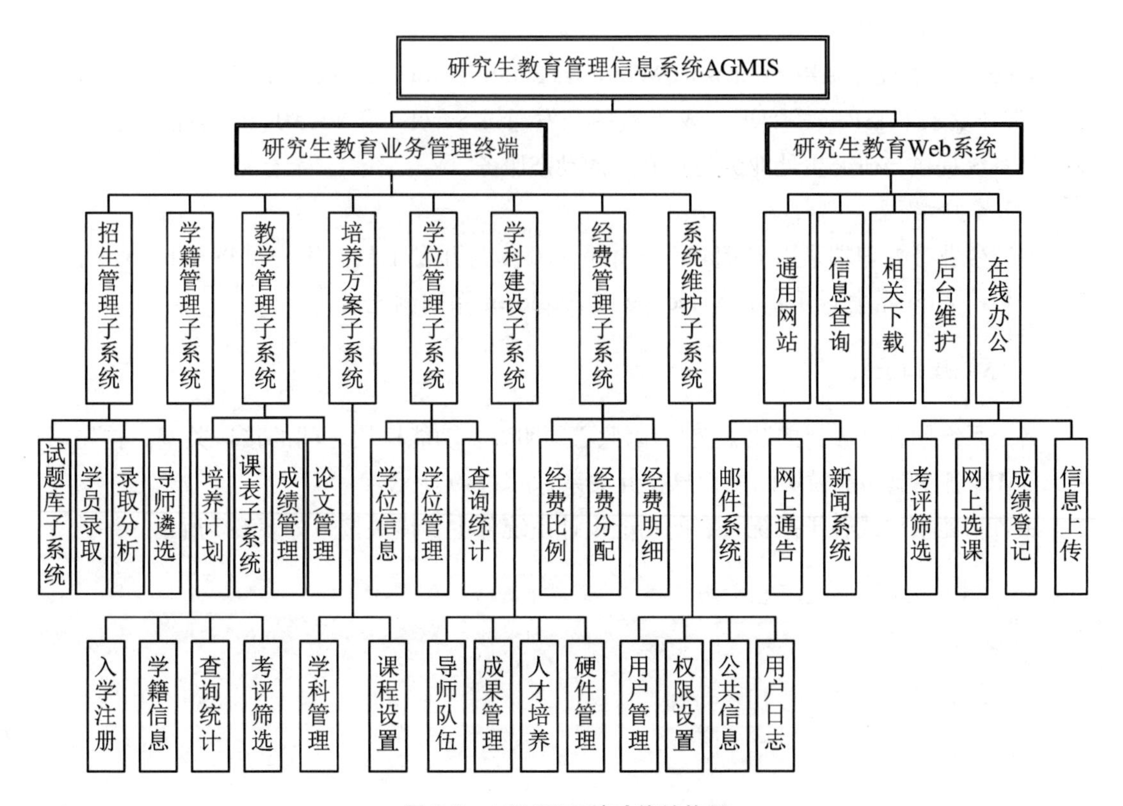

图 8-8 AGMIS 系统功能结构图

1. 系统硬件平台

由系统体系结构设计可知，构建 AGMIS 硬件平台必须进行两方面的工作：

(1) 内部网的构建。首先构建一个管理部门的内部网，处理管理研究生教育所必需的所有相关信息，即建立起研究生教育管理的信息中心。

(2) 内外网的连接。结合学院研究生教育建设的实际需要，完成内部网与校园网的连接，为向校园网用户提供全面服务提供平台；以校园网为平台提供免费 E-mail 服务、相关表格下载、BBS、研究生教学管理服务，以及相关信息的查询、发布等。

系统硬件平台采用 3 台服务器分别用作数据库服务器、安全代理服务器和 Web 应用服务器，用一台 HUB 进行连接，同时内部网通过路由器接入校园网。

系统中配置数据库服务器，并且安装主数据库管理系统，用来存储和管理整个网络信息系统的重要信息。

2. 系统软件平台

(1) 数据库服务器

系统内部网的数据库服务器使用 Microsoft Windows 2000 Server 作为操作平台，选用 Microsoft SQL Server 2000 为数据库平台，SQL Server 2000 增加了几种新的功能，支持大规模联机事务处理 (OLTP)、数据仓库和电子商务应用程序。

(2) Web 服务器

Web 服务器设计采用 Microsoft Windows 2000 Server + Tomcat，以 JSP 为前端开发工具，前端开发采用 JSP 技术实现。Web 端的开发通过 Servlet 和 JavaBean 实现网页的动态交互。系统提供与研究生处业务特点有关的动态服务。

(3) 客户端

研究生业务处理端采用 Borland Delphi 7.0 作为开发工具。用户可将 Windows 作为操作平台。Web 环境下可采用 Netscape 或 Explorer 系列浏览器。

3. 系统接口设计

各子系统间存在频繁的数据交互，因此必须明确各功能模块之间的接口关系。首先，分析 AGMIS 各主要功能模块间的信息交互关系，如图 8-9 所示。

由各功能模块或各子系统具有的功能设计系统各主要模块接口如表 8-3 所示。

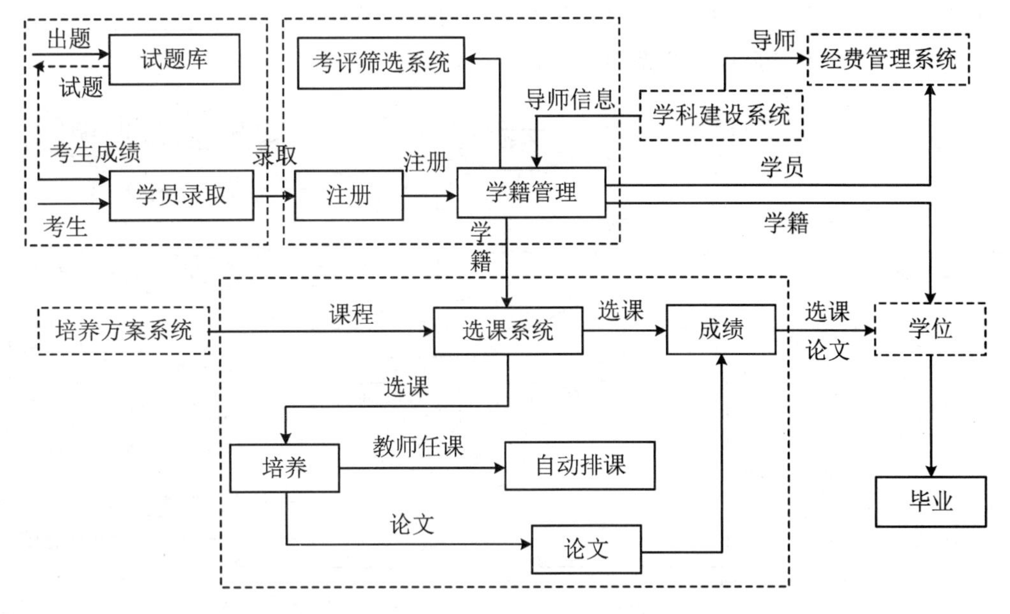

图 8-9　系统各功能模块接口关系示意图

表 8-3　系统模块接口设计

模块	接口安排
招生子系统	试题库子系统、录取模块、导师遴选
学籍子系统	注册系统、学籍信息管理模块、毕业管理模块、考评筛选子系统、经费管理模块
培养方案子系统	学科专业管理模块、课程管理模块
教学管理子系统	培养计划(选课等)模块、成绩管理模块、教学监视模块、排课子系统、论文管理模块
学位管理子系统	—
学科建设子系统	导师队伍模块、人才培养模块、成果管理模块、硬件管理模块

8.3　数据库设计与实现

8.3.1　系统数据库设计

1. 数据模型分析与设计

数据模型的建立一般有两种技术:一种是 E-R 方法,另一种是规范化方法。

本系统采用 E-R 方法来建立数据模型,列出数据项及它们的关系分类。

研究生教育管理工作是围绕着招生工作、学籍管理、培养计划的制定与实施、学位的授予、毕业 5 个主要环节展开的，我们对实体具有的属性以及这些实体之间的联系进行分析，得到系统各个实体及其属性和联系如图 8-10 所示。

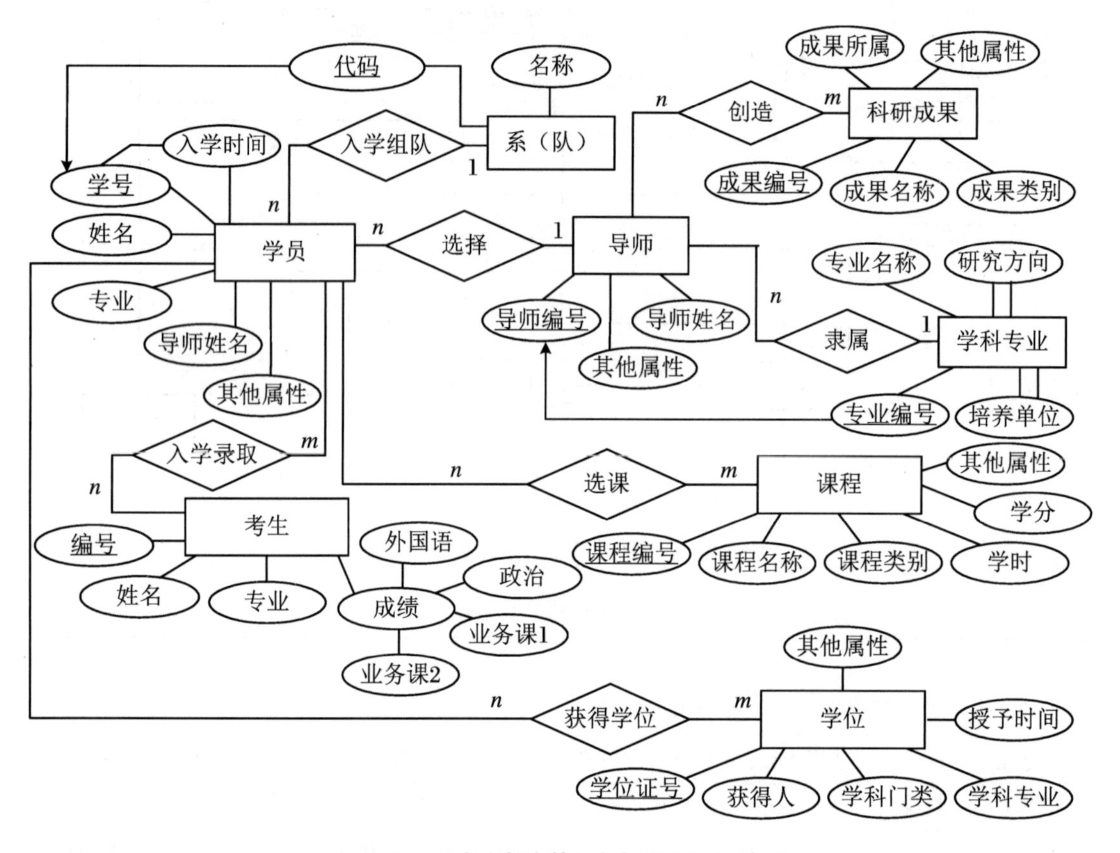

图 8-10 研究生教育管理数据库 E-R 设计图

从这 5 个管理过程中，分离出系统数据关系中的以下 8 个基本实体：

(1) 考生 matriculator。

(2) 学员 student。

(3) 系(队)team。

(4) 课程 course。

(5) 学科专业 major。

(6) 导师 advisor。

(7) 成果 achivement。

(8) 学位 degree。

随着对系统业务流程的分解，将该 E-R 图逐渐细化，并将其转换成表(关系)。由细化的 E-R 图转化而来的若干表的集合，构成研究生教育管理的数据库。

系统设计时考虑了以下因素：

(1) 数据完整性。

(2) 数据冗余度。

(3) 系统功能及实现。

（4）数据库性能。

根据需求分析和 E-R 设计方法，为系统建立了 4 个数据库：

（1）数据库 gra_inf_db：存储在读学员所有信息，平时系统的数据处理基本以该数据库为基础进行。

（2）历史库 h_gra_inf_db：考虑到毕业学员信息的存储，系统建立了一个历史库 h_gra_inf_db，用来存放历届已毕业学员的所有信息，结构与数据库 gra_inf_db 相同。

（3）试题库 exam：存储考试课程信息、试题信息、试卷以及中间表等数据。

（4）webinf_db 数据库：用以存放 Web 端公告栏、邮件、新闻等后台维护的相关信息。

各数据库与各子系统的关系及数据来源分布如图 8-11 所示。

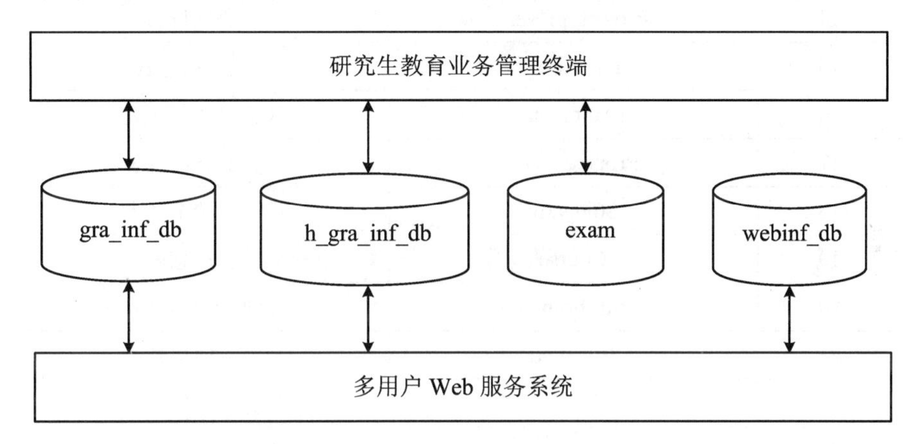

图 8-11　系统数据库及数据来源分布

8.3.2　数据库结构

系统中所有数据表分为以下 12 类：考生信息、学员信息、学科建设信息、课程信息、学位信息、培养方案信息、经费信息、公共信息、用户信息、系统管理信息、试题库系统表、排课系统表。数据表分布于上述的系统数据库中，以 gra_inf_db 数据库为例，其上建立的数据表如表 8-4 所示。

表 8-4　系统数据库 gra_inf_db 中的数据表

序号	表名	描述
1	Inf_matriculator	录取学员信息表
2	Inf_stud	学员基本信息表
3	Exp_stud	工作经历表
4	Record_stud	选课成绩表
5	Achive_stud	文章成果表
6	Tchprac_stud	教学实践情况表
7	Thesis_stud	学位论文表

续表

序号	表名	描述
8	Midde_screen1	中期筛选成绩表一
9	Midde_screen2	中期筛选成绩表二
10	Inf_adv	导师基本信息表
11	Achive_adv	导师成果信息表
12	Thesis_adv	导师论文信息表
13	Works_adv	导师专著表
14	Project_present	在研项目表
15	Labratory	实验室信息表
16	Equipment	仪器设备信息表
17	Proposer_adv	导师遴选信息表
18	Stud_adv	导师遴选中间表
19	Course	课程信息表
20	Inf_branch	学科专业信息表
21	Inf_field	研究方向信息表
22	Inf_sector	培养单位信息表
23	comp_subj_cour	学科课程信息表
24	Fee_ratio	经费比例表
25	Fee_detail	明细经费表
26	Department	部系信息表
27	Team	队别信息表
28	Degree_type	学科门类信息表
29	Code_degree	学位代码表
30	Code_sex	性别代码表
31	Code_p_status	政治面貌代码表
32	Code_nation	民族代码表
33	sysuser	系统用户表
34	Access_user	筛选用户表
35	Inf_table	系统表结构信息表
36	Inf_query	查询条件表
……	……	……

其中，以学员信息表为例，列出 Inf_stud 表结构如表 8-5 所示。

表 8-5 学生信息表 Inf_stud 的结构

序号	字段名	说明	类型	长度	能否为空
1	★id_stud	学号	char	7	否
2	name	姓名	varchar	8	否
3	sex	性别	char	2	否
4	birthday	出生年月	date		否
5	nation	民族	varchar	10	否
6	bir_pla	籍贯	varchar	30	否
7	origin_fam	家庭出身	varchar	4	否
8	date_att_par	入党(团)时间	date		能
9	post_stud	技术职务	varchar	20	能
10	gra_stud	技术等级	varchar	20	能
11	origin	本人成分	varchar	10	否
12	marry	婚否	char	4	否
13	graph	照片	image		能
14	addr	家庭住址	varchar	40	否
15	institute	毕业院校	varchar	30	否
16	date_gra1	毕业年月	varchar	10	否
17	maj_fm	所学专业	varchar	30	否
18	degr_fm	学位	varchar	4	否
19	Degree	攻读学位	char	4	否
20	Major	学科	varchar	20	否
21	Filed	研究方向	varchar	30	否
22	Category	类别	char	4	否
23	date_bgn	入学年月	varchar	10	否
24	Limit	修业年限	integer	1	否
25	Period	学习时间	varchar	20	否
26	id_adv	导师编号	char	7	否
27	name_adv	导师姓名	varchar	7	否
28	post_adv	导师职务	varchar	6	否
29	sec_adv	导师单位	varchar	30	否
30	Variation	变动记载	varchar	200	能
31	rew_pena	奖惩记载	varchar	200	能
32	sector_distr	分配单位	varchar	30	能

续表

序号	字段名	说明	类型	长度	能否为空
33	addr_common	通信地址	varchar	30	能
34	Remark	备注	varchar	100	能
35	Date_grad2	毕业时间(研)	Date		否
36	Date_answ	论文答辩时间	Date		否
37	Id_dipl	毕业证书号	Varchar		否
38	Sector_rew	授予学位单位	Varchar	30	否
39	Date_rew	授予学位日期	Date		否
40	Id_dipl_degr	学位证书号	Varchar	20	否
41	Sector_matri	考取单位	Varchar	50	能

系统数据库 webinf_db 中建立的数据表如表 8-6 所示。

表 8-6　系统数据库 webinf_db 结构表

序号	表　名	描　述
1	Record_matri	研究生入学考试成绩表
2	Lunwen	历届硕士论文表
3	Shijuan	历届入学试卷信息表
4	xinxi	邮件用户信息表
5	Youjian	邮件信息表
6	Huishouzhan	被删邮件信息表
7	Gonggao	公告栏信息表
8	Board	BBS 信息表
9	Picturenews	图片新闻信息表
10	Lastnews	最近新闻信息表
12	Course_password	选课用户信息表
11	Course_control	选课控制表
12	Record_control	提交成绩控制表
13	Access_control	筛选控制表
……	……	……

8.3.3　系统数据库的实现

1. 系统数据特点分析

由系统体系结构、功能结构和用户模型分析可知，AGMIS 系统数据具有以下特点：

(1) 数据量大，数据类型多。

(2) 数据关系复杂，用户需求多样。

(3) 存在不同的采集途径和不同的处理模式。

(4) 需通过网络进行传输和处理。

因此可以确定，在系统数据库的实现中需要解决以下问题：

(1) 实现不同模式下的数据采集与处理。

(2) 数据一致性的检验与解决。

(3) 满足多用户个性化的数据需求。

(4) 提高数据存储、读取速度。

(5) 保证数据安全。

利用 Microsoft SQL Server 2000 建立 AGMIS 的数据库 gra_inf_db、h_gra_inf_db、webinf_db、exam。

2. 不同模式下的数据采集与处理

(1) C/S 模式下

本系统 C/S 端数据信息的访问主要通过 ActiveX 数据对象(ADO，Microsoft ActiveX Data Object)来实现。ADO 部件组使得原有的数据控制部件(如 DBGRrid、DBEdit 等)可以使用 ADO 技术来存取数据，而不再需要数据库引擎 BDE。

与基于 BDE 的应用程序不同，使用 ADO 的应用程序不需要设置 BDE 配置。程序与数据库的连接通过 ADOConnection 部件来实现：

```
……
//如果没有建立连接则建立数据连接
if not ADOConnection_n.connected then
  ADOConnection_gra.connectionString:= Format('Provider = SQLOLEDB.1;Integrated Security = SSPI; Persist Security Info = False; User ID = sa;Initial Catalog = gra_inf_db; Data Source = SERVER');
//打开数据存取部件
ADOTable_stud.Open;
ADOQuery_Temp1.Open;
……
```

系统运用面向对象的开发工具 Delphi，使用 ADO 技术完成系统数据的存储、读取和处理。在各个子系统的实现中将数据连接部件(TADO Connection)和数据访问部件、数据控制部件(Data Controls)集中在各自的数据模块(TData Module)下。

(2) B/S 模式下

在 Web 应用开发中,Web 信息的交互即数据库访问通常由服务器程序来完成,步骤为:

(1) 用户向 Web 服务器发出页面请求。

(2) Web 服务器执行包含数据库访问代码的程序,并向数据库发送 SQL 语句。

(3) 数据库执行 SQL 语句后返回数据记录。

(4) Web 服务器将返回的结果以 HTML 的形式发送给 Web 浏览器。

在 Web 交互中,与数据库建立连接需要考虑三个因素:所选用的数据库系统、建立连接的方法、所采用的编程语言。

Web 交互访问的结构如图 8-12 所示。

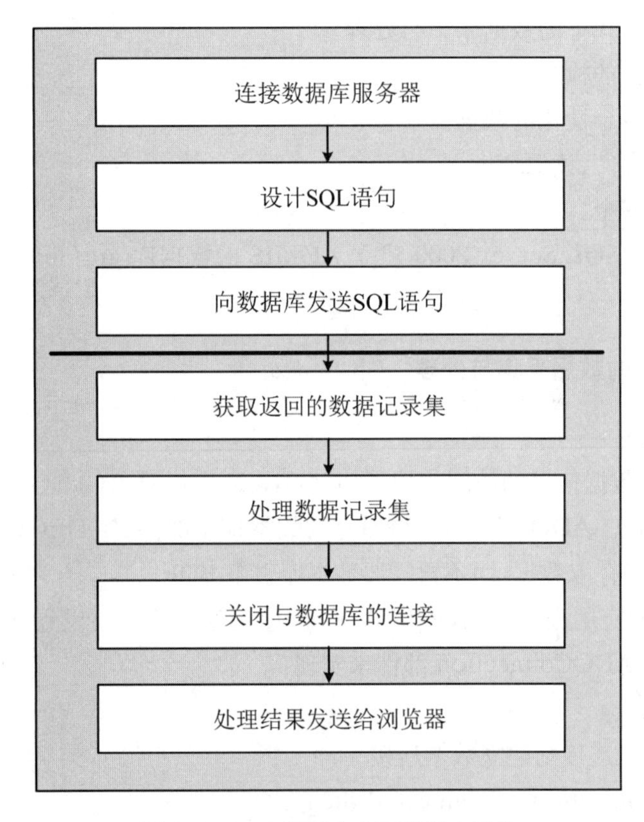

图 8-12 Web 数据库交互的基本结构

在 AGMIS 中 B/S 端的建设中,采用 JSP 技术进行动态 Web 的开发。在 JSP 应用程序中访问数据库主要通过 JDBC API 来完成。JSP 中与数据库建立连接的标准方法是调用 DriverManager 类的 getConnection()方法。该方法接收含有某个 JDBC URL 的字符串。DriverManager 类保存了已经注册的 Driver 类的清单,当调用 getConnection()方法时,它将检索清单中的所有驱动程序,直到找到可与 URL 中指定的数据库进行连接的驱动程序为止。而 DriverManager 类的 connect()方法使用该 URL 来建立实际的连接。Web 应用程序既可以通过数据库的 JDBC 驱动程序直接与数据库建立连接,也可以通过 JDBC - ODBC

桥与数据库建立连接。

AGMIS 系统使用 JDBC－ODBC 桥来访问数据库,即 JDBC 在 ODBC 的基础上访问数据,所以首先要用 ODBC 数据源管理器来注册数据库。JDBC 要连接 ODBC 数据库必须加载 JDBC－ODBC 桥驱动程序。

以连接 gra_inf_db 数据库为例:

```
……
Class.forName("sun.jdbc.odbc.JdbcOdbcDriver");
//接着创建 Connect 类的一个实例
String dbURL = "jdbc:odbc:gra_inf_db";
//gra_inf_db 是 ODBC 设置中的数据源名称
Connection con = DriverManager.getConnection(dbURL);
……
```

数据库的连接建立完成,就可以利用 SQL 语句来访问数据库了,可以添加、修改、删除其内容,也可进行相关查询。该系统 B/S 模式下主要依赖 java.sql.stastement 接口实现,statement 对象用于将 SQL 语句发送到数据库中。具体实现如下:

```
<%/*向 record_stud 表中插入一条新记录/*%>
<%
……
Statement stmt = con.create Statement();
String SQL = new String();
SQL = 'insert into record_stud……';
Stmt.executeUpdate(SQL);
……
%>
```

(3) 数据的导入、导出

AGMIS 系统可以根据具体的功能需求完成大量数据的导入和转移,如招生数据的导入、学员入学注册、学员毕业信息处理,这些都属于数据集的导入、导出或转移,AGMIS 中主要依靠 Delphi 提供的控件 TbatchMove 来实现。

gra_inf_db 及 webinf_db 数据库中各数据表的实现如表 8-7、表 8-8 所示。

表 8-7　系统数据库 gra_inf_db 中各数据表的实现模块

表名	数据来源及采集方式	对应功能模块
NLQ	拟录取信息导入	录取模块
INF_STUD	收集并手工录入	注册系统、学籍管理模块、毕业管理模块
EXP_STUD	收集并手工录入	学籍管理模块
RECORD_STUD	Web 学员提交、C/S 手工录入	网上选课系统、网上成绩登记系统 培养计划模块、成绩管理模块

续表

表名	数据来源及采集方式	对应功能模块
ACHIVE_STUD	收集并手工录入	教学管理模块
TCHPRAC_STUD	收集并手工录入	教学管理模块
THESIS_STUD	收集并手工录入	教学管理模块
MIDDE_SCREEN1	网上 Web 用户提交	考评筛选系统
MIDDE_SCREEN2	网上 Web 用户提交	考评筛选系统
INF_ADV	收集并手工录入	导师队伍管理模块
ACHIVE_ADV	收集并手工录入	成果管理模块
THESIS_ADV	收集并手工录入	成果管理模块
WORKS_ADV	收集并手工录入	成果管理模块
PROJECT_PRESENT	收集并手工录入	成果管理模块
LABRATORY	收集并手工录入	硬件设施管理模块
EQUIPMENT	收集并手工录入	硬件设施管理模块
PROPOSER_ADV	收集并手工录入	导师遴选模块
STUD_ADV	由 INF_STUD 表相关数据生成	导师遴选模块
COURSE	手工录入	培养方案模块
INF_BRANCH	手工录入	培养方案模块
INF_FIELD	手工录入	培养方案模块
INF_SECTOR	手工录入	培养方案模块
COMP_SUBJ_COUR	手工录入	培养方案模块
FEE_RATIO	根据规定确定表中数据	经费管理模块
FEE_DETAIL	由 INF_ADV 和 INF_STUD 确定	经费管理模块
DEPARTMENT	手工录入	公共信息模块
TEAM	手工录入	公共信息模块
DEGREE_TYPE	手工录入	公共信息模块
CODE_DEGREE	手工录入	公共信息模块
CODE_SEX	系统初始化	公共信息模块
CODE_P_STATUS	系统初始化	公共信息模块
CODE_NATION	系统初始化	公共信息模块
SYSUSER	管理员增删	用户管理模块
ACCESS_USER	管理员增删	用户管理模块
INF_TABLE	系统数据表确定	
INF_QUERY	用户删改	学籍管理模块

表 8-8 系统数据库 webinf_db 中各数据表的实现模块

表名	数据来源及采集方式	对应功能模块
RECORD_MATRI	考生数据导入	研究生入学考试成绩查询系统
LUNWEN	Web后台维护	历届硕士论文查询系统
SHIJUAN	Web后台维护	历届入学试卷查询系统
XINXI	Web用户注册、修改	邮件系统
YOUJIAN	Web用户提交	邮件系统
HUISHOUZHAN	Web用户提交	邮件系统
GONGGAO	Web后台维护	公告栏系统
BOARD	Web用户提交	BBS系统
PICTURENEWS	Web后台维护	新闻系统
LASTNEWS	Web后台维护	新闻系统
COURSE_PASSWORD	Web用户注册、修改	网上选课系统
COURSE_CONTROL	Web后台维护	网上选课系统
RECORD_CONTROL	Web后台维护	网上成绩登记系统
ACCESS_CONTROL	Web后台维护	网上考评筛选系统

3. 数据一致性的检验与解决

本系统数据量大，需解决数据一致性问题。系统采用了以下解决手段：

(1) 数据联想字典的设计与应用。

(2) 完整性、参照完整性和一致性设计。

(3) 数据读写权限设置。

(4) 安全的数据交互手段。

8.4 系统详细设计

8.4.1 数据联想字典的设计

1. 功能设计

数据联想字典提供信息提示、查询完备功能，以解决数据一致性问题。当用户完成输入或离开输入控件时，系统出现数据字典提示框。提示框中呈列用户输入信息的所有同义词，用户若选择其中一项作为替换，系统则认为用户输入项与替换项为同义词；否则系统将输入项作为新词进行学习，添加入数据字典。

2. 数据结构

数据联想字典数据表的结构如表 8-9 所示，说明如下：

(1) 关键字编号由系统自动生成，根据关键字类别(人、课程、专业类)为其编号。

(2) 关键字名称为人名、课程名、专业名称、部系名称等，因此，系统的数据字典在逻辑上可以分为若干个子字典，如人名字典、专业名字典等。

(3) 关键字频度用来记录关键字或其同义词使用或被替换的次数，每替换一次则其频度值增 1；每次系统出现数据字典提示框时，关键字和同义词根据其自身频度由高到低排序。

表 8-9 数据字典表 DATA_DICT 的结构

字段名	类型	长度
序号	int	4
关键字编号	char	20
关键字名称	char	50
关键字频度	int	4
同义词个数	int	4
同义词 1	char	50
频度 1	int	4
同义词 2	char	50
频度 2	int	4
同义词 3	char	50
频度 3	int	4
……	……	……

在数据联想字典的实现中，主要存在主关键字的查找和同义词的查找。随着系统的深入使用，字典的数据量不断剧增，因此需要解决主关键字的查找速度问题。

在对主关键字进行查找时，首先根据关键字编号对数据字典表 DATA_DICT 进行筛选，将该类所有字典内容过滤到中间表 d_1 中，此时再对中间表 d_1 进行查找。

实践表明：通过中间表的使用，查找速度明显提高。

3. 权限设置

系统对用户读写数据的权限进行严格控制，避免权限问题带来系统数据不一致问题。C/S 端不同权限的用户访问系统数据库的权限由系统管理员设置，管理员可对系统用户的权限进行设置、修改和限制。

Web 端凡是涉及读写研究生信息数据库的操作，均需限定用户群并设置用户权限。如网上选课系统中，一般的网络Web用户只能查询课程和选课信息。同时，通过Web后台维护系统对不同年级的学员的权限进行限制：只允许一年级新生在特定时间内进行选课和选课数据的更改。而网上成绩提交、网上考评筛选等功能，同样也做了权限设置和限定。从应用软件的角度在一定程度上解决了系统数据库一致性问题。

4. 提供安全的数据交互手段

在用户与数据库的交互过程中，常存在疏忽或操作习惯不良等问题，这些都有可能导致系统数据的不一致。AGMIS提供了较安全的数据交互手段：在用户录入数据或查询数据时，利用联想式输入和列表式输入的方式确定某些数据信息，减少用户键盘操作；为用户输入提供非法检测，避免输入误差带来的数据不一致。

5. 个性化数据需求的实现

（1）查询、统计的实现

① 基本功能查询

针对每个模块的具体功能和用户需求提供查询，关键是详细分析并引导用户需求，在各功能模块提供满足用户需求的查询功能。

② 自定义查询

为用户提供自定义查询，由用户设置查询内容、查询条件和输出内容，满足用户个性化需求。系统存在大量数据统计的情况，如导师遴选表统计、学分统计、成绩统计、研究生培养情况统计等，针对这一情况，对查询结果进行统计，并建立相应的“统计表”存储统计结果。

（2）数据的输出

① 数据输出显示

在子模块中，一个界面下可能实现多项功能，在系统的实现中，按功能将界面划分为局域块，用Frame框括起来，并配备了功能说明和标题。本系统中对于不同性质的数据用不同颜色进行区分显示，使用户能够迅速对显示的数据有一个直观的印象。

② 报表输出

报表输出主要是帮助AGMIS用户将查询和统计的结果输出、打印，作为报表存档或上报。系统提供了固定报表和动态报表两种方式。对于固定报表，利用Delphi的快速报表Quick Report实现，如录取通知书的打印等。系统提供的动态报表利用了OLE技术，实现OLE的自动化，将Word作为OLE服务器，形成Word文档，将数据导入到Word中。具体实现方法是首先建立一个模板，再将数据集中的数据插入由模板新建的文档中。

6. 数据存储、读取速度的改善

（1）数据存储的设计

① 非常用数据的存储：把日常处理不频繁使用的数据存储在历史库中，避免数据量不断增大带来的处理速度下降问题。

② 多媒体数据的存储：除非长度超过8 KB，否则不使用image类型。对于BMP格式的

数据,转化为 JPEG 格式再存储。

格式转换功能实现代码如下:

```
……
photoStream:= TMemoryStream.Create();//创建流
Tempjpeg:= Image2.Picture.Graphic is TJPEGImage;//判断是否为 jpeg 格式
if Tempjpeg then
  TJPEGImage(Image2.Picture.Graphic).SaveToStream(photoStream)
  //若是则存入 stream 流
else
begin //否则进行转换
//将 BITMAP 图像存入临时文件 bitmaptemp.bmp
Image2.Picture.SaveToFile(ExtractFilePath(Application.ExeName)+'bitmap-
temp.bmp');
    bmpfile:= TBitmap.Create;//创建 bmpfile 对象
    jpegfile:= TJPEGImage.Create;//创建 TJPEGImage 对象
    try
      bmpfile.LoadFromFile(ExtractFilePath(Application.ExeName)+'bitmap-
temp.bmp');// 将 bitmaptemp.bmp 文件装入 bmpfile 对象
      jpegfile.Assign(bmpfile);      //转换为 JPEG
      jpegfile.compress;
      jpegfile.SaveToStream(photoStream);      //JPEG 流存储
    finally
      begin     //释放 jpegfile 和 bmpfile
        jpegfile.free;
        bmpfile.free;
      end;
    end;// try
  end;
……
```

(2) 读取性能的改善

① 实时建立数据连接,即在需要时再动态建立连接并装载有关数据。

② 大容量二进制数据的读取,程序中采用实时装载 SQL 语句动态获取形式化参数。

系统装载数据时,将存储图片的字段剔除,即不装载图片字段。在需要时再提交 SQL 语句从数据库服务器中提取一条目标记录的大容量二进制数据,提高了系统数据库的存取效率。

③ 采用本地表、中间表的方式,利用客户机资源,减少网络传输。

系统中基于网络进行系统数据的采集、传输和处理,当处理数据量较大时便会导致处理速度下降。为避免频繁地通过网络从服务器提取数据、提交数据，本系统建立了本地表、中间表，即在本地客户机上进行数据处理，处理完毕后一次提交服务器，提高了数据存取效率。

8.4.2　网上选课子系统

网上选课子系统是一个典型的基于 Web 应用的数据库交互系统。研究生的教学管理采用学分制，而研究生选课的特点是专业众多、课程灵活，并且由于跨学科交叉选课，使得同样的课程对不同的专业有不同的学分，如选修外专业的学位课只能计算一半学分。

针对学员选课中以书面形式递交所选选课的缺点和不足，利用 JSP 技术，建立一个基于 Web 的选课系统，该网上选课系统实现了以下功能：

(1) 用户注册和登录

数据库 gra_inf_db 中存放了所有新学员的基本信息，由注册系统生成学员学号，发放给学员。通过校园网，基于 Web 浏览器，学员进行注册成为选课系统的合法用户，并持有各自的密码。系统管理员通过 Web 后台维护对选课的时间和学员届别进行限制。

(2) 显示所有可选课程

系统根据各学员的专业列出本专业对应的可选课程及相关信息，并能够根据课程开课学期、课程性质进行分类显示浏览。

(3) 选择和提交所选课程信息

合法用户在课程提交页面中点取选择的课程后，一并提交，并可反复进行修改、调整。

(4) 统计学分

用户提交所选课程后，系统根据学分统计规则对该用户所选课程的学分进行计算、统计，并将其选修的学位课、必修课、选修课各类课程的学分以及其总学分显示给用户。用户根据显示的课程和学分情况决定是否需要对所选课程进行调整。

(5) 选课情况查询

在选课查询中，新学员可以对本专业往届学员的选课情况进行查询。即在系统中列出往届学员，选择某学员后，可查看该学员所选所有课程。新学员可以此作为自己选课的参考。

学员使用网上选课系统选课后可以立即核对所选课程是否有误，并且系统能按学分计算规则准确地算出学分并显示给学员，从而帮助新生及时准确地获得自己的学分信息，为 C/S 端研究生课表的排定提供必需的选课数据信息。

8.4.3　系统安全对策与实现

1. 网络安全与数据库安全的重要性

研究生教育管理信息系统既然是基于网络建设的管理信息系统，必然存在着相关的安全问题：

(1) 系统数据库中存储有所有研究生的信息,不仅包括在校生信息,还包括历年所有毕业生信息,保护这些数据至关重要。

(2) 随着教育改革的发展以及学院研究生教育规模的不断扩大,学院研究生教育也将趋于复杂,涉及的操作人员必然增加,系统设计中对用户的管理需要更加灵活、严格、可靠。

(3) 某些教育活动将经由校园网借助 Web 的形式组织、实施,即管理系统中有大量的信息对整个校园网开放,需要对不同类型的 Web 用户分配不同的访问权限,建立足够的安全保护措施。

2. 系统网络安全对策

网络安全包括局域网的内部安全以及与校园网连接时的外部安全。

本系统对于局域网内部安全,提供严格的用户管理和反病毒技术两种手段加以防护。按照用户类型的不同可设定不同的操作权限,对于操作权限的设定通常采用基于角色的分配方法,在系统用户进入系统时,除设定登录密码外,还利用指纹鉴别技术进行再次认定,以防止用户密码泄漏,造成非法用户登录。对于登录系统操作的用户,自动设定跟踪日志,即进行动作记忆。对于局域网外部的安全,要求提供功能强大的防火墙对网络实施安全防护。并应用指纹识别、水印等技术保证网络身份验证的安全性和保密性。

3. 身份鉴别、验证

虽然安全策略中规定了哪些是合法的用户,以及不同类型用户拥有的权利,但攻击者进程常常采用冒名方式入侵系统。这就需要对访问的用户进行身份的鉴别和验证,它是保证网络安全的重要控制手段。

人的指纹具有唯一性及不可复制的特点,本系统应用指纹识别技术来阻止非授权的访问,解决网络安全问题。

一般应用系统利用指纹识别技术可以分为两类,即验证和辨识。

(1) 验证就是把一个现场采集的指纹与一个已经登记的指纹进行一对一的比对,来确认身份的过程。比对现场,先验证其标识,再利用系统指纹与采集的指纹比对验证其标识是否合法。

(2) 辨识则是将现场采集到的指纹同指纹数据库中的指纹逐一比对,从中找到与现场指纹相匹配的指纹。这也叫"一对多匹配"。

除了验证的一对一和辨识的一对多比对方法,在实际应用中还有"一对几个匹配"。一对几个匹配主要应用于只有"几个"用户的系统中。

AGMIS 系统应用的是指纹辨识技术,即在用户认证时直接回答"他是系统中已注册的用户吗?""他是系统中哪个用户?""权限是什么?"等问题。系统用户身份辨识过程如图 8-13 所示。

由图 8-13 可以看出,利用指纹识别技术进行 AGMIS 用户的身份识别与验证有两个关键的过程:用户指纹登记和身份验证。

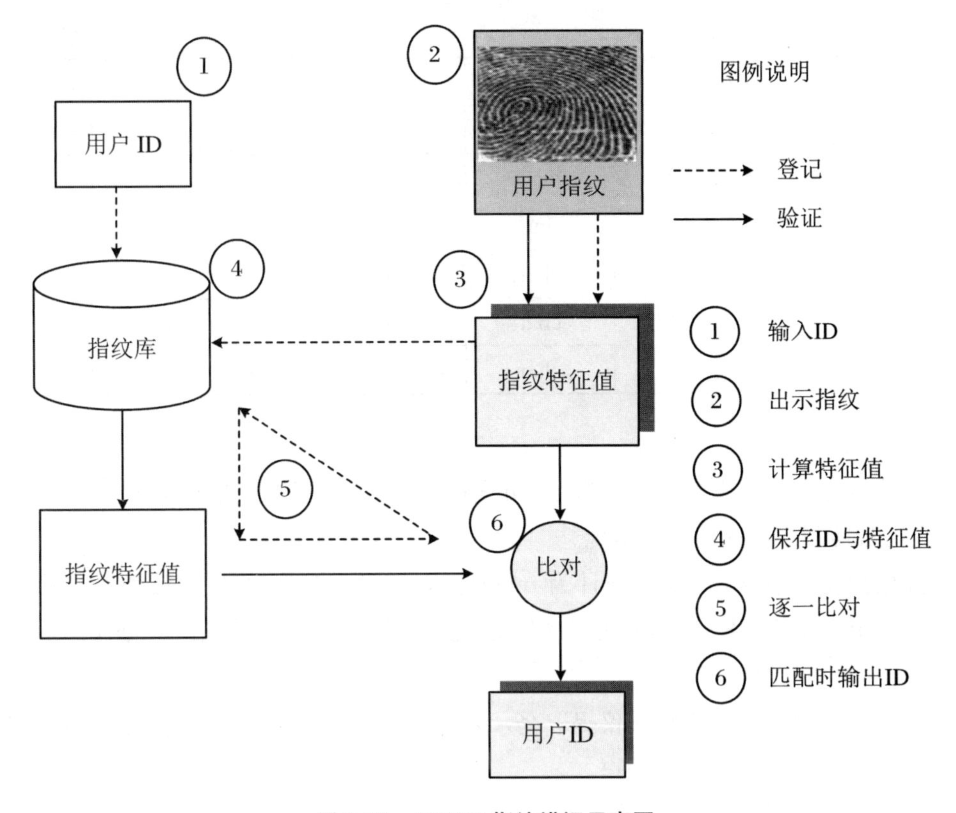

图 8-13　AGMIS 指纹辨识示意图

(1) 用户登记

在图 8-13 中可以看到，用户在登记成为系统的合法用户时，需要提供两个主要信息：用户 ID 和自身指纹。尤其是指纹，将和 ID 一同成为验证用户唯一身份的特征，于是如何在用户信息表中存储指纹特征成为登记的关键，也是下一步进行身份验证的基础。

系统用户信息表的数据结构如表 8-10 所示。

表 8-10　用户信息表数据结构

序号	字段名	类型	长度	能否为空	默认值
1	序号	int	4	0	自增量
2	用户编号	char	10	0	0
2	用户姓名	char	20	0	0
3	招生参谋	char	1	0	0
4	教学参谋	char	1	0	0
5	学位参谋	char	1	0	0
6	学科参谋	char	1	0	0
7	用户密码	char	20	0	0
8	有效指纹数	int	4	0	0

续表

序号	字段名	类型	长度	能否为空	默认值
9	指纹 1	image	16	0	0
10	指纹 2	image	16	1	0
11	登录次数	int	4	1	0
12	用户私钥	char	20	0	0
13	用户超级密码	char	20	0	0
14	备注	char	100	1	0

说明如下：

① 系统允许一个用户拥有两个指纹，防止用户的某一指纹出现破损而影响身份验证，导致无法正常使用系统等情况的出现。

② 存放指纹的字段数据类型设计为 image。登记时，首先由指纹仪读取指纹特征存为模板，将模板转化为 BMP 格式，采用流文件的方式存入数据库，形成指纹数据库。

(2) 验证用户身份

验证用户身份时，同样由指纹仪提取登录人指纹，并逐一与指纹库中存储的指纹进行比对，识别出此人是否为系统合法用户。

系统避免单纯地采用某一种技术来解决身份验证问题，综合运用了“用户 ID + 指纹 + 密码 + 私(公)钥”的方法进行用户的身份验证和访问控制。

在表 8-10 中可以看到，用户信息表中设计了以下字段：用户密码、用户私钥及用户超级密码。本系统在用户注册用户名和密码时，没有以明文的方式存储到密码字段中，而是采用了加密算法，以用户输入的私钥对用户密码进行加密之后存储到相应的用户密码字段中，而对于用户私钥，则利用系统公钥对其加密后再存储。

在验证 AGMIS 用户身份时，首先验证指纹确认用户是否为系统合法用户，确保了数据提交的不可否认性；同时，要求用户正确输入密码和私钥方能进入系统，为系统又提供了一道安全屏障。系统登录界面如图 8-14 所示。

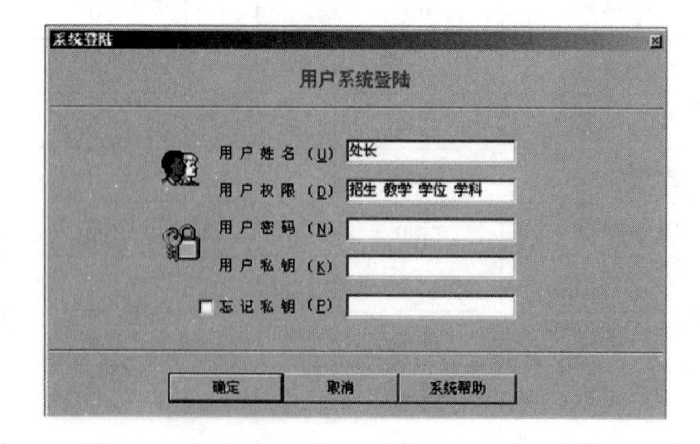

图 8-14　系统 C/S 端指纹验证

8.5 系 统 测 试

软件测试在应用系统的开发中日益重要。软件测试是保证软件质量的关键步骤，是对软件设计和实现的最后复审。在应用系统的实现过程中必须高度重视软件测试。

8.5.1 测试环境的配置

系统的测试工作主要包括以下几方面内容：

(1) 系统功能测试。

(2) 网络性能测试。

(3) 数据库稳定性测试。

配置测试环境是测试实施的一个重要阶段，测试环境适合与否会严重影响测试结果的真实性和正确性。测试环境包括硬件环境和软件环境，硬件环境指测试必需的服务器、客户端、网络连接设备，以及打印机/扫描仪等辅助硬件设备所构成的环境；软件环境指被测软件运行时的操作系统、数据库及其他应用软件构成的环境。

系统测试环境配置遵循下列原则：

(1) 测试环境符合系统运行的最低要求。

(2) 选用比较普及的操作系统和软件平台。系统测试中采用了“Windows 2000 Professional + MS Office 2000”的流行环境。

(3) 营造相对简单、独立的测试环境。除了操作系统，测试机上只安装运行和测试必需的软件，以免不相关的软件影响测试实施。

(4) 无毒的环境。利用有效的杀毒软件检测软件环境，保证测试环境中没有病毒存在。

8.5.2 系统功能测试

1. 功能测试

功能测试集中对每一个程序单元进行测试，检查各个程序模块是否正确地实现了规定的功能。再将已经测试过的模块组装起来，进行组装测试，主要是对与设计相关的软件体系结构的构造进行测试。

本系统的功能测试首先对C/S端各个单独的模块进行单元测试，由各个实现者自行完成。在随后的组装测试中，装入大量的真实数据进行测试，各单元、子系统和系统均能满足用户的功能需求。对面向多用户的Web动态服务进行了链接测试、表单测试和Cookies测试。

2. 网络性能测试

军校研究生教育管理信息系统是基于网络建设的一个管理信息系统，网络性能是一个重要的系统性能指标。在对系统进行测试时，将网络性能的测试作为测试的一项重要内容。

经装载实际数据并测试，参谋业务管理终端的C/S通信速度较快，能够满足系统用户的要求，并达到预先的规定。B/S环境下经测试，链接速度较快；若信息传输量较小，系统能迅速响应并完成用户请求；当校园网用户访问量急剧增加、传输速度降低时，Web系统可在用户可接受的时间范围内响应完成Web用户提交的要求，能够负载大量用户对同一页面的请求。

网络安全是网络的一个重要方面，测试人员对系统网络安全进行了测试。测试表明，系统采取的安全对策基本能保证系统网络安全，满足校园网环境下网络安全的要求。

8.5.3 数据库性能测试及优化

数据库是管理信息系统的基础和根本，它的性能将对系统性能的发挥产生巨大的影响。影响数据库性能的因素很多，如系统硬件资源、操作系统、网络等都是影响数据库性能的重要因素。

查询性能是数据库性能的一个重要体现，因此查询性能的测试和优化不可忽视。系统采取了一些查询优化技巧，如在自行的查询语句中避免使用不兼容的数据类型，避免使用！=或＜＞这样的操作符而使用索引搜索表中数据，避免过多的表间连接，等等，并在数据库服务器端调整相应DBMS的参数，得到了较快的响应性能。

本章小结

由系统的需求分析和设计可初步确定目标系统AGMIS是一个基于网络环境建立的网络信息系统，具有内部网事务处理的功能，可以通过行使其职能统一采集研究生管理信息并处理，完成一系列研究生教育管理业务流程。本章主要完成了以下工作：

(1) 对军校研究生教育管理活动进行业务调查，明确了AGMIS的功能结构和业务流程。

(2) 进行系统需求分析，确认了系统服务对象及服务对象需求，按照确定的系统开发方法，根据系统目标及用户需求完成了功能分析。

(3) 完成系统设计，依据服务对象分析、功能分析和系统运行环境分析的结果设计系统体系结构、系统多用户模型和功能模型。

(4) 建立数据模型，运用E-R方法分析和描述了研究生教育管理过程中的数据关系，并设计了系统数据库。

本章详细介绍了AGMIS的具体实现细节，将基于混合多层体系结构建立管理信息系统的设计方案付诸实践，综合运用MIS、数据库等技术，建立了一个基于网络环境满足军校研究生教育信息化管理实际需求的管理信息系统，由需求引发研究，并将研究成功应用于实践而满足需求。

课程设计

1. 目的

(1) 进一步巩固和加深学员数据库系统的理论和知识，培养学员对B/S模式数据库应用系统的设计和开发能力。熟练掌握SQL Server 2005及以上版本数据库管理系统，提高使用高级程序设计语言开发数据库的应用能力。

(2) 使学员掌握数据库设计各阶段的输入、输出、设计环境、目标和方法；熟练掌握两个主要环节——概念结构设计与逻辑结构设计的工作方法；能熟练地使用SQL语言实现数据库的建立、应用和维护。

2. 要求

以小组为单位，一般3～4人为一组。教员讲解数据库的设计方法，布置题目，要求学员根据题目的需求描述，进行实际调研，提出完整的需求分析报告。

3. 课程设计报告要求

要求掌握数据库设计的各个步骤，提交各步骤所需图表和文档。通过使用目前流行的DBMS，建立所设计的数据库，并在此基础上实现数据库查询、连接等操作和触发器、存储器等对象设计。

(1) 需求分析：根据自己的选题，绘制数据流图。

(2) 概念结构设计：绘制所选题目详细的E-R图。

(3) 逻辑结构设计：将E-R图转换成等价的关系模式；按需求对关系模式进行规范化；对规范化后的模式进行评价，调整模式，使其满足性能、存储等方面的要求；根据局部应用需要设计外模式。

(4) 用VC、ASP、JSP、Java等设计数据库的操作界面。

(5) 设计小结：总结课程设计的过程，给出体会及建议。

4. 课程设计参考题目

(1) 装备仓库弹药管理系统。

(2) 教保仓库管理系统。

(3) 教室管理系统。

(4) 军需仓库管理系统。

(5) 基础实验室管理系统。

(6) 网上书店销售系统。

(7) 教学训练任务管理系统。

(8) 学员旅宿舍管理系统。

(9) 学员奖惩管理系统。

(10) 学员体能训练管理系统。

参 考 文 献

[1] 王珊,萨师煊.数据库系统概论[M].北京:高等教育出版社,2006.

[2] 张冬玲.数据库实用技术 SQL Server 2008[M].北京:清华大学出版社,2012.

[3] 杨志强.数据库技术(SQL Server)经典实验案例集[M].北京:高等教育出版社,2012.

[4] 熊拥军,刘卫国.数据库技术与应用实践教程:SQL Server 2008[M].北京:清华大学出版社,2010.

[5] 何玉洁.数据库原理与实践教程[M].北京:清华大学出版社,2010.

[6] 孟凡荣.数据库原理与应用[M].北京:清华大学出版社,2010.

[7] 冯万利.数据库原理及应用实验与课程设计指导[M].北京:清华大学出版社,2010.

[8] 徐人凤,曾建华.SQL Server 2005 数据库及应用[M].北京:高等教育出版社,2013.

[9] 姚翎.军校研究生教育管理系统设计与实现[D].合肥:陆军炮兵防空兵学院,2001.